银川市主要水体
常见水生生物图谱

徐宗学　殷旭旺　左德鹏　王　汨　王忠静　等 编著

·北京·

内容提要

作者基于2022—2023年野外调查数据，编制完成了银川市主要水体常见水生生物图谱。本图谱是目前介绍银川市主要水体水生生物和水生态状况的比较全面和系统的专业书籍。图谱共八章，主要介绍银川市水系概况，水生态现状调查，水生生物群落特征，常见水生生物形态特征及其分布情况，包括维管束植物、浮游生物、大型底栖动物和鱼类。

本图谱可作为相关专业教师、科研人员和研究生的参考书，也可作为相关技术工作者野外调查的参考资料，并可为银川市水生态修复与治理以及水生态系统的实时动态监测提供科学依据和技术支撑。

图书在版编目（CIP）数据

银川市主要水体常见水生生物图谱 / 徐宗学等编著. 北京：中国水利水电出版社，2025.4. -- ISBN 978-7-5226-2318-4

Ⅰ. Q17-64

中国国家版本馆CIP数据核字第2025DX0487号

书　　名	银川市主要水体常见水生生物图谱 YINCHUAN SHI ZHUYAO SHUITI CHANGJIAN SHUISHENG SHENGWU TUPU
作　　者	徐宗学　殷旭旺　左德鹏　王 汨　王忠静　等 编著
出版发行	中国水利水电出版社 （北京市海淀区玉渊潭南路1号D座　100038） 网址：www.waterpub.com.cn E-mail: sales@mwr.gov.cn 电话：（010）68545888（营销中心）
经　　售	北京科水图书销售有限公司 电话：（010）68545874、63202643 全国各地新华书店和相关出版物销售网点
排　　版	北京金五环出版服务有限公司
印　　刷	北京天工印刷有限公司
规　　格	184mm×260mm　16开本　13印张　275千字
版　　次	2025年4月第1版　2025年4月第1次印刷
印　　数	0001—1000册
定　　价	128.00元

凡购买我社图书，如有缺页、倒页、脱页的，本社营销中心负责调换
版权所有·侵权必究

编委会成员

主　编：徐宗学

副主编：殷旭旺

参　编：左德鹏　王　汨　王忠静　马欣洋

　　　　朱培训　金逾君　单洁雅　赵验沙

　　　　王晓晨　李伟帅　高开羿　白海锋

河流作为水生态系统重要的组成部分，是陆地与海洋联系的纽带，在生物圈的物质循环中起着十分重要的作用。在地球表面水循环、碳循环、营养物循环和泥沙循环中充当重要的载体。河流水生生物作为河流生态系统中的重要种群，不断繁衍进化，为人类提供基础性的生存资源。保障河流水生生物多样性，对区域生态安全、经济社会可持续发展、文化传承等具有重要意义。湿地是陆地与水域之间的过渡区域，是地球上生产力最高的生态系统，是自然界重要生态系统之一。湿地生态系统不仅拥有丰富的水资源，而且为动植物提供栖息地，湿地中的水生植物通过吸收水体中的有机污染物，可以起到净化水体的作用。作为湿地生态系统的生产者，水生植物是湿地生态系统的重要组成部分，在改善生物多样性和维护湿地生态系统稳定性方面发挥着至关重要的作用。

银川市在水文监测方面较为完善，但在水生态数据监测方面尚处于起步阶段。建立水生生物多样性数据库，完善水生态调查技术体系，调查银川市境内典农河流域的水生生物多样性状况，完善银川市典农河流域水生生物多样性基础数据库，可为银川市生态文明建设提供科学依据。深入研究银川市典农河流域生物多样性，了解各类水生生物在水域生态系统中的功能和作用，诊断银川市典农河流域水生态驱动要素，做好银川市典农河流域水生态健康评价规范以及水生态保护对策、城市生态补偿方案，可为重要水生生物资源开发利用、水体污染和富营养化的生物监测和防控打下坚实基础，对水产经济动物养殖、改善水环境质量和建设海绵城市都具有重要的现实意义。

作者近年来一直从事有关流域水循环演变规律分析、河道生态基流计算、河流水生态系统健康评价等方面的研究工作，先后承担了国家水体污染控制与治理科技重大专项、科技部国际合作项目、国家自然科学基金等项目。作者及其所在的科研团队先后于 2022 年和 2023 年对银川市典农河以及湿地进行了全面、系统的水生生物采样工作。在对典农河以及湿地进行以浮游植物、浮游动物、大型底栖动物和鱼类为主的水生态调查的基础上，重点分析了典农河以及湿地浮游植物、浮游动物、大型底栖动物和鱼类的群落特征，并对主要水生生物物种进行了详细记录。为便于今后在典农河及湿地开展相关研究工作，在上述系统采样的基础上，结合室内鉴定工作，形成了本图谱。本图谱内容较为丰富，有助于明确和把握人类干扰环境下典农河及湿地的水生态系统现状，也为未来流域生态保护与治理提供了必要的科学依据。

本图谱主要编写人员于 2022—2023 年对银川市典农河流域水生态状况进行了全面系统的野外调查，对银川市典农河及流域内典型湿地生态系统的底栖动物、浮游生物、水生植物、河岸带植物进行采样分析，并对其进行了详细记录和图片收集。本图谱共收集物种 425 种，其中底栖动物 72 种，浮游植物 234 种，浮游动物 78 种，水生植物 16 种，鱼类 25 种。在野外样品采集过程中，因某些水生生物物种出现频率低，或个体特征结构不明显，或有腐烂破损，均未列入本图谱。

本图谱由北京师范大学、大连海洋大学等单位的科研人员共同编写，并得到了项目参与单位宁夏大学、宁夏水利科学研究院与清华大学等相关人员的大力协助和支持，尤其是宁夏大学生态环境学院副院长钟艳霞教授及其团队对采样工作提供了全方位的支持和帮助，在此致以衷心的感谢。全书共分八章：第一章由徐宗学、左德鹏和马欣洋共同执笔完成；第二章由殷旭旺执笔，第三～八章由殷旭旺、王汨、王忠静、朱培训、金逾君、单洁雅、赵验沙、王晓晨、李伟帅、高开羿和白海锋共同执笔完成，全书由徐宗学、殷旭旺和左德鹏校核和定稿。

本图谱的编写和出版得到了清华大学 – 宁夏银川水联网数字治水联合研究院专项统筹重点项目"银川市典农河流域生态本底及生物多样性调查评价"（SKL-IOW-2022TC2009）的支持和资助，在此致以衷心的感谢！

由于编者水平有限，书中仍有许多不足之处，敬请读者批评指正。

编者
2024 年 8 月 1 日

目录 CATALOGUE

前言

■ 第一章　银川市水系概况 ……………………………………… 1
　　第一节　自然地理概况 ………………………………… 2
　　第二节　水文气象特征 ………………………………… 2
　　第三节　水利工程概况 ………………………………… 3
　　第四节　生态环境概况 ………………………………… 4
　　第五节　社会经济概况 ………………………………… 5

■ 第二章　银川市水生态现状调查 ……………………………… 7
　　第一节　采样点分布 …………………………………… 8
　　第二节　银川市水生生物现状调查 …………………… 9

■ 第三章　银川市水生生物群落特征 …………………………… 13
　　第一节　典农河（银川市段）水生生物群落特征 ……… 14
　　第二节　阅海湿地水生生物群落特征 ………………… 20
　　第三节　宝湖湿地水生生物群落特征 ………………… 25
　　第四节　鹤泉湖湿地水生生物群落特征 ……………… 30
　　第五节　水生生物多样性及空间异质性 ……………… 35
　　第六节　水生态环境驱动因子 ………………………… 41

■ 第四章　维管束植物 …………………………………………… 51
　　第一节　沉水植物 ……………………………………… 52
　　第二节　挺水植物 ……………………………………… 57
　　第三节　浮叶植物 ……………………………………… 59
　　第四节　漂浮植物 ……………………………………… 60

- **第五章　浮游植物** …………………………………………… **61**
    - 第一节　蓝藻门 ………………………………………… 62
    - 第二节　金藻门 ………………………………………… 68
    - 第三节　硅藻门 ………………………………………… 69
    - 第四节　甲藻门 ………………………………………… 94
    - 第五节　裸藻门 ………………………………………… 98
    - 第六节　绿藻门 ………………………………………… 105

- **第六章　浮游动物** …………………………………………… **125**

- **第七章　底栖动物** …………………………………………… **155**

- **第八章　鱼类** ………………………………………………… **183**

- **参考文献** ……………………………………………………… **197**

第一章

银川市水系概况

第一节　自然地理概况

银川市位于中国西北部的宁夏回族自治区,地形分为山地和平原两大部分。西部、南部较高,北部、东部较低,略呈西南—东北方向倾斜。地貌类型多样,自西向东分为贺兰山地、洪积扇前倾斜平原、洪积冲积平原、冲积湖沼平原、河谷平原、河漫滩地等。黄河自南向北穿越该市,全长约80km。除了黄河,银川市内还有典农河等人工河流。典农河是一条集生态、观光、农业排水和防洪于一体的人工河流,由自治区党委、政府于2003年兴建,旨在加强水生态文明建设和改善人居环境。典农河南起永宁县新桥滞洪区出口,北至惠农区第三、第五排水沟汇合入黄口,依次流经永宁县、金凤区、西夏区、兴庆区、贺兰县、平罗县、惠农区7个县(区),全长180.5km,流域控制面积4391km^2。银川市拥有众多湖泊和湿地,湿地面积达5.31万hm^2,其中以阅海湿地、宝湖湿地、鹤泉湖湿地等为代表。这些湿地不仅丰富了银川市的水文景观,还为水生生物提供了多样的栖息地,对调节气候、净化水质、保护生物多样性等起到了重要作用。同时,银川市还有发达的灌溉系统,引用黄河水自流灌溉已有两千多年历史,为农业生产提供了稳定的水源。银川市的水系展现了其独特且丰富的自然地理特征,对当地的经济社会发展具有重要意义,同时也为生物多样性保护和生态环境改善提供了有力支撑。

第二节　水文气象特征

银川市地处我国西北内陆,属干旱与半干旱气候过渡带,大陆性气候特征明显,干旱少雨,蒸发强烈,风大沙多。银川市四季分明,冬季寒冷而漫长,夏季虽炎热但无极端高温天气,春季气候多变且风沙较多,秋季则气候宜人且降水较为集中。年平均气温在8.5℃左右,日照时数较长,年平均可达2800~3000小时,太阳辐射强度较高,这为农业生产和太阳能资源开发利用提供了有利条件。

银川市降水量偏低,年平均降水量仅为203mm,且主要集中在夏季,特别是6—9月期间。近年来,尽管降水量整体呈现上升趋势,但水资源短缺的问题依然突出。此外,银川市蒸发量较大,远远超过降水量,导致水资源有效利用率不高。

水资源方面，银川市地处宁夏平原引黄灌区中部，黄河过境长度达 78.4km，年径流量达 315 万 m³，为该市提供了丰富的地表水资源。地下水资源也是银川市水资源的重要组成部分，地下水储量大且埋藏浅，为当地居民生活用水和农业灌溉提供了重要保障。然而，水资源时空分布不均，以及蒸发强烈导致的水资源损失，对水资源管理和节水措施提出了更高的要求。在此背景下，银川市需要采取有效的水资源管理和保护措施，提高水资源利用效率，确保水资源的可持续利用，同时加强气候变化适应策略，以应对可能的极端气候事件和水资源短缺风险。

第三节　水利工程概况

银川市作为宁夏回族自治区的首府，近年来在水利工程建设和管理方面取得了显著成就。2022 年，银川市农田水利基本建设项目覆盖了全市 6 个县（市、区），涉及 47 个片区和 28 个乡镇村，建设面积达到 57.4 万亩。这些项目包括高标准农田建设、高效节水灌溉工程、农田道路整修等，旨在提高农业用水效率和农田综合生产能力。具体而言，高标准农田建设任务为 2.18 万亩，其中高效节水灌溉 0.2 万亩，高效节水农业工程 0.12 万亩。通过这些项目，银川市全年改善灌溉面积 46.48 万亩，清挖整治沟道 3225.88km，清理整修渠道 3926.94km，铺设管道 270.17km，农田道路整修 2053.48km，农田林网建设 0.54 万亩，残膜回收 680.2t，增施有机肥 30.64 万亩，机械化深松整地 40.72 万亩，秸秆还田 36.46 万亩，改良盐碱地 5.98 万亩，治理水土流失面积 66km²，农业灌溉用水量 100152 万 m³。

在水利工程建设质量提升方面，银川市水务局制定了《银川市水利工程建设质量提升三年行动（2023—2025 年）实施方案》，旨在全面提升水利建设质量管理工作能力和水平。该方案的主要目标是全面落实水利工程质量责任，进一步健全工程质量管理体系，解决当前水利工程建设质量管理中的突出问题，严格执行水利工程建设质量管理法规制度，确保全市大中型水利工程项目一次验收合格率、水利工程质量合格率、质量检测抽检率达到 100%。

银川市水务局还编制完成了《银川市水安全保障"十四五"规划》，提出了水资源节约集约利用体系逐步建立、防洪重点薄弱环节基本消除、现代化水网体系进一步完善、水生态环境得到系统治理等目标。规划强调，到 2025 年，银川市建成的水安全保障体系能够充分满足经济社会高质量发展需求，人民群众对水生态环境的获得感、幸福感显著提升。在水资源利用率方面，规划要求"十四五"期间，全市水资源利用效率显著提高，万元 GDP 能耗水平位居西部地区前列。同时，借助银川都市圈城乡西线供水工程的稳步推进，到 2025 年年底，全市城乡供水一体化率达到 100%，城乡供水工程保证率达到 95% 以上，规模化供水工程覆盖人口达到 99% 以上，农村自来水普及率达到 99% 以上。

在重点水利工程建设方面，银川市推进了包括银川都市圈城乡西线供水、东线供水、中线供水等在内的多项重点水利工程建设。例如，银川都市圈城乡西线供水工程总投资 46.68 亿元，其中水源工程 39.90 亿元，西干渠扩整改造工程 6.78 亿元。工程于 2018 年 4 月开工建设，截至目前，工程已累计完成投资 41.91 亿元。此外，银川都市圈城乡东线供水工程和清水河流域城乡供水工程等也取得了显著进展。

银川市在水资源管理方面，坚持规划引领，强化水资源管理，控制取水总量，推进节水型社会建设。实施了《银川市"十四五"用水权管控方案》等政策，以最严管理规范取用水秩序，推动水资源节约集约利用。同时，银川市还建立了水资源节约集约利用监管平台，实现了水资源"一平台"统筹配置监管。

在水利工程监管和信息化建设方面，银川市建成了数字孪生防洪预警监管平台，实现了水旱灾害的"一张网"调度。此外，银川市还推动了水利工程监管新气象，制定《银川市水利工程项目管理单位管理办法（试行）》，严格落实水利项目领导包抓责任制，严格水利工程项目资金管理，建立健全水利工程建设质量责任体系。

第四节　生态环境概况

银川市的水生态环境情况呈现出多方面的积极进展与若干挑战。黄河银川段作为城市的重要水源，其水质维持在良好状态，2020 年的监测数据显示，黄河叶盛公路桥、黄河银古公路桥、平罗黄河大桥断面的水质均达到了《地表水环境质量标准》（GB 3838—2002）Ⅱ类标准，表明水质优良，适宜支持生物多样性和满足人类多种用途的需求。银川市的阅海、典农河、鸣翠湖等水质均达到了考核目标要求。阅海和典农河的水质分别为Ⅳ类和Ⅱ类，而鸣翠湖的水质为Ⅲ类，这些水体的营养状态总体为中营养，显示出水生态系统的相对平衡。

银川市的排水沟水质也有所改善，多数断面达到或优于Ⅳ类水质。特别是第一排水沟（永宁入黄口）和灵武东沟（入黄口）的水质有所好转，由Ⅴ类提升至Ⅱ类和Ⅳ类，这反映了银川市在水污染治理方面取得了显著成效。此外，银川市的城镇集中式饮用水水源地水质状况良好，北郊、东郊和南郊水源地的水质监测指标年均浓度值均符合《地下水质量标准》（GB/T 14848—2017）Ⅲ类标准，确保了居民饮用水的安全。

为了持续改善水生态环境质量，银川市生态环境局积极推进水生态环境保护工作，制定了《银川市水生态环境保护"十四五"规划》，旨在深入打好碧水保卫战，推进黄河流域生态保护和高质量发展先行区示范市建设。通过"水生态体检"，银川市生态环境局在全区率先完成了重点河湖的系统调查监测，为今后水生态调查、考核、评估工作奠定了坚实基础。然而，银川市的主要水体，包括典农河（银川市段）、阅海湿地、宝湖湿地和鹤泉湖湿地，各自面临着水资源补给、水生态保护和生态系统健康的挑战。典农河的水生态状况受到干旱气候特征的影响，年平均降雨量较低，蒸发量较高，水资源相对匮乏。阅海湿地和宝湖湿地虽然具有较好的水源补给稳定性，但水体流动性不足，需要进一步采取生态修复和保护措施。鹤泉湖湿地周边的人类活动对湖泊水质造成了不利影响，水体流动性差，质量较差，这些问题加剧了湖泊生态系统的退化风险。

第五节　社会经济概况

　　银川市在经济发展、社会进步、环境保护等方面均取得了明显成效，呈现出良好的发展势头和广阔的发展前景。在产业结构方面，2023年第一产业增加值99.47亿元，增长8.2%；第二产业增加值1302.90亿元，增长10.1%；第三产业增加值1283.26亿元，增长4.6%。这些数据显示，第二产业在银川市经济中占据了重要地位，同时第三产业的增长也表明服务业在经济中的比重逐渐增加。

　　在人口与城镇化方面，截至2023年年末，银川市常住人口为290.81万人，城镇化率达到82.84%，较2022年年末提高了1.1个百分点。这一变化表明银川市的城市化进程正在稳步推进。同时，2023年年末全市参加基本养老保险的人数为168.68万人，比上年增长3.9%，这反映了社会保障体系的完善和覆盖面的扩大。此外，2023年银川市全体常住居民人均可支配收入为40796元，比上年增长6.8%。城镇居民人均可支配收入为46893元，增长5.6%，而农村居民人均可支配收入为20859元，增长7.8%。这些数据显示居民收入水平的提升，以及城乡收入差距的缩小。

　　农业作为银川市的基础产业，在2023年全年粮食产量达到69.07万t，比去年增产1.2%。蔬菜产量为141.82万t，增产5.8%。肉类总产量为6.32万t，增长9.8%。这些数据表明银川市农业生产保持稳定增长，有效支撑了城市的粮食安全和农产品供应。金融保险业作为现代服务业的重要组成部分，2023年年末银川市金融机构人民币各项存款余额达到6049.84亿元，同比增长11.7%。全年实现保费收入244.59亿元，同比增长93.0%，这一显著增长表明金融保险市场的快速发展和居民金融需求的增长。

　　教育和科技作为银川市长远发展的重要支撑，2023年教育支出增长20.0%，科学技术方面支出增长21.0%，这表明银川市在推动教育和科技创新方面投入了大量资源，为城市的可持续发展奠定了坚实的基础。

第二章

银川市水生态现状调查

第一节　采样点分布

在典农河（银川市段）及阅海湿地、宝湖湿地、鹤泉湖湿地选择40个监测点位，于生态补水前和生态补水后开展生物多样性调查，内容涵盖鱼类、浮游生物（浮游植物和浮游动物）、大型底栖无脊椎动物、水生植物，重点关注物种丰富度、珍稀物种分布和生物入侵情况。其中阅海湿地、宝湖湿地是典农河唐徕渠沿线的重要湿地，鹤泉湖湿地是银川市内重要的国家级湿地。

根据以下原则在典农河（银川市段）及阅海湿地、宝湖湿地、鹤泉湖湿地设置采样点位：

（1）参考点位和受损点位兼顾。参考点位和受损点位均是建立生态完整性评价标准的基础，所以兼顾参考点位和受损点位，积累足够的数据用于建立标准。参考点位即无干扰点和干扰较小点，要求具有相似的群落结构、优势种和物种丰富度、栖息地条件。无干扰点是指样点水质在Ⅱ类标准以上，样点上游无点污染源、样点周围无村庄、上游两侧1000m内无农田；干扰较小样点是指样点水质在Ⅲ类标准以上，上游周围无点污染源、样点附近无村庄、上游两侧500m内无农田；受损样点即干扰样点，是指已明显受到各种人类活动干扰（点源和非点源污染、森林覆盖率降低、城镇化、大坝建设等）的样点。

（2）空间代表性原则。选择点位时要有空间代表性，点位最好分布在不同区域不同特点的不同河流上，要兼顾到流域内多数河流。

（3）生态分区代表性原则。监测断面布设要兼顾不同的生态分区类型，主要生态分区都要设有点位。

（4）经济性原则。断面布设要以期用最少的断面和人力、物力，获得最大效益，同时尽量设在交通方便、采样安全的地段，以保证人身安全和样品的及时运输。

（5）尽可能选择例行监测断面和水域，并进行历史变化分析。

采样点分布如图2-1-1所示。

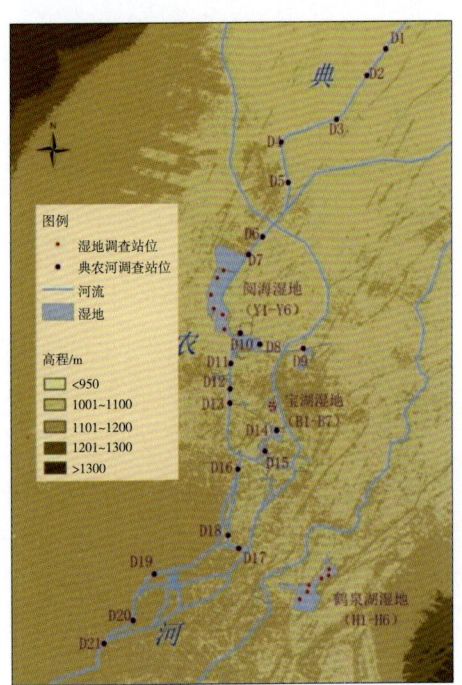

图2-1-1　银川市水生态调查点位分布图

开展河湖水生态系统的水质、生境和水资源评价，在生态补水前和生态补水后完成40个监测点位的主要水质指标[pH值、电导率、水温、透明度、浊度、溶解性总固体、悬浮物、溶解氧、总氮（TN）、总磷（TP）、氨氮、硝态氮、亚硝态氮、磷酸盐、高锰酸盐、化学需氧量（COD）、五日生物耗氧量（BOD_5）、叶绿素a]和栖息地生境指标（流速、水深、降雨量和干旱指数、河道坡度、植被覆盖度等）的监测，重点关注河湖水环境富营养化状况和生境异质性程度。

结合水生生物多样性和生境质量，判别典农河（银川市段）及阅海湿地、宝湖湿地、鹤泉湖湿地的水生态环境驱动因子，基于生态系统完整性开展健康质量评价，从水生生物群落结构特征、水环境质量、水体生境质量和水资源等方面，开展水生态系统健康评价，提出具有针对性的水生态系统健康评价指标体系，为相关部门流域管理和保护工作服务。

第二节　银川市水生生物现状调查

一、浮游植物群落调查

在各采样点位距水体表层0.5m和距水底0.5m水深处各取1L的水样，将二者混合之后作为定性及定量样品，并加入10mL的鲁哥试剂进行固定，将水样送回实验室，待静置48h后，将样品虹吸浓缩至100mL的瓶中供镜检，镜检前先将浓缩沉淀后水样充分摇匀，用移液枪吸取0.1mL的浮游植物到浮游植物计数框内，在400倍的显微镜下对浮游植物的50个视野进行鉴定和计数。根据相关的参考书籍及参考文献，对浮游植物进行鉴定。

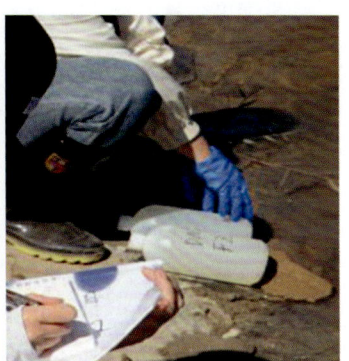

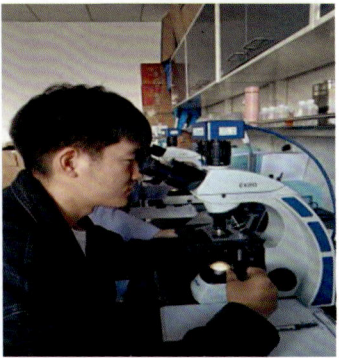

图2-2-1　在野外和实验室开展浮游植物采集及样品鉴定

二、浮游动物群落调查

原生动物、轮虫和无节幼体定量可用浮游植物定量样品，如单独采集取水样量以 1L 为宜，设置两个重复混合之后作为定性及定量样品。枝角类和桡足类定量样品应在定性采样之前用采水器采集，每个采样点采水样 10~50L，再用 25 号浮游生物网过滤浓缩，过滤物放入标本瓶中，并用滤出水洗过滤网 3 次，所得过滤物也放入上述瓶中；定性样品用 13 号浮游生物网在表层缓慢拖曳采集。注意过滤网和定性样品采集网要分开使用。

样品的固定：原生动物和轮虫定性样品，除留 1 瓶供活体观察不固定外，固定方法同浮游植物。枝角类和桡足类定量、定性样品应立即用醛溶液固定，用量为水样体积的 5%。

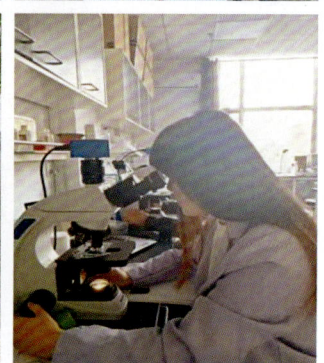

图 2-2-2　在野外和实验室开展浮游动物采集及样品鉴定

三、大型底栖无脊椎动物群落调查

小型溪流（可涉水而过，通常水深<1m）：每一个代表性河段选择 100m 作为采样区域，或采样长度至少为河宽的 40 倍。使用 D 型网、索伯网采集，按各小生境类型面积确定各生境的采样强度。总采集面积不小于 $2m^2$。

大型河流（不能涉水而过）：每个采样河段长 500m，6 个均匀的断面，在河道两岸浅水区域（水深<1m）采集（共 12 个采样区）。每个采样区用 D 型网采集 6 次。整个河段采集面积约为 $10m^2$。对于堤岸比较陡时，使用船只在岸边采集。

湖泊：定量样品用 $1/16 m^2$ 加重的彼得生采泥器采集，泥样经 420μm（60 目）的铜筛筛洗后，置于解剖盘中将动物拣出，个体较小且较多的大型底栖无脊椎动物用湿漏斗法分离。拣出的动物用 10% 的福尔马林固定，然后进行种类鉴定、计数，部分样品现场用解剖镜及显微镜进行活体观察。湿重的测定方法是：先用滤纸吸干水分，然后在电子天平上称重。定性样品用采泥器、抄网、手捡等方法采集。

用抄网、手拣等方法在岸边及浅水区采集定性样品。采用抄网采样时，应尽可能在各种

图 2-2-3　在野外和实验室开展大型底栖无脊椎动物采集及样品鉴定

生境采样。所有样品使用 10% 的福尔马林液中固定保存，保存液的体积应为所固定动物体积的 10 倍以上，否则应在 2~3 天后更换一次。

四、鱼类群落调查

在被调查种群的分布范围内，随机选取若干个样方，通过计数每个样方内的个体数，求得每个样方的种群密度，以所有样方种群密度平均值作为该种群的种群密度估计值。鱼类网具以粘网和虾笼为主。在各采样点位由船向河流湖泊等放置 1 指、3 指、5 指的粘网半个小时，然后收网，将鱼类拣出，鉴定鱼类的种类，并进行拍照。

五、水生植物群落调查（含河岸带植物）

水生植物：在采样点位前后 200m 河流中在船上用耙子等辅助工具对水中的水生植物进行捞取，也用耙子等工具观察并捞取河边的水生植物，对捕捞的水生植物进行照片拍摄、鉴别种类并记录物种多度值。

河岸带植物：在采样点位靠近河缘的前 20m 内设置 3 个样方。草本植物样方是 1m×1m，现场记录每个样方内植物种类、株数、盖度等基本指标。灌木样方采用 4m×4m，乔木样方为 10m×10m，灌木与乔木样方需记录每一样方内的植物种类、株数。同时也要对采样点位河流两岸的样地植物进行鉴别，并记录物种多度值。

图 2-2-4　在野外和实验室开展鱼类采集及样品鉴定

图 2-2-5　在野外和实验室开展水生植物（含河岸带植物）采集及样品鉴定

第三章

银川市水生生物群落特征

第一节　典农河（银川市段）水生生物群落特征

一、浮游植物

根据典农河（银川市段）生态补水前浮游植物群落结构特征饼状图以及各点位浮游植物群落特征柱状图可知（图 3-1-1），典农河（银川市段）共计采集到浮游植物 149 种，其中硅藻门 53 种，占 36%；绿藻门 47 种，占 31%；蓝藻门 19 种，占 13%；裸藻门 19 种，占 13%；其他门类 11 种，占 7%。典农河（银川市段）上游的浮游植物以绿藻门、硅藻门的物种为主体；中游优势种类为绿藻门、硅藻门、蓝藻门，金藻门物种较上游略有增加；下游优势种类为绿藻门、硅藻门、蓝藻门，裸藻门的物种数较上游稍有增加。

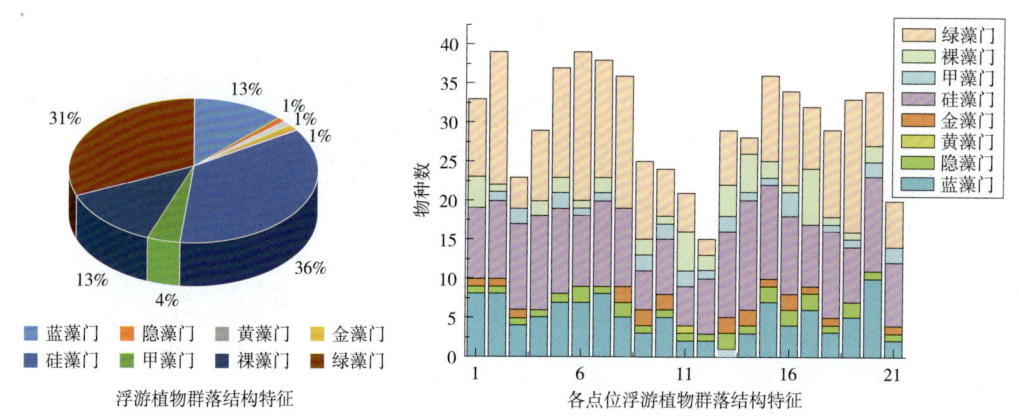

图 3-1-1　典农河（银川市段）生态补水前浮游植物群落结构特征、各点位浮游植物群落特征

根据典农河（银川市段）生态补水后浮游植物群落结构特征饼状图以及各点位浮游植物群落特征柱状图可知（图 3-1-2），典农河（银川市段）共计采集到浮游植物 183 种，其中硅藻门 94 种，占 51%；绿藻门 54 种，占 30%；蓝藻门 12 种，占 7%；裸藻门 8 种，占 4%；其他门类 15 种，占 8%。典农河（银川市段）上游的浮游植物以绿藻门、硅藻门的物种为主体；中游优势种类为绿藻门、硅藻门，甲藻门物种数较上游略有增加；下游优势种类为绿藻门、硅藻门，甲藻门的物种数较上游稍有增加。典农河（银川市段）常见浮游植物种类如图 3-1-3 所示。

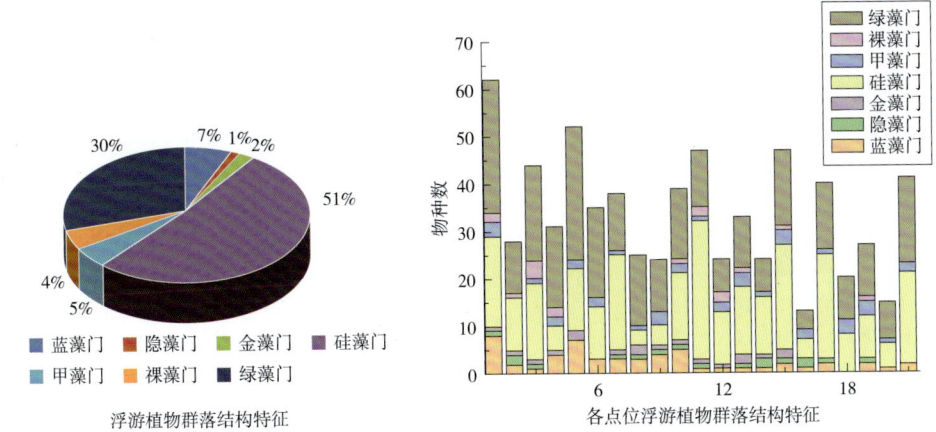

图 3-1-2　典农河（银川市段）生态补水后浮游植物群落结构特征、各点位浮游植物群落特征

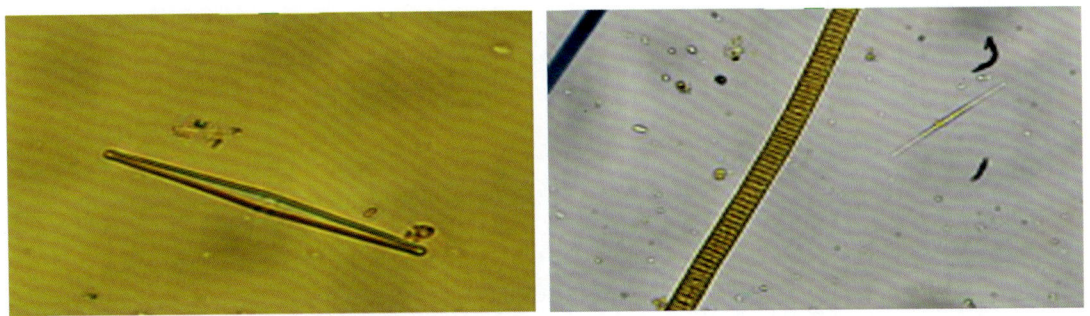

图 3-1-3　典农河（银川市段）常见浮游植物种类（左：美小针杆藻；右：小颤藻）

二、浮游动物

根据典农河（银川市段）生态补水前浮游动物群落结构特征饼状图以及各点位浮游动物群落特征柱状图可知（图3-1-4），典农河（银川市段）共计采集到浮游动物47种，其中原生动物门9种，占19%；轮虫动物门28种，占60%；枝角类4种，占8%；桡足类5种，占11%；多毛类1种，占2%。典农河（银川市段）上游的浮游动物以轮虫为主体；中游优势种类为轮虫，枝角类较上游略有增加；下游优势种类与上游相近。

根据典农河（银川市段）生态补水后浮游动物群落结构特征饼状图以及各点位浮游动物群落特征柱状图可知（图3-1-5），典农河（银川市段）共计采集到浮游动物67种，其中原生动物门11种，占16%；轮虫动物门45种，占66%；枝角类8种，占12%；桡足类3种，占4%；多毛类1种，占2%。典农河（银川市段）上游的浮游动物以轮虫为主体；中游优势种类为轮虫，多毛类较上游略有增加；下游优势种类为轮虫以及原生动物。典农河（银川市段）常见浮游动物种类如图3-1-6所示。

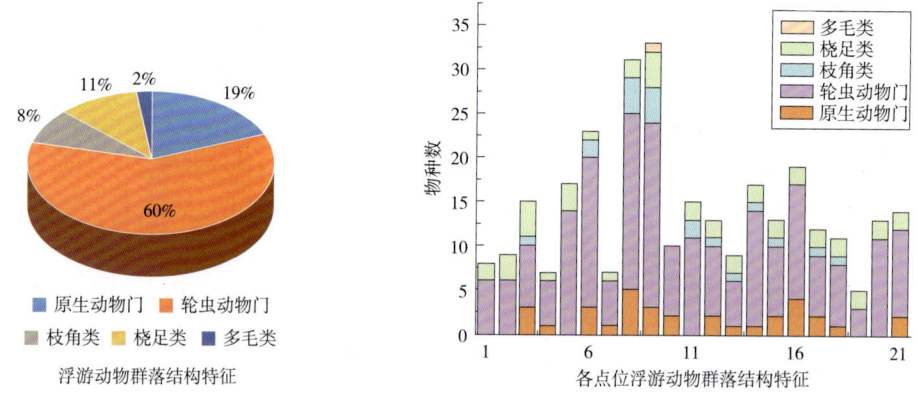

图 3-1-4 典农河（银川市段）生态补水前浮游动物群落结构特征、各点位浮游动物群落特征

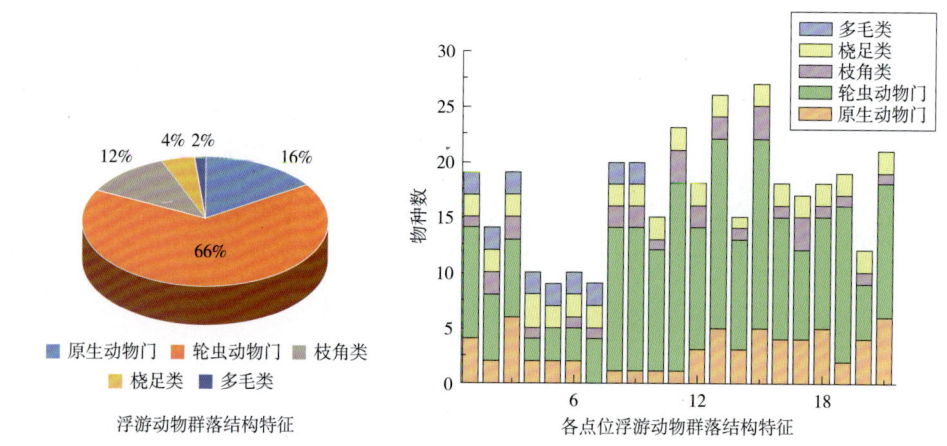

图 3-1-5 典农河（银川市段）生态补水后浮游动物群落结构特征、各点位浮游动物群落特征

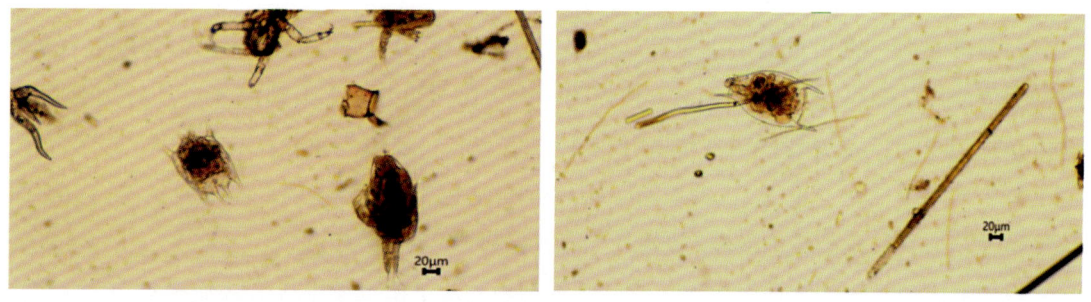

图 3-1-6 典农河（银川市段）常见浮游动物种类（左：萼花臂尾轮虫；右：裂足臂尾轮虫）

三、大型底栖无脊椎动物

根据典农河（银川市段）生态补水前大型底栖无脊椎动物群落结构特征饼状图以及各点位大型底栖无脊椎动物群落特征柱状图可知（图 3-1-7），典农河（银川市段）共计采集

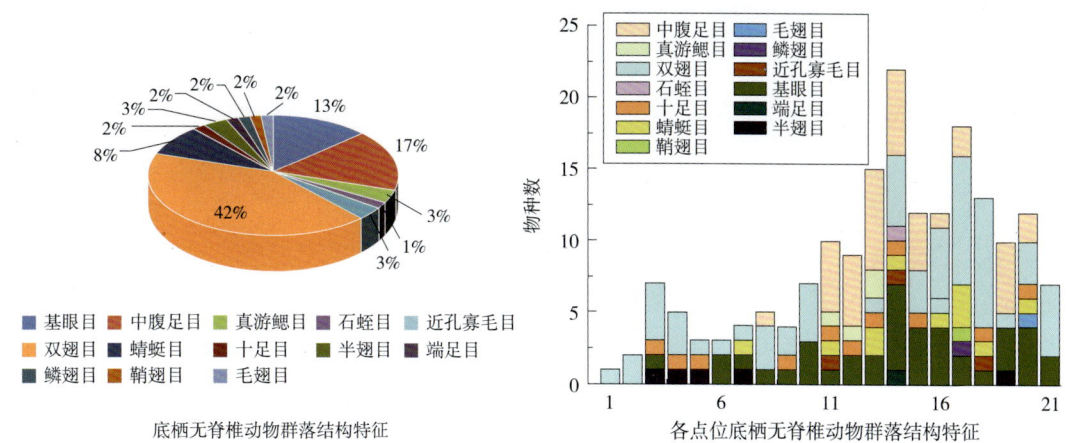

图 3-1-7 典农河（银川市段）生态补水前大型底栖无脊椎动物群落结构特征、各点位大型底栖无脊椎动物群落特征

到大型底栖无脊椎动物60种。其中双翅目种类数最多，具有25种，占物种总数的42%；中腹足目具有10种，占17%；其他类群的大型底栖无脊椎动物物种数较少，其中基眼目8种、蜻蜓目5种等，共计25种，占41%。典农河（银川市段）上游的大型底栖无脊椎动物以双翅目为主体；中游优势种类为中腹足目、基眼目，中腹足目较上游略有增加；下游优势种类与中游相似，中下游物种种类更为丰富。典农河（银川市段）常见大型底栖无脊椎动物种类如图3-1-9所示。

根据典农河（银川市段）生态补水后大型底栖无脊椎动物群落结构特征饼状图以及各点位大型底栖无脊椎动物群落特征柱状图可知（图3-1-8），典农河（银川市段）共计采集到大型底栖无脊椎动物30种。其中双翅目种类数最多，具有13种，占物种总数的43%；中腹足目具有4种，占14%；其他类群的大型底栖无脊椎动物物种数较少，其中十足目3种、

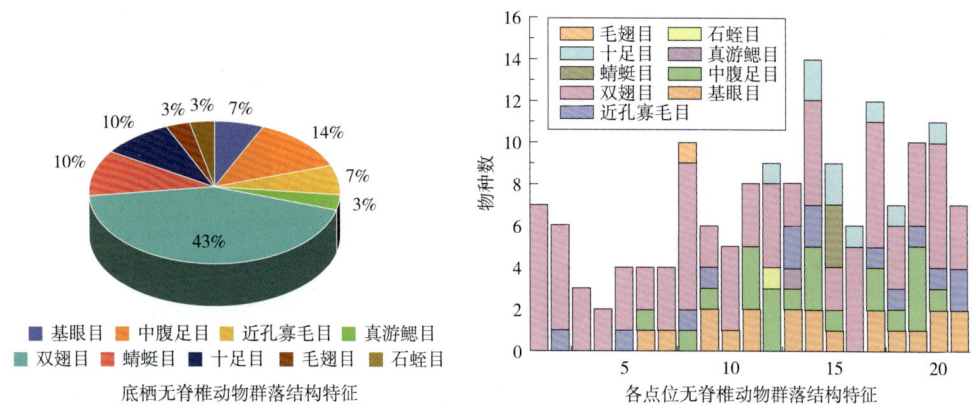

图 3-1-8 典农河（银川市段）生态补水后大型底栖无脊椎动物群落结构特征、各点位大型底栖无脊椎动物群落特征

17

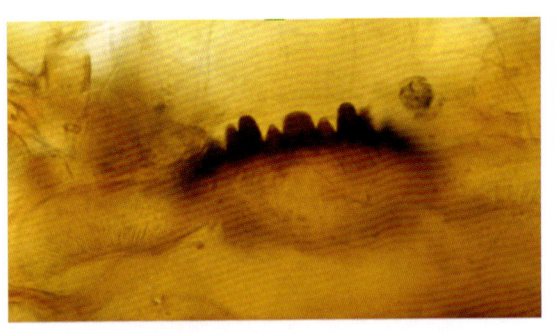 

图 3-1-9 典农河（银川市段）常见大型底栖无脊椎动物种类（左：黄色羽摇蚊；右：凸旋螺）

蜻蜓目 3 种等，共计 13 种，占 43%。典农河（银川市段）上游的大型底栖无脊椎动物以双翅目为主体；中游优势种类为双翅目、基眼目，基眼目较上游略有增加；下游优势种类与中游相似，中下游物种种类更为丰富。

四、鱼类群落特征

根据典农河（银川市段）生态补水前鱼类群落结构特征饼状图以及各点位鱼类群落特征柱状图可知（图 3-1-10），典农河（银川市段）研究区域共计采集到鱼类 18 种，其中鲤形目 11 种，占 61%；鲈形目 1 种，占 6%；鲇形目 1 种，占 6%；攀鲈亚目 2 种，占 11%；鰕虎鱼亚目 2 种，占 11%；鳉形目 1 种，占 5%。典农河（银川市段）上游的鱼类以鲤形目、鰕虎鱼亚目为主体；中游优势种类为鲤形目，鲈形目较上游略有增加；下游优势种类为鲤形目、攀鲈亚目、鰕虎鱼亚目，下游物种种类更为丰富。

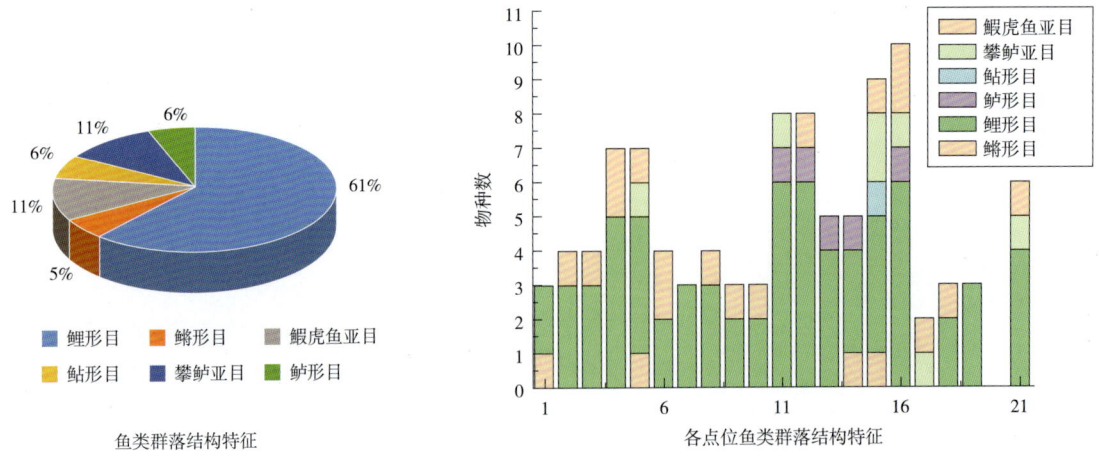

图 3-1-10 典农河（银川市段）生态补水前鱼类群落结构特征、各点位鱼类群落特征

根据典农河（银川市段）生态补水后鱼类群落结构特征饼状图以及各点位鱼类群落特征柱状图可知（图3-1-11），典农河（银川市段）研究区域共计采集到鱼类22种，其中鲤形目14种，占64%；攀鲈亚目2种，占9%；鰕虎鱼亚目2种，占9%；鲈形目1种，占5%；鲑形目1种，占5%；鳉形目1种，占4%；鲇形目1种，占4%。典农河（银川市段）上游的鱼类以鲤形目为主体；中游优势种类为鲤形目，鲈形目较上游略有增加；下游优势种类为鲤形目、攀鲈亚目、鰕虎鱼亚目，下游物种种类更为丰富。典农河（银川市段）常见鱼类种类如图3-1-12所示。

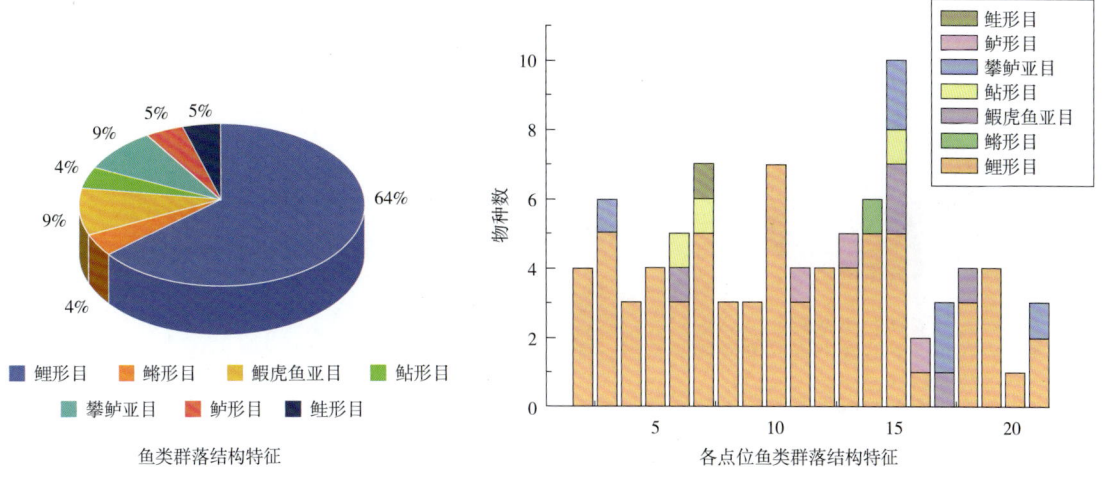

图3-1-11 典农河（银川市段）生态补水后鱼类群落结构特征、各点位鱼类群落特征

图3-1-12 典农河（银川市段）常见鱼类种类（左：白吻梭鲈；右：镜鲤）

第二节　阅海湿地水生生物群落特征

一、浮游植物

根据阅海湿地生态补水前浮游植物群落结构特征饼状图以及各点位浮游植物群落特征柱状图可知（图3-2-1），阅海湿地共计采集到浮游植物84种，其中硅藻门29种，占35%；绿藻门21种，占25%；蓝藻门14种，占17%；裸藻门13种，占15%；其他门类7种，占8%。阅海湿地6个采样点位浮游植物分布相似，其中以硅藻门、绿藻门、蓝藻门物种为主。

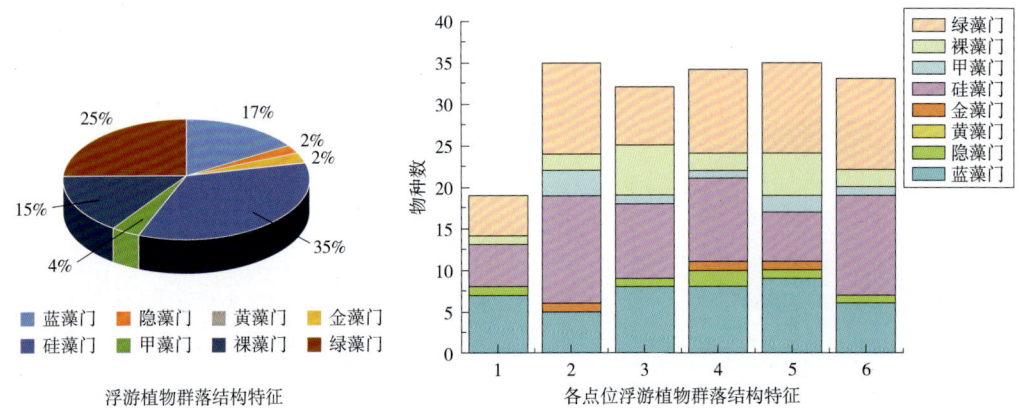

图3-2-1　阅海湿地生态补水前浮游植物群落结构特征、各点位浮游植物群落特征

根据阅海湿地生态补水后浮游植物群落结构特征饼状图以及各点位浮游植物群落特征柱状图可知（图3-2-2），阅海湿地生态补水后共计采集到浮游植物57种，其中硅藻门16种，占28%；绿藻门20种，占35%；甲藻门6种，占11%；裸藻门7种，占12%；其他门类8种，占14%。阅海湿地6个采样点位浮游植物分布相似，其中以绿藻门、硅藻门、甲藻门物种为主。阅海湿地常见浮游植物种类如图3-2-3所示。

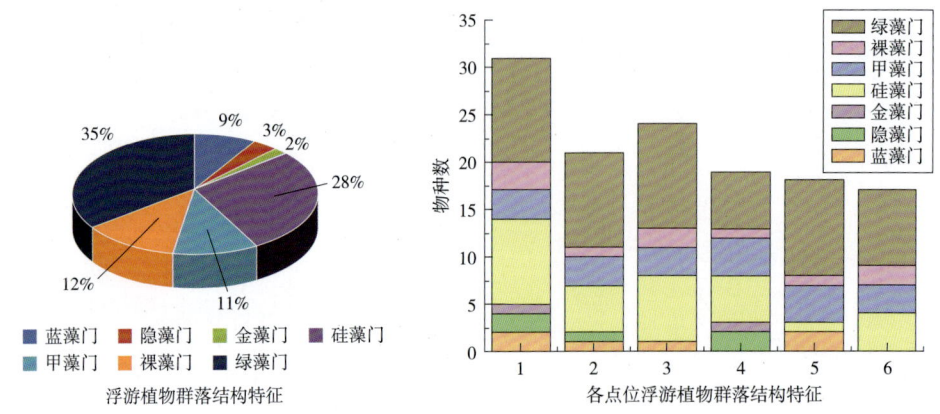

图3-2-2　阅海湿地生态补水后浮游植物群落结构特征、各点位浮游植物群落特征

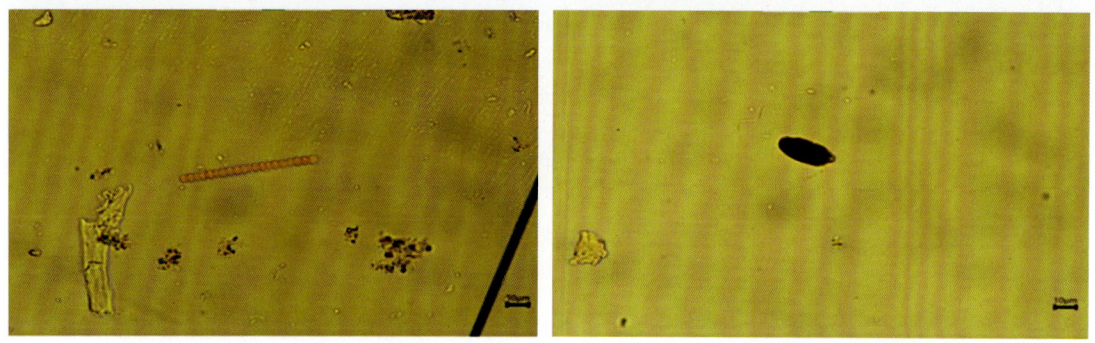

图 3-2-3　阅海湿地常见浮游植物种类（左：维盖拉鱼腥藻；右：扁裸藻）

二、浮游动物

根据阅海湿地生态补水前浮游动物群落结构特征饼状图以及各点位浮游动物群落特征柱状图可知（图 3-2-4），阅海湿地共计采集到浮游动物 41 种，其中原生动物门 6 种，占 15%；轮虫动物门 28 种，占 68%；枝角类 3 种，占 7%；桡足类 3 种，占 7%；多毛类 1 种，占 3%。阅海湿地 6 个采样点位浮游动物分布相似，其中以轮虫为主，阅海湿地 1、3 点位出现多毛类。

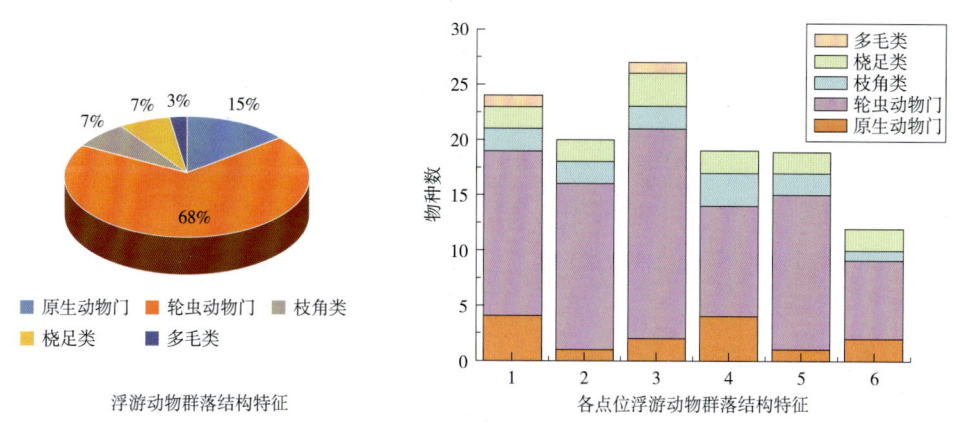

图 3-2-4　阅海湿地生态补水前浮游动物群落结构特征、各点位浮游动物群落特征

根据阅海湿地生态补水后浮游动物群落结构特征饼状图以及各点位浮游动物群落特征柱状图可知（图 3-2-5），阅海湿地共计采集到浮游动物 35 种，其中原生动物门 3 种，占 9%；轮虫 26 种，占 74%；枝角类 4 种，占 11%；桡足类 2 种，占 6%。阅海湿地 6 个采样点位浮游动物分布相似，其中以轮虫为主，阅海湿地 2、4 点位未出现原生动物。阅海湿地常见浮游动物种类如图 3-2-6 所示。

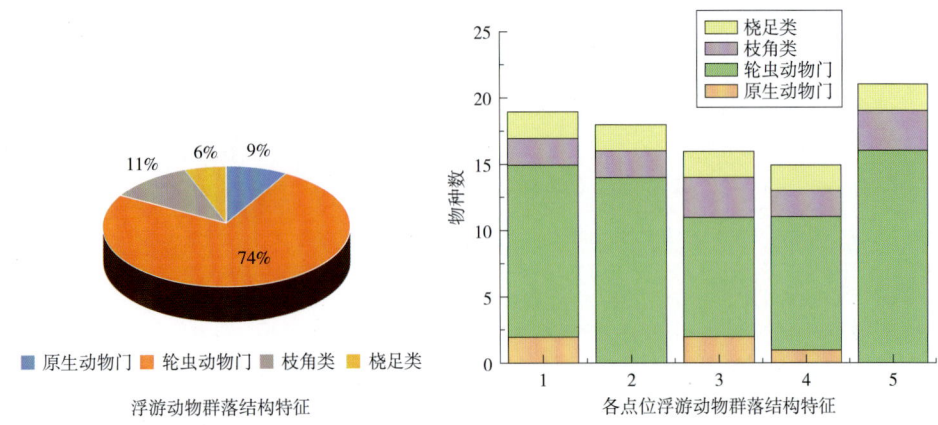

图 3-2-5 阅海湿地生态补水后浮游动物群落结构特征、各点位浮游动物群落特征

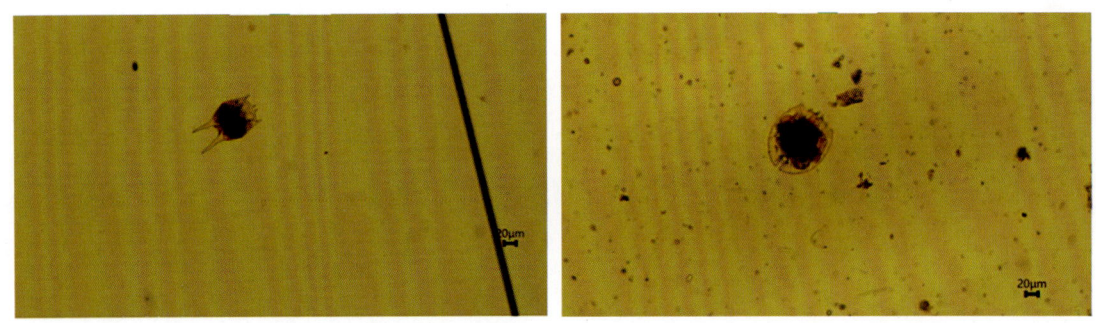

图 3-2-6 阅海湿地常见浮游动物种类（左：剪形臂尾轮虫；右：壶状臂尾轮虫）

三、大型底栖无脊椎动物

根据阅海湿地生态补水前大型底栖无脊椎动物群落结构特征饼状图以及各点位大型底栖无脊椎动物群落特征柱状图可知（图 3-2-7），阅海湿地共计采集到大型底栖无脊椎动物 28 种。其中双翅目种类数最多，具有 15 种，占物种总数的 54%；蜻蜓目具有 5 种，占 18%；其他类群的大型底栖无脊椎动物物种数较少，其中基眼目 3 种、十足目 1 种等，共计 8 种，占 28%。阅海湿地 1、2 点位主要是蜻蜓目；3 点位十足目、双翅目、蜻蜓目均匀分布；4、5、6 点位中腹足目、双翅目、蜻蜓目、十足目种类较多。

根据阅海湿地生态补水后大型底栖无脊椎动物群落结构特征饼状图以及各点位大型底栖无脊椎动物群落特征柱状图可知（图 3-2-8），阅海湿地共计采集到大型底栖无脊椎动物 25 种。其中双翅目种类数最多，具有 14 种，占物种总数的 56%；蜻蜓目具有 3 种，占 12%；其他类群的大型底栖无脊椎动物物种数较少，其中基眼目 2 种、十足目 2 种等，共计 8 种，占 32%。阅海湿地 1、2 点位主要是双翅目；3 点位十足目、双翅目、蜻蜓目均匀分布；4、5、6 点位中腹足目、双翅目、蜻蜓目种类较多。阅海湿地常见大型底栖无脊椎动物种类如图 3-2-9 所示。

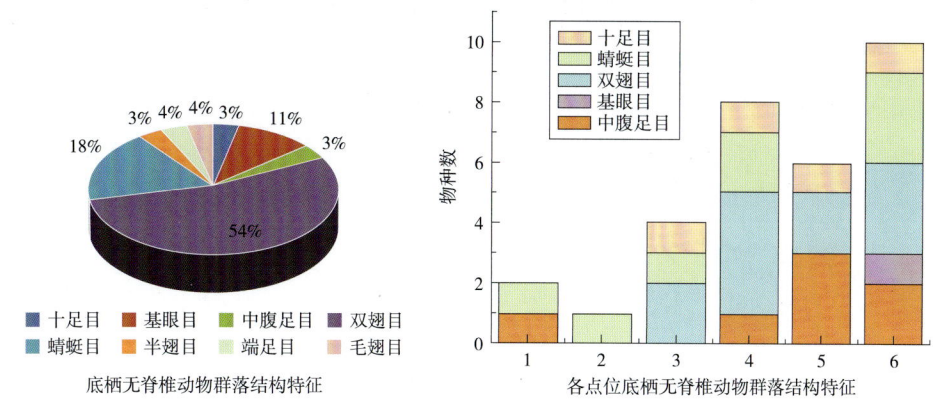

图 3-2-7　阅海湿地生态补水前大型底栖无脊椎动物群落结构特征、各点位大型底栖无脊椎动物群落特征

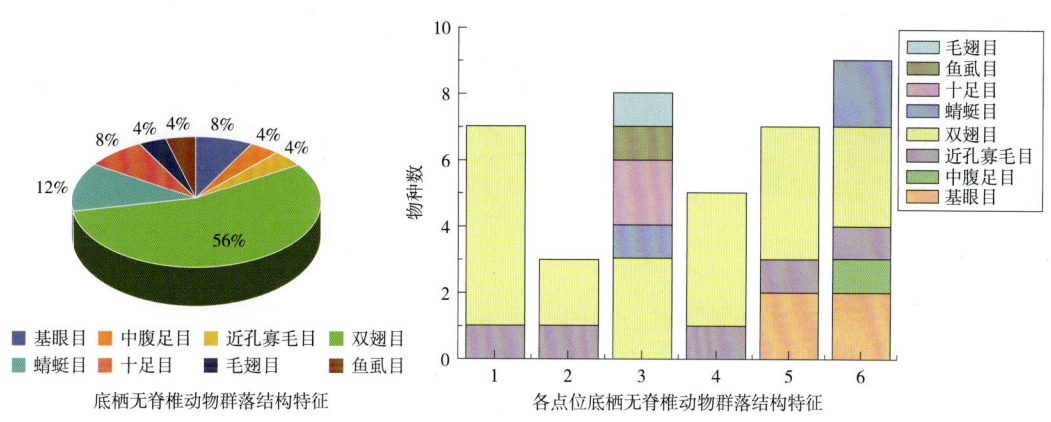

图 3-2-8　阅海湿地生态补水后大型底栖无脊椎动物群落结构特征、各点位大型底栖无脊椎动物群落特征

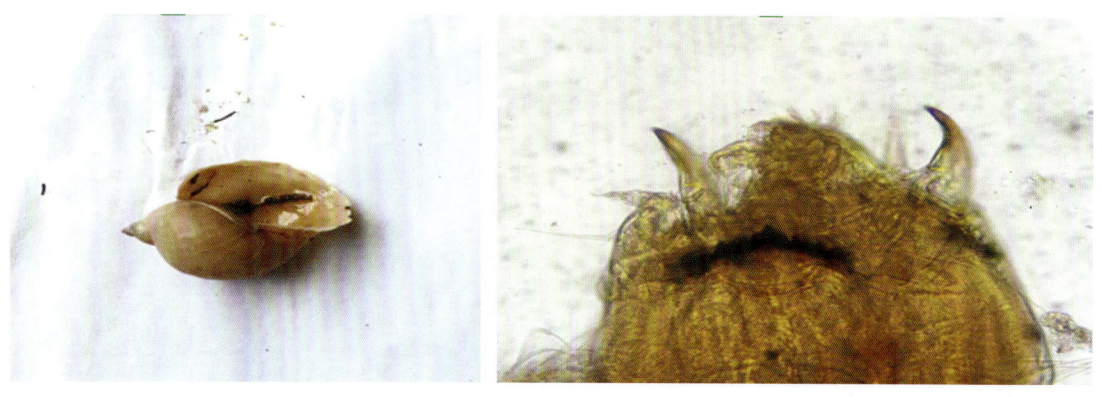

图 3-2-9　阅海湿地常见大型底栖无脊椎动物种类（左：耳萝卜螺；右：软铗小摇蚊）

四、鱼类

根据阅海湿地生态补水前鱼类群落结构特征饼状图以及各点位鱼类群落特征柱状图可知（图3-2-10），阅海湿地研究区域共计采集到鱼类11种，其中鲤形目5种，占46%；鲈形目1种，占9%；鲇形目1种，占9%；攀鲈亚目1种，占9%；鰕虎鱼亚目2种，占18%；鳉形目1种，占9%。其中鲤形目、鰕虎鱼亚目在阅海湿地各点位均有分布。阅海湿地常见鱼类种类如图3-2-11所示。

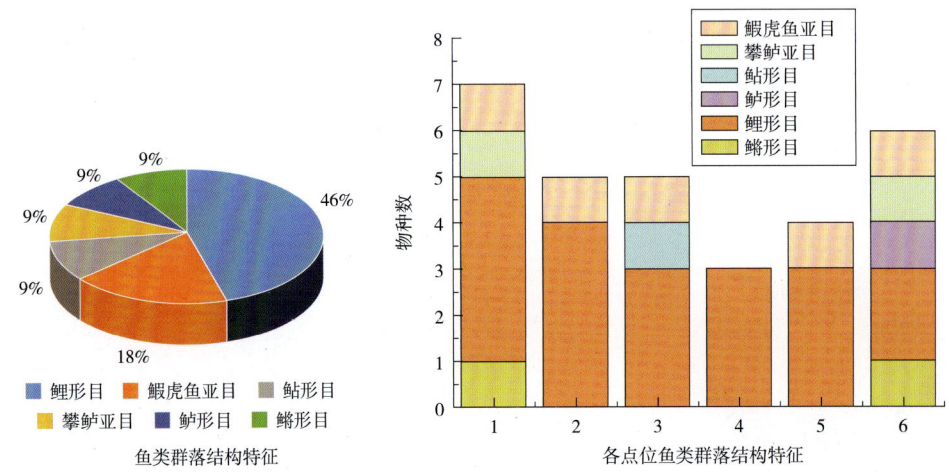

图3-2-10 阅海湿地生态补水前鱼类群落结构特征、各点位鱼类群落特征

图3-2-11 阅海湿地常见鱼类种类（左：黄颡鱼；右：乌鳢）

第三节　宝湖湿地水生生物群落特征

一、浮游植物

根据宝湖湿地生态补水前浮游植物群落结构特征饼状图以及各点位浮游植物群落特征柱状图可知（图3-3-1），宝湖湿地共计采集到浮游植物83种，其中硅藻门26种，占31%；绿藻门26种，占31%；蓝藻门12种，占15%；裸藻门10种，占12%；其他门类9种，占11%。宝湖湿地6个采样点位浮游植物分布相似，其中以硅藻门、绿藻门、蓝藻门、裸藻门物种为主。

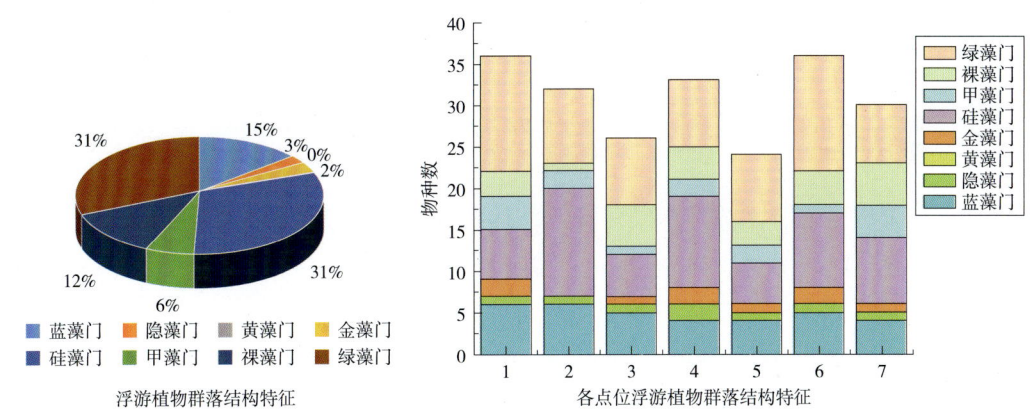

图 3-3-1　宝湖湿地生态补水前浮游植物群落结构特征、各点位浮游植物群落特征

根据宝湖湿地生态补水后浮游植物群落结构特征饼状图以及各点位浮游植物群落特征柱状图可知（图3-3-2），宝湖湿地共计采集到浮游植物96种，其中硅藻门41种，占43%；

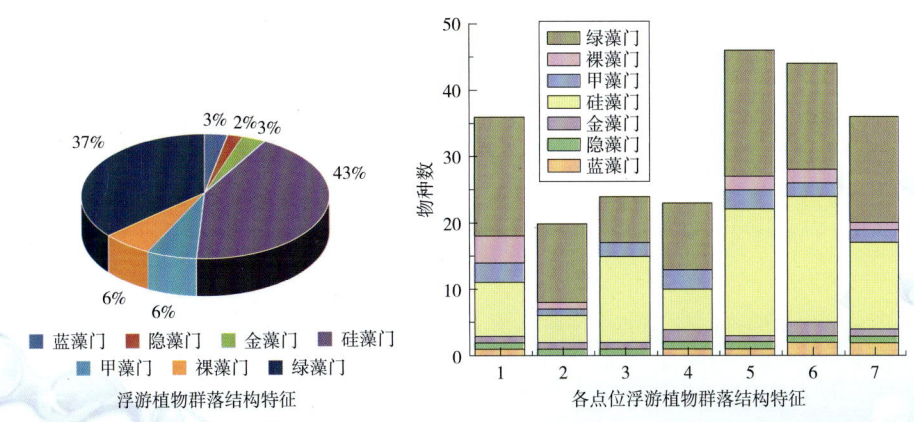

图 3-3-2　宝湖湿地生态补水后浮游植物群落结构特征、各点位浮游植物群落特征

绿藻门 35 种，占 37%；甲藻门 6 种，占 6%；裸藻门 6 种，占 6%；其他门类 8 种，占 8%。宝湖湿地 6 个采样点位浮游植物分布相似，其中以硅藻门、绿藻门、甲藻门、裸藻门物种为主。宝湖湿地常见浮游植物种类如图 3-3-3 所示。

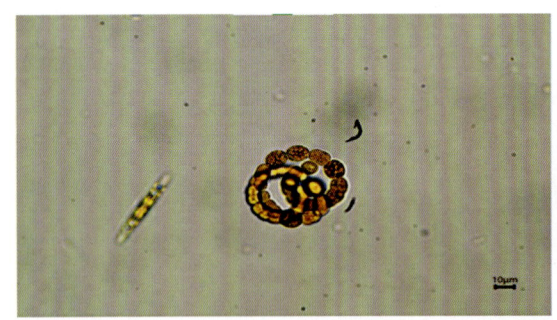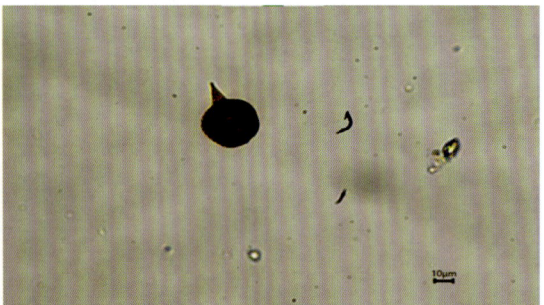

图 3-3-3　宝湖湿地常见浮游植物种类（左：卷曲鱼腥藻；右：尾裸藻）

二、浮游动物

根据宝湖湿地生态补水前浮游动物群落结构特征饼状图以及各点位浮游动物群落特征柱状图可知（图 3-3-4），宝湖湿地共计采集到浮游动物 31 种，其中原生动物门 6 种，占 19%；轮虫动物门 23 种，占 60%；桡足类 2 种，占 11%。宝湖湿地 6 个采样点位浮游动物分布相似，其中以轮虫动物门为主，原生动物门、桡足类少量分布。

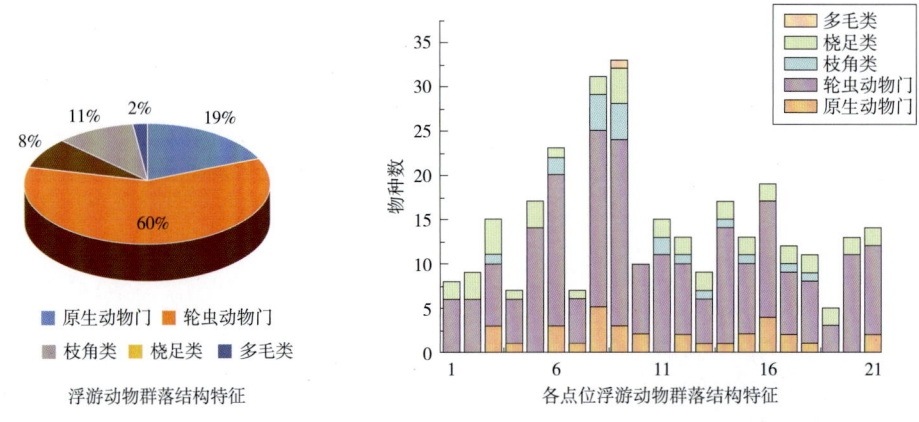

图 3-3-4　宝湖湿地生态补水前浮游动物群落结构特征、各点位浮游动物群落特征

根据宝湖湿地生态补水前浮游动物群落结构特征饼状图以及各点位浮游动物群落特征柱状图可知（图 3-3-5），宝湖湿地共计采集到浮游动物 64 种，其中原生动物门 14 种，占 22%；轮虫动物门 44 种，占 69%；枝角类 4 种，占 6%；桡足类 2 种，占 3%。宝湖湿地

6个采样点位浮游动物分布相似，其中以轮虫动物门为主，原生动物门、桡足类少量分布。宝湖湿地常见浮游动物种类如图3-3-6所示。

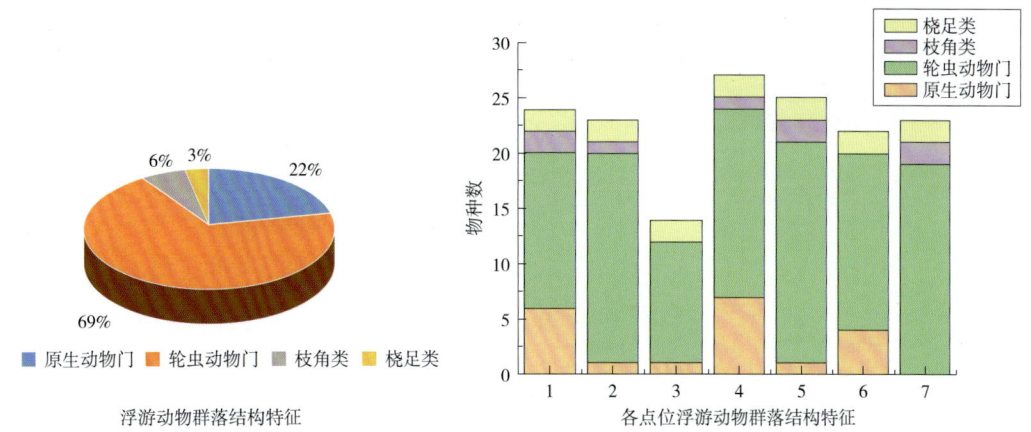

图3-3-5　宝湖湿地生态补水后浮游动物群落结构特征、各点位浮游动物群落特征

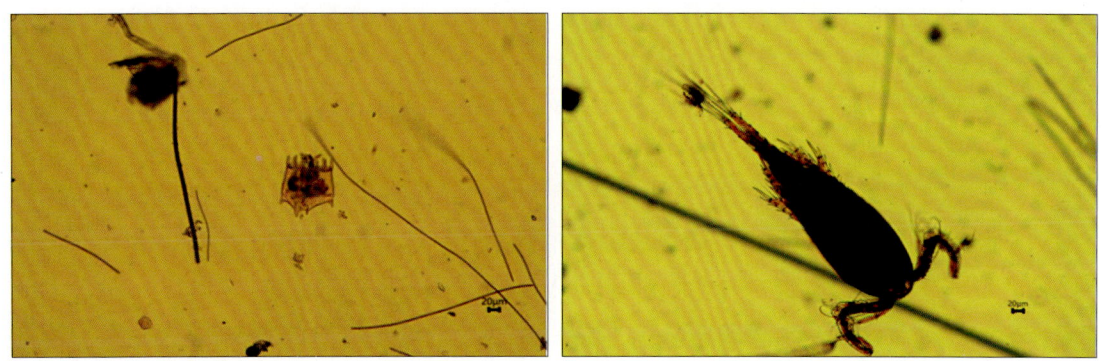

图3-3-6　宝湖湿地常见浮游动物种类（左：十趾平甲轮虫；右：广布中剑水蚤）

三、大型底栖无脊椎动物

根据宝湖湿地生态补水前大型底栖无脊椎动物群落结构特征饼状图以及各点位大型底栖无脊椎动物群落特征柱状图可知（图3-3-7），宝湖湿地共计采集到大型底栖无脊椎动物8种。其中中腹足目种类数最多，共计5种，占物种总数的63%；基眼目2种，占25%；十足目1种，占12%。宝湖湿地各点位均有中腹足目、十足目，2、3、5、6点位出现基眼目。

根据宝湖湿地生态补水后大型底栖无脊椎动物群落结构特征饼状图以及各点位大型底栖无脊椎动物群落特征柱状图可知（图3-3-8），宝湖湿地共计采集到大型底栖无脊椎动物19

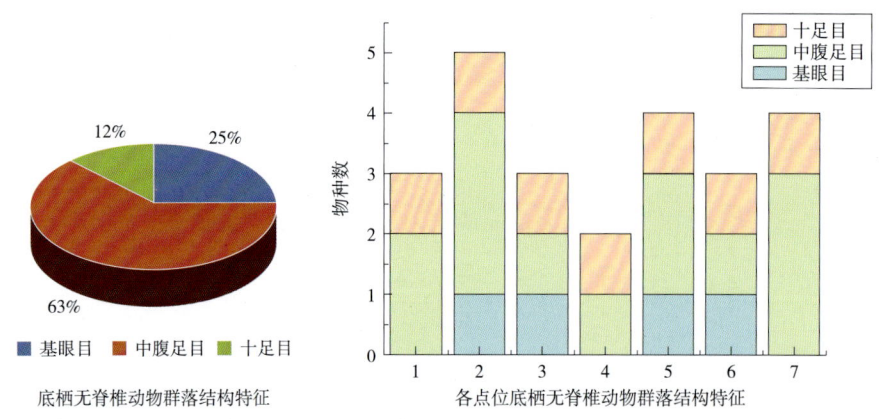

图 3-3-7　宝湖湿地生态补水前大型底栖无脊椎动物群落结构特征、
各点位大型底栖无脊椎动物群落特征

种。其中双翅目种类数最多，共计6种，占物种总数的32%；中腹足目3种，占16%；基眼目（2种）、蜻蜓目（2种）等共计10种，占52%。宝湖湿地各点位均有中腹足目、基眼目。宝湖湿地常见大型底栖无脊椎动物种类如图3-3-9所示。

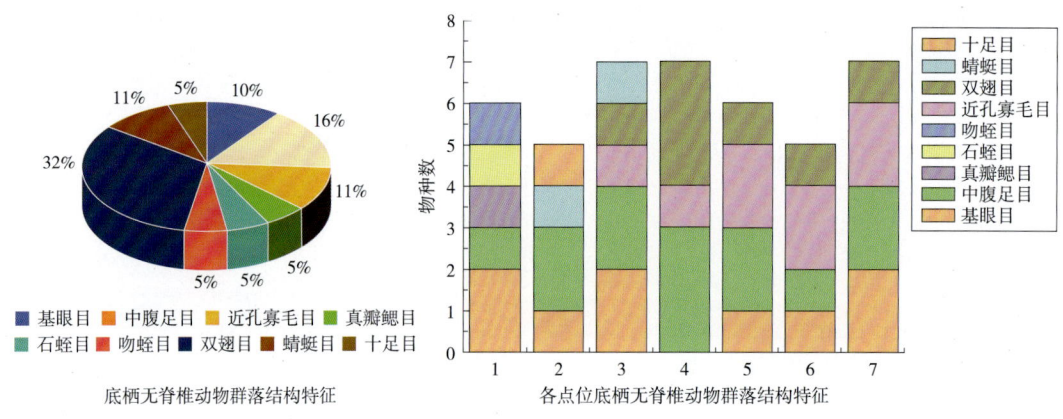

图 3-3-8　宝湖湿地生态补水后大型底栖无脊椎动物群落结构特征、
各点位大型底栖无脊椎动物群落特征

图 3-3-9　宝湖湿地常见大型底栖无脊椎动物种类（左：光滑狭口螺；右：红裸须摇蚊）

四、鱼类群落特征

根据宝湖湿地生态补水前鱼类群落结构特征饼状图以及各点位鱼类群落特征柱状图可知（图3-3-10），宝湖湿地研究区域共计采集到鱼类6种，其中鲤形目4种，占67%；鲈形目2种，占33%。宝湖各点位均有鲤形目分布，3、5点位出现鲈形目。

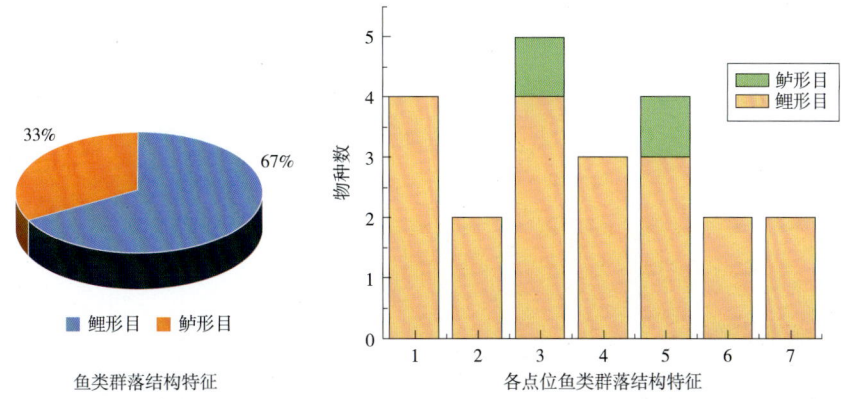

图3-3-10　宝湖湿地生态补水前鱼类群落结构特征、各点位鱼类群落特征

根据宝湖湿地生态补水后鱼类群落结构特征饼状图以及各点位鱼类群落特征柱状图可知（图3-3-11），宝湖湿地研究区域共计采集到鱼类1种，只有鲤形目。宝湖各点位均有鲤形目分布。宝湖湿地常见鱼类种类如图3-3-12所示。

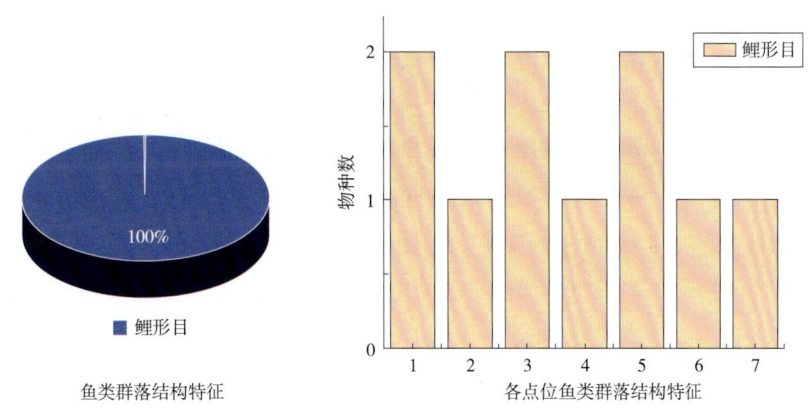

图3-3-11　宝湖湿地生态补水后鱼类群落结构特征、各点位鱼类群落特征

图3-3-12　宝湖湿地常见鱼类种类（左：白吻梭鲈；右：高体鳑鲏）

第四节　鹤泉湖湿地水生生物群落特征

一、浮游植物

根据鹤泉湖湿地生态补水前浮游植物群落结构特征饼状图以及各点位浮游植物群落特征柱状图可知（图3-4-1），鹤泉湖湿地共计采集到浮游植物73种，其中硅藻门26种，占36%；绿藻门16种，占22%；蓝藻门12种，占16%；裸藻门11种，占15%；其他门类8种，占11%。鹤泉湖湿地6个采样点位浮游植物分布相似，其中以硅藻门、绿藻门、蓝藻门物种为主。

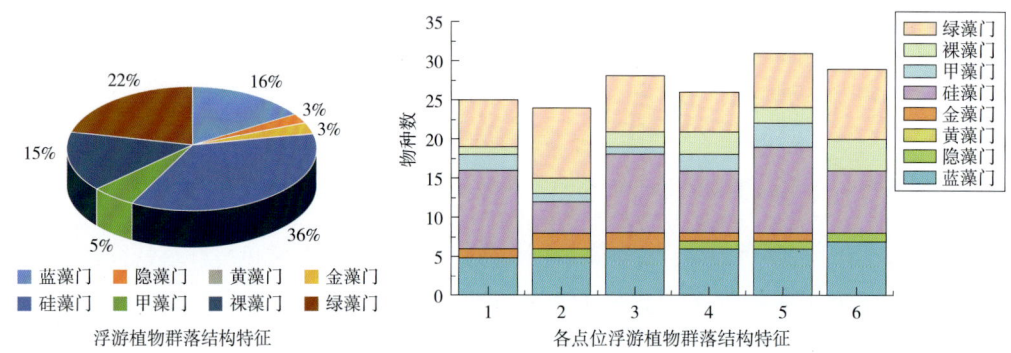

图3-4-1　鹤泉湖湿地生态补水前浮游植物群落结构特征、各点位浮游植物群落特征

根据鹤泉湖湿地生态补水后浮游植物群落结构特征饼状图以及各点位浮游植物群落特征柱状图可知（图3-4-2），鹤泉湖湿地共计采集到浮游植物66种，其中硅藻门27种，占41%；绿藻门20种，占30%；蓝藻门5种，占8%；裸藻门5种，占8%；其他门类9种，占13%。鹤泉湖湿地6个采样点位浮游植物分布相似，其中以硅藻门、绿藻门、蓝藻门物种为主。鹤泉湖湿地常见浮游植物种类如图3-4-3所示。

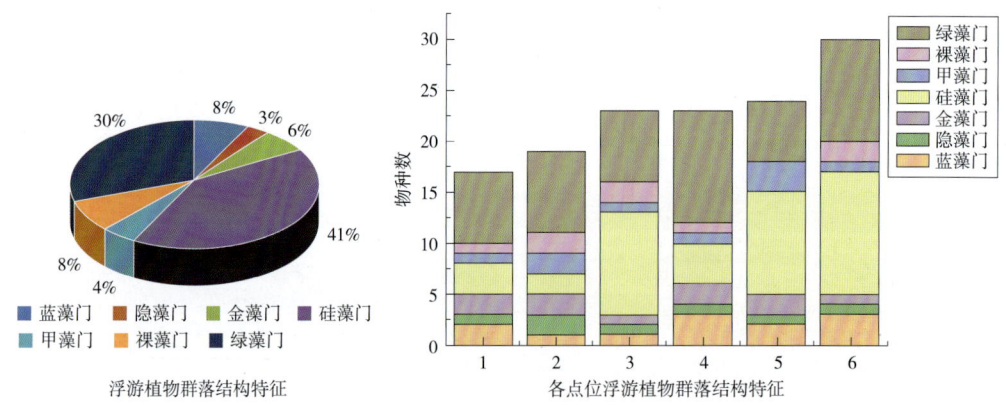

图3-4-2　鹤泉湖湿地生态补水后浮游植物群落结构特征、各点位浮游植物群落特征

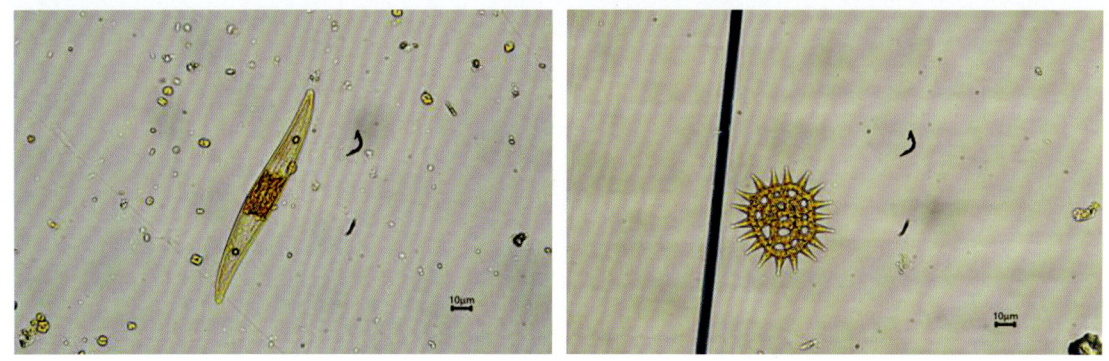

图 3-4-3 鹤泉湖湿地常见浮游植物种类（左：尖布纹藻；右：单角盘星藻）

二、浮游动物

根据鹤泉湖湿地浮游动物群落结构特征饼状图以及各点位浮游动物群落特征柱状图可知（图3-4-4），鹤泉湖湿地共计采集到浮游动物34种，其中原生动物门8种，占23%；轮虫动物门20种，占59%；枝角类3种，占9%；桡足类2种，占6%；多毛类1种，占3%。鹤泉湖湿地6个采样点位浮游动物分布相似，其中以轮虫动物门为主，鹤泉湖湿地1、2、3、6点位出现多毛类。

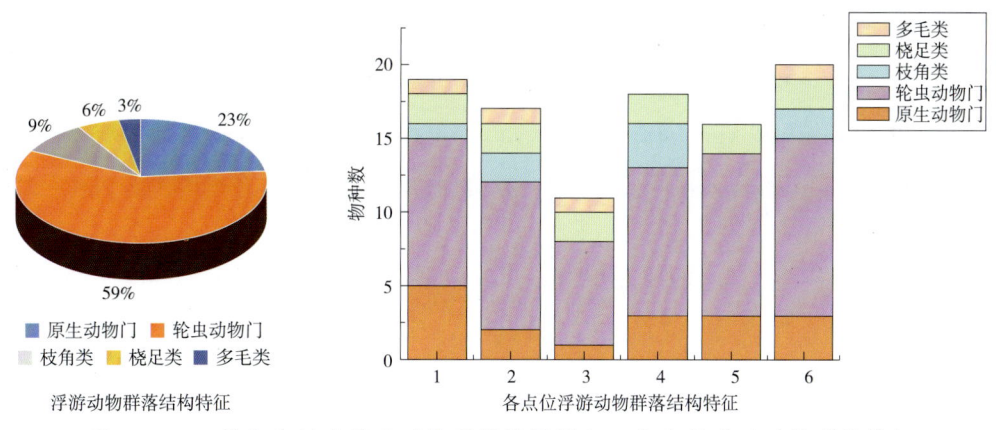

图 3-4-4 鹤泉湖湿地浮游动物群落结构特征、各点位浮游动物群落特征

根据鹤泉湖湿地浮游动物群落结构特征饼状图以及各点位浮游动物群落特征柱状图可知（图3-4-5），鹤泉湖湿地共计采集到浮游动物47种，其中原生动物门10种，占21%；轮虫动物门32种，占68%；枝角类2种，占4%；桡足类3种，占7%；鹤泉湖湿地6个采样点位浮游动物分布相似，其中以轮虫动物门为主，鹤泉湖湿地未出现多毛类。鹤泉湖湿地浮游动物常见种类如图3-4-6所示。

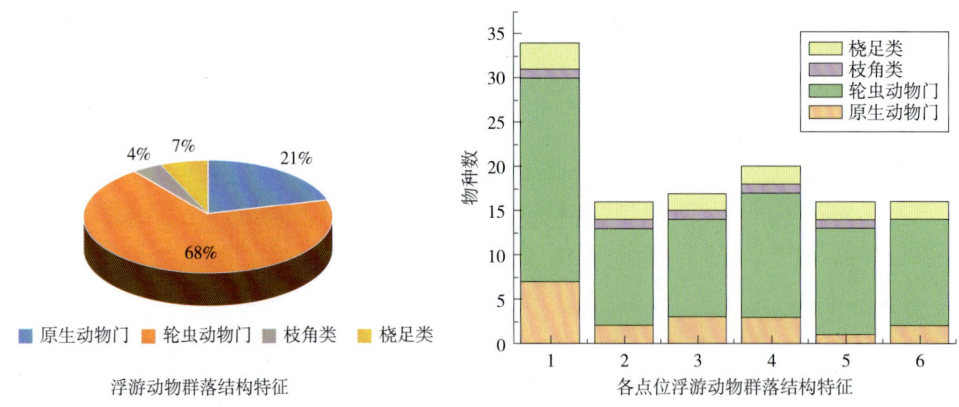

图 3-4-5　鹤泉湖湿地生态补水后浮游动物群落结构特征、各点位浮游动物群落特征

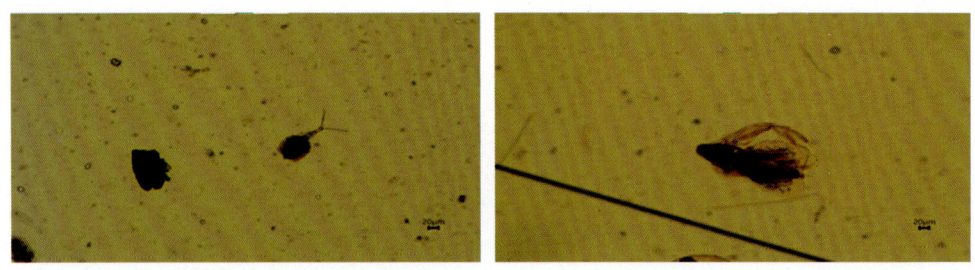

图 3-4-6　鹤泉湖湿地浮游动物常见种类（左：方块龟轮虫；右：短尾秀体溞）

三、大型底栖无脊椎动物

根据鹤泉湖湿地生态补水前大型底栖无脊椎动物群落结构特征饼状图以及各点位大型底栖无脊椎动物群落特征柱状图可知（图 3-4-7），鹤泉湖湿地共计采集到大型底栖无脊椎动物 18 种。其中双翅目具有 5 种，占物种总数的 28%；蜻蜓目具有 5 种，占 28%；基眼目

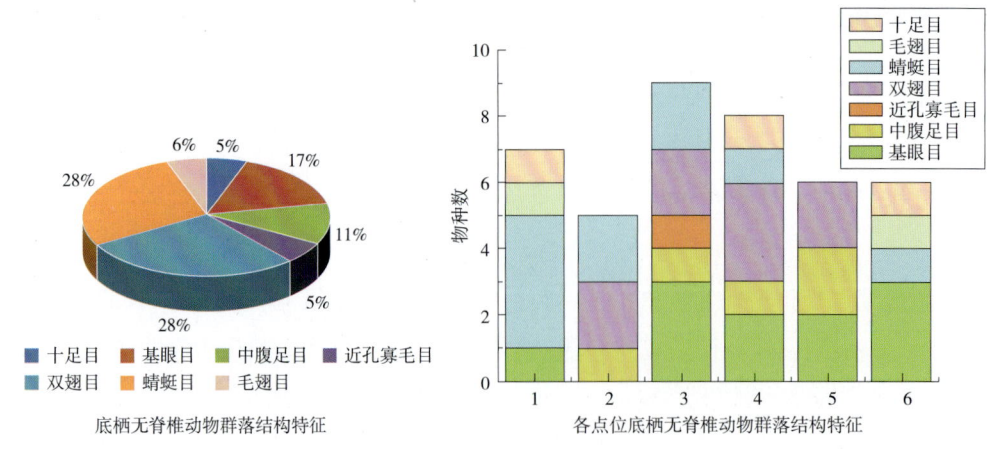

图 3-4-7　鹤泉湖湿地生态补水前大型底栖无脊椎动物群落结构特征、
各点位大型底栖无脊椎动物群落特征

3种，占27%；其他类群的大型底栖无脊椎动物物种数较少，其中中腹足目2种、毛翅目1种等共计5种，占27%。鹤泉湖湿地各点位基眼目、双翅目、蜻蜓目、中腹足目分布较多。

根据鹤泉湖湿地生态补水后大型底栖无脊椎动物群落结构特征饼状图以及各点位大型底栖无脊椎动物群落特征柱状图可知（图3-4-8），鹤泉湖湿地共计采集到大型底栖无脊椎动物17种。其中双翅目具有12种，占物种总数的70%；基眼目2种，占12%；近孔寡毛目2种，占12%；中腹足目1种，占6%。鹤泉湖湿地各点位基眼目、双翅目、中腹足目分布较多。鹤泉湖湿地大型底栖无脊椎动物常见种类如图3-4-9所示。

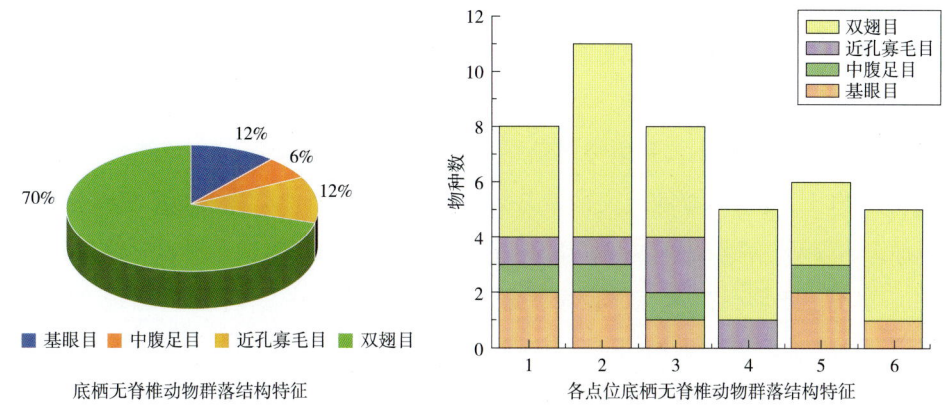

图3-4-8 鹤泉湖湿地生态补水后大型底栖无脊椎动物群落结构特征、各点位大型底栖无脊椎动物群落特征

图3-4-9 鹤泉湖湿地大型底栖无脊椎动物常见种类（左：方格短沟蜷；右：若西摇蚊）

四、鱼类群落

根据鹤泉湖湿地生态补水前鱼类群落结构特征饼状图以及各点位鱼类群落特征柱状图可知（图3-4-10），鹤泉湖湿地研究区域共计采集到鱼类10种，其中鲤形目6种，占60%；鲇形目1种，占10%；攀鲈亚目1种，占10%；鰕虎鱼亚目2种，占20%。其中鲤形目在鹤泉湖湿地各点位均有分布，攀鲈亚目出现在1点位，鲇形目出现在6点位，鰕虎鱼亚目出现在1、2、4、6点位。

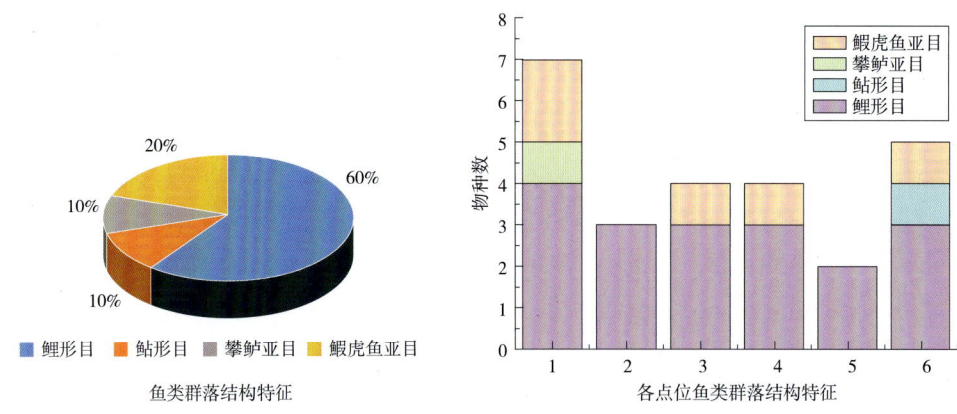

图 3-4-10　鹤泉湖湿地生态补水前鱼类群落结构特征、各点位鱼类群落特征

根据鹤泉湖湿地生态补水后鱼类群落结构特征饼状图以及各点位鱼类群落特征柱状图可知（图 3-4-11），鹤泉湖湿地研究区域共计采集到鱼类 12 种，其中鲤形目 9 种，占 75%；鲇形目 1 种，占 9%；鲈形目 1 种，占 8%；鲑形目 1 种，占 8%。其中鲤形目在鹤泉湖湿地各点位均有分布，鲈形目出现在 5 点位，鲑形目出现在 3 点位，鲇形目出现在 1、2、3 点位。鹤泉湖湿地鱼类常见种类如图 3-4-12 所示。

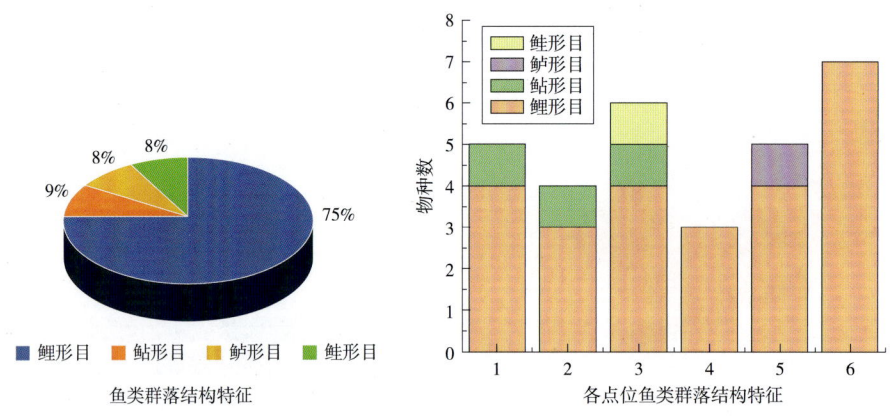

图 3-4-11　鹤泉湖湿地生态补水后鱼类群落结构特征、各点位鱼类群落特征

图 3-4-12　鹤泉湖湿地鱼类常见种类（左：高体鳑鲏；右：棒花鱼）

第五节　水生生物多样性及空间异质性

一、浮游植物生物多样性

由图3-5-1（a）可知，2022年9月生态补水前阅海湿地浮游植物群落的物种丰富度相对高，宝湖湿地和典农河（银川市段）次之，鹤泉湖湿地物种丰富度最低；2023年4月生态补水后，宝湖湿地物种丰富度最高，典农河（银川市段）、鹤泉湖湿地次之，阅海湿地物种丰富度最低。生态补水后时，典农河（银川市段）、宝湖湿地物种丰富度均有所升高，阅海湿地和鹤泉湖湿地均有所下降。

由图3-5-1（b）可知，2022年9月生态补水前香农维纳指数箱体图显示其较高水平出现在典农河（银川市段），其次是阅海湿地和宝湖湿地，鹤泉湖湿地最低；2023年4月生态补水后与其相比，典农河（银川市段）、阅海湿地、宝湖湿地、鹤泉湖湿地香农维纳指数均有所增加。

由图3-5-1（c）可知，2022年9月生态补水前的宝湖湿地α功能多样性最高，其次是

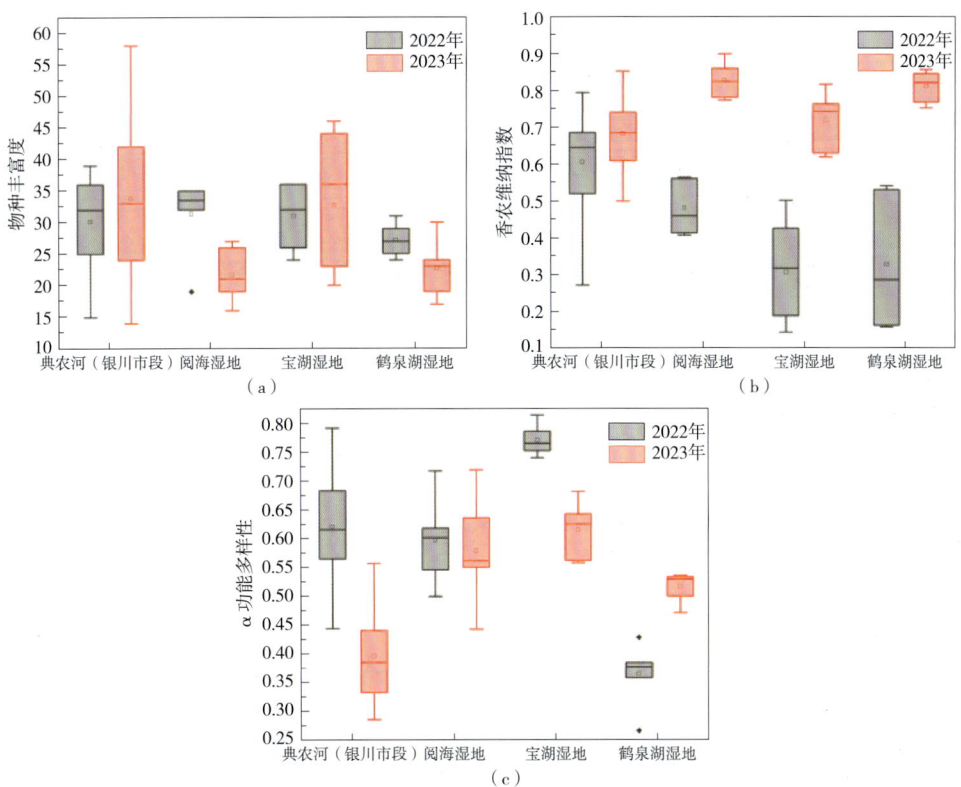

图3-5-1　浮游植物群落结构物种丰富度、香农维纳指数及α功能多样性分布特征

典农河（银川市段）和阅海湿地，鹤泉湖湿地 α 功能多样性最低；2023 年 4 月生态补水后与生态补水前相比，鹤泉湖湿地 α 功能多样性有所上升，典农河（银川市段）、阅海湿地和宝湖湿地均有所下降。

由图 3-5-2（a）可知，2022 年 9 月生态补水前的典农河（银川市段）浮游植物的总 β 分类多样性最高，其次是鹤泉湖湿地和宝湖湿地，阅海湿地总 β 分类多样性最低；2023 年 4 月生态补水后与生态补水前相比，宝湖湿地的总 β 分类多样性有所上升，典农河（银川市段）、阅海湿地、鹤泉湖湿地均有所下降。

由图 3-5-2（b）可知，2022 年 9 月生态补水前的典农河（银川市段）浮游植物的总 β 功能多样性最高，其次是宝湖湿地和阅海湿地，鹤泉湖湿地总 β 功能多样性最低；2023 年 4 月生态补水后与生态补水前相比，阅海湿地、鹤泉湖湿地的总 β 功能多样性均有所上升，宝湖湿地的总 β 功能多样性所下降。

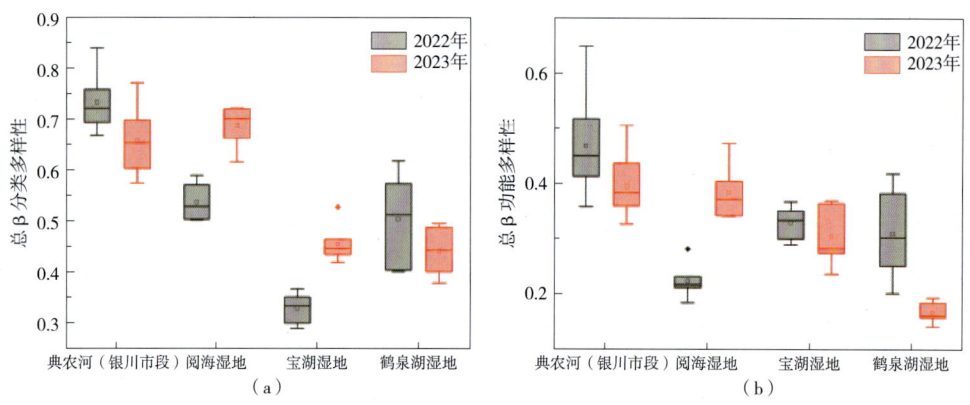

图 3-5-2　浮游植物群落结构总 β 分类多样性和总 β 功能多样性分布特征

二、浮游动物生物多样性

由图 3-5-3（a）可知，2022 年 9 月生态补水前阅海湿地浮游动物群落的物种丰富度相对较高，鹤泉湖湿地和典农河（银川市段）次之，宝湖湿地物种丰富度最低；2023 年 4 月生态补水后与生态补水前相比，宝湖湿地、典农河（银川市段）物种丰富度均有所升高，阅海湿地、鹤泉湖湿地则有所降低。

由图 3-5-3（b）可知，2022 年 9 月生态补水前香农维纳指数箱体图显示其较高水平出现在阅海湿地，其次是鹤泉湖湿地和典农河（银川市段），宝湖湿地最低；2023 年 4 月生态补水后与生态补水前相比，宝湖湿地、典农河（银川市段）香农维纳指数均有所增加，阅海湿地则有所减少，鹤泉湖湿地基本持平。

由图 3-5-3（c）可知，2022 年 9 月生态补水前典农河（银川市段）的 α 功能多样性最高，其次是鹤泉湖湿地和宝湖湿地，阅海湿地 α 功能多样性最低；2023 年 4 月生态补水后与生态补水前相比，鹤泉湖湿地和典农河（银川市段）α 功能多样性均有所上升，宝湖湿地则有所下降，阅海湿地基本持平。

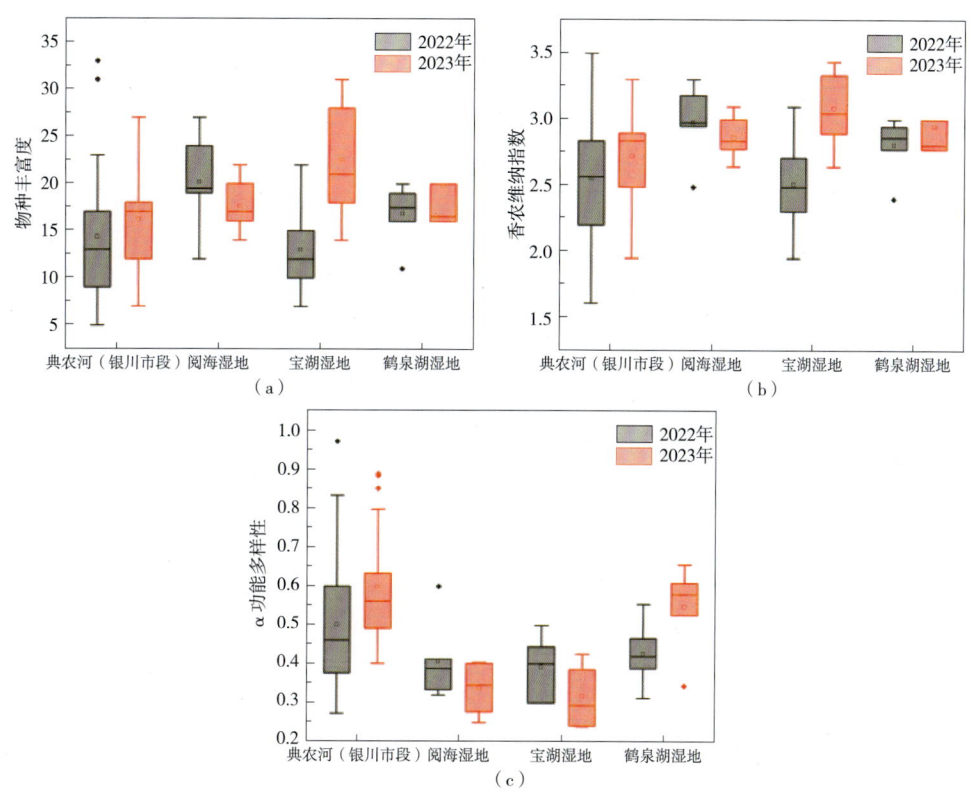

图 3-5-3　浮游动物群落结构物种丰富度、香农维纳指数及 α 功能多样性分布特征

由图 3-5-4（a）可知，2022 年 9 月生态补水前总 β 分类多样性箱体图显示其较高水平出现在典农河（银川市段），其次是宝湖湿地和鹤泉湖湿地，阅海湿地最低；2023 年 4 月生态补水后与生态补水前相比，宝湖湿地、鹤泉湖湿地总 β 分类多样性有所增加，典农河（银川市段）、阅海湿地则有所减少。

由图 3-5-4（b）可知，2022 年 9 月生态补水前典农河（银川市段）的总 β 功能多样性最高，宝湖湿地和鹤泉湖湿地次之，阅海湿地最低；2023 年 4 月生态补水后与生态补水前相比总 β 功能多样性均有所下降。

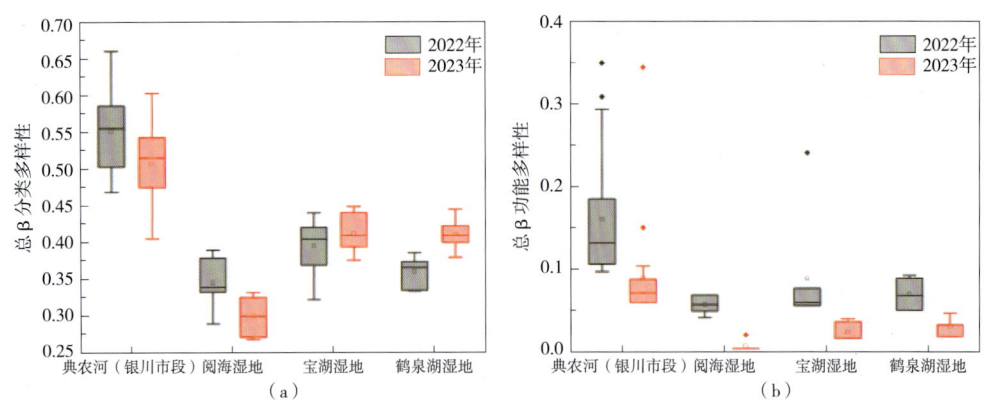

图 3-5-4　浮游动物群落结构总 β 分类多样性和总 β 功能多样性分布特征

三、大型底栖无脊椎动物生物多样性

由图 3-5-5（a）可知，2022 年 9 月生态补水前典农河（银川市段）大型底栖无脊椎动物的物种丰富度相对高，鹤泉湖湿地和阅海湿地次之，宝湖湿地物种丰富度最低；2023 年 4 月生态补水后，阅海湿地、宝湖湿地、鹤泉湖湿地大型底栖无脊椎动物的物种丰富度较生态补水前时均有所增加，典农河（银川市段）大型底栖无脊椎动物的物种丰富度与生态补水前基本持平。

由图 3-5-5（b）可知，2022 年 9 月生态补水前香农维纳指数箱体图显示其较高水平出现在阅海湿地，其次是典农河（银川市段）和鹤泉湖湿地，宝湖湿地最低；2023 年 4 月生态补水后与其相比，典农河（银川市段）、阅海湿地有所下降，宝湖湿地、鹤泉湖湿地香农维纳指数均有所增加。

由图 3-5-5（c）可知，2022 年 9 月生态补水前的鹤泉湖湿地 α 功能多样性最高，其次是典农河（银川市段）和宝湖湿地，阅海湿地 α 功能多样性最低；2023 年 4 月生态补水后与生态补水前相比，阅海湿地和宝湖湿地 α 功能多样性均有所上升，鹤泉湖湿地则有所下降，典农河（银川市段）基本持平。

由图 3-5-6（a）可知，2022 年 9 月生态补水前的典农河（银川市段）大型底栖无脊椎动物的总 β 分类多样性最高，其次是阅海湿地和鹤泉湖湿地，宝湖湿地总 β 分类多样性最低；2023 年 4 月生态补水后与生态补水前相比，阅海湿地、宝湖湿地的总 β 分类多样性有所上升，典农河（银川市段）、鹤泉湖湿地均有所下降。

由图 3-5-6（b）可知，2022 年 9 月生态补水前的典农河（银川市段）大型底栖无脊椎动物的总 β 功能多样性最高，其次是宝湖湿地和鹤泉湖湿地，阅海湿地总 β 功能多样性最低；2023 年 4 月生态补水后与生态补水前相比阅海湿地的总 β 功能多样性有所上升，典农河（银川市段）、宝湖湿地、鹤泉湖湿地的总 β 功能多样性均有所下降。

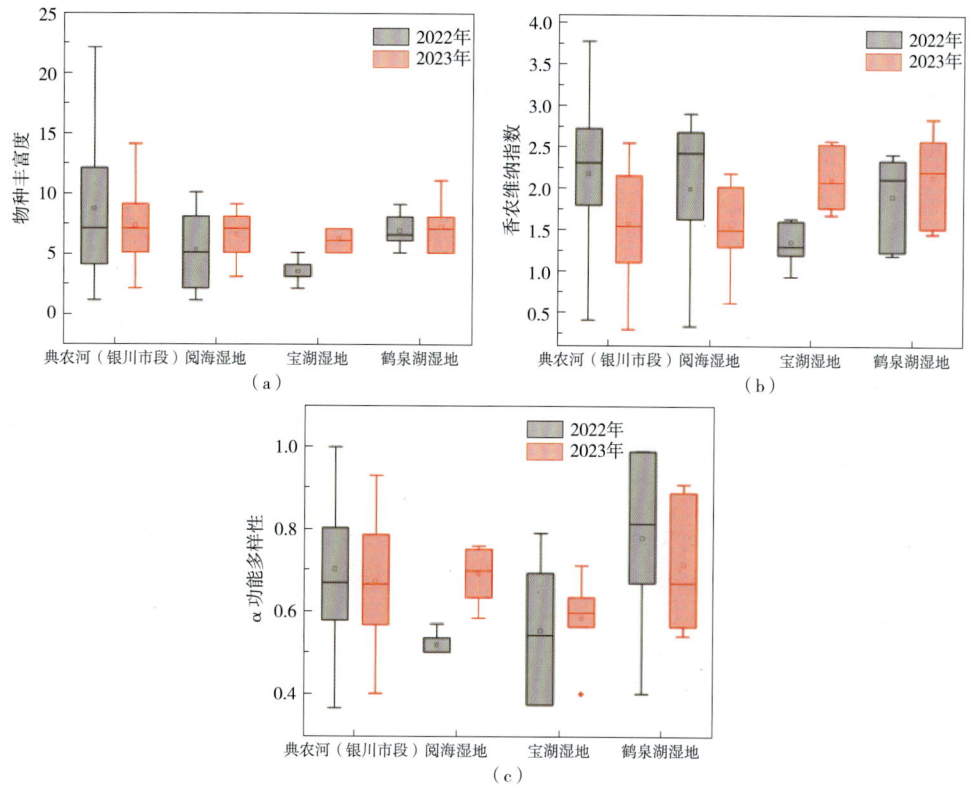

图 3-5-5　大型底栖无脊椎动物群落结构物种丰富度、
香农维纳指数及 α 功能多样性分布特征

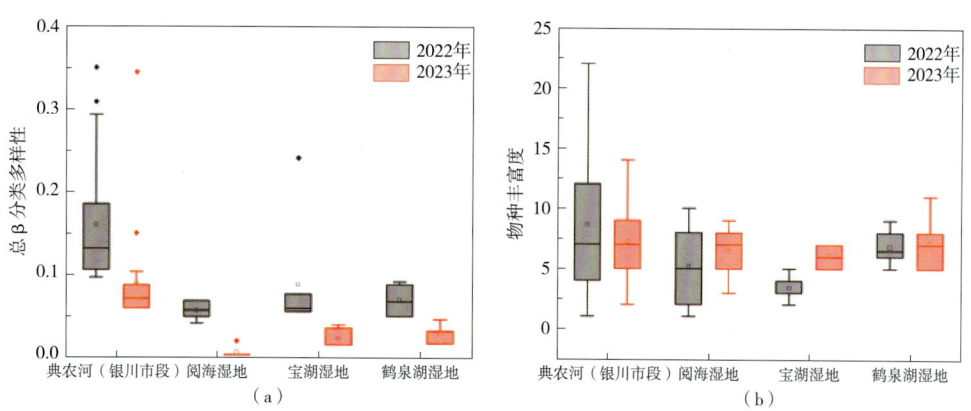

图 3-5-6　大型底栖无脊椎动物群落结构总 β 分类多样性和
总 β 功能多样性分布特征

四、鱼类生物多样性

由图 3-5-7（a）可知，2022 年 9 月生态补水前鹤泉湖湿地鱼类群落的物种丰富度相对高，阅海湿地和典农河（银川市段）次之，宝湖湿地物种丰富度最低；2023 年 4 月生态补水后与其相比，阅海湿地物种丰富度有所增加，宝湖湿地有所减少，典农河（银川市段）、鹤泉湖湿地基本持平。

由图 3-5-7（b）可知，2022 年 9 月香农维纳指数箱体图显示其较高水平出现在阅海湿地，其次是鹤泉湖湿地和典农河（银川市段），宝湖湿地最低；2023 年 4 月生态补水后与生态补水前相比，鹤泉湖湿地香农维纳指数基本持平，典农河（银川市段）、阅海湿地、宝湖湿地香农维纳指数均有所下降。

由图 3-5-7（c）可知，2022 年 9 月生态补水前鹤泉湖湿地的 α 功能多样性最高，其次是宝湖湿地和阅海湿地，典农河（银川市段）α 功能多样性最低；2023 年 4 月生态补水后与生态补水前相比，典农河（银川市段）、阅海湿地、鹤泉湖湿地 α 功能多样性均有所下降，由于宝湖湿地的鱼类物种数太少，所以 α 功能多样性结果没有意义。

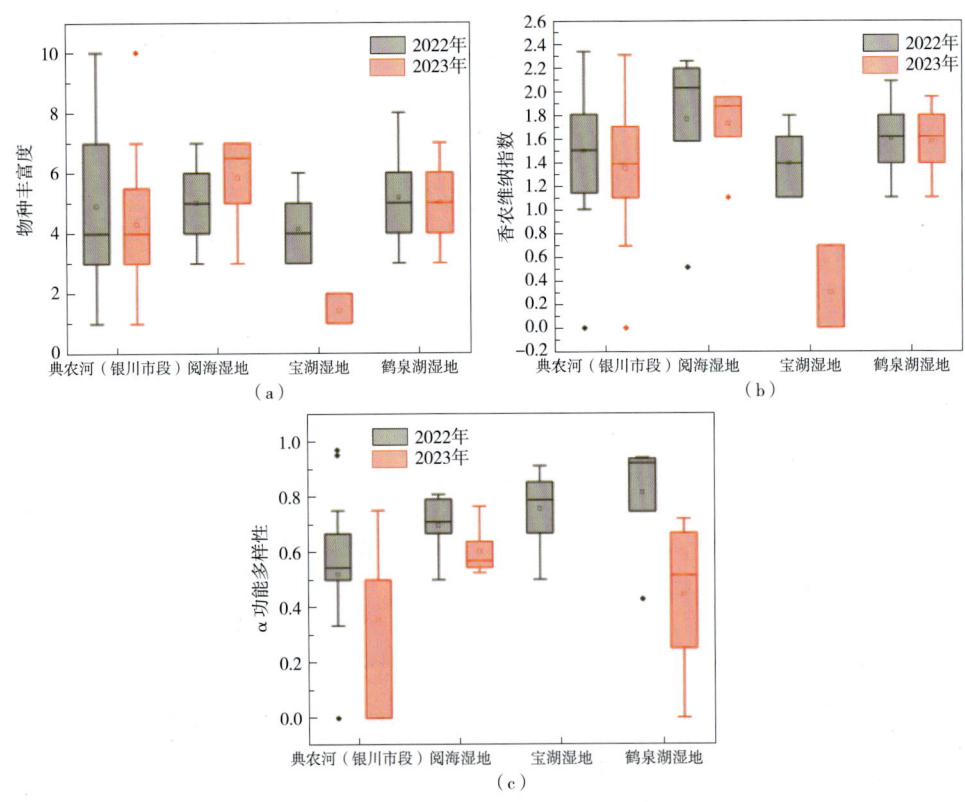

图 3-5-7　鱼类群落结构物种丰富度、香农维纳指数及 α 功能多样性分布特征

由图 3-5-8（a）可知，2022 年 9 月生态补水前总 β 分类多样性箱体图显示其较高水平出现在典农河（银川市段），其次是阅海湿地和鹤泉湖湿地，宝湖湿地最低；2023 年 4 月生态补水后与生态补水前相比，阅海湿地和鹤泉湖湿地总 β 分类多样性均有所下降，而典农河（银川市段）、宝湖湿地均有所上升。

由图 3-5-8（b）可知，2022 年 9 月生态补水前阅海湿地、典农河（银川市段）的总 β 功能多样性相对较高，鹤泉湖湿地次之，宝湖湿地最低；2023 年 4 月生态补水后，典农河（银川市段）、宝湖湿地、鹤泉湖湿地总 β 功能多样性有所升高，阅海湿地则有所降低。

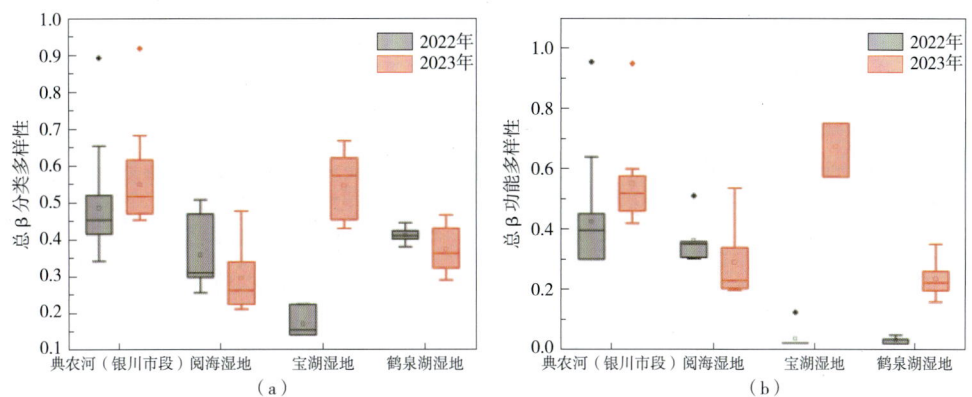

图 3-5-8　鱼类群落结构总 β 分类多样性和总 β 功能多样性分布特征

第六节　水生态环境驱动因子

一、典农河（银川市段）水生态驱动因子

对典农河（银川市段）生态补水前水生生物物种丰富度和环境因子进行 Mantel Test 分析，结果如图 3-6-1 所示：影响鱼类生物多样性格局的环境驱动因子主要为水温；影响底栖生物多样性格局的环境驱动因子主要为 pH 值、水温、TDS；影响浮游动物生物多样性格局的环境驱动因子主要为 TP；影响浮游植物生物多样性格局的环境驱动因子主要为 TN。其中 TDS 和电导率、硝态氮和 TN、叶绿素 a 和总氮、叶绿素 a 和 COD、COD 和 COD_{Mn} 之间呈显著正相关，浊度和透明度、叶绿素 a 和水温之间呈显著负相关。

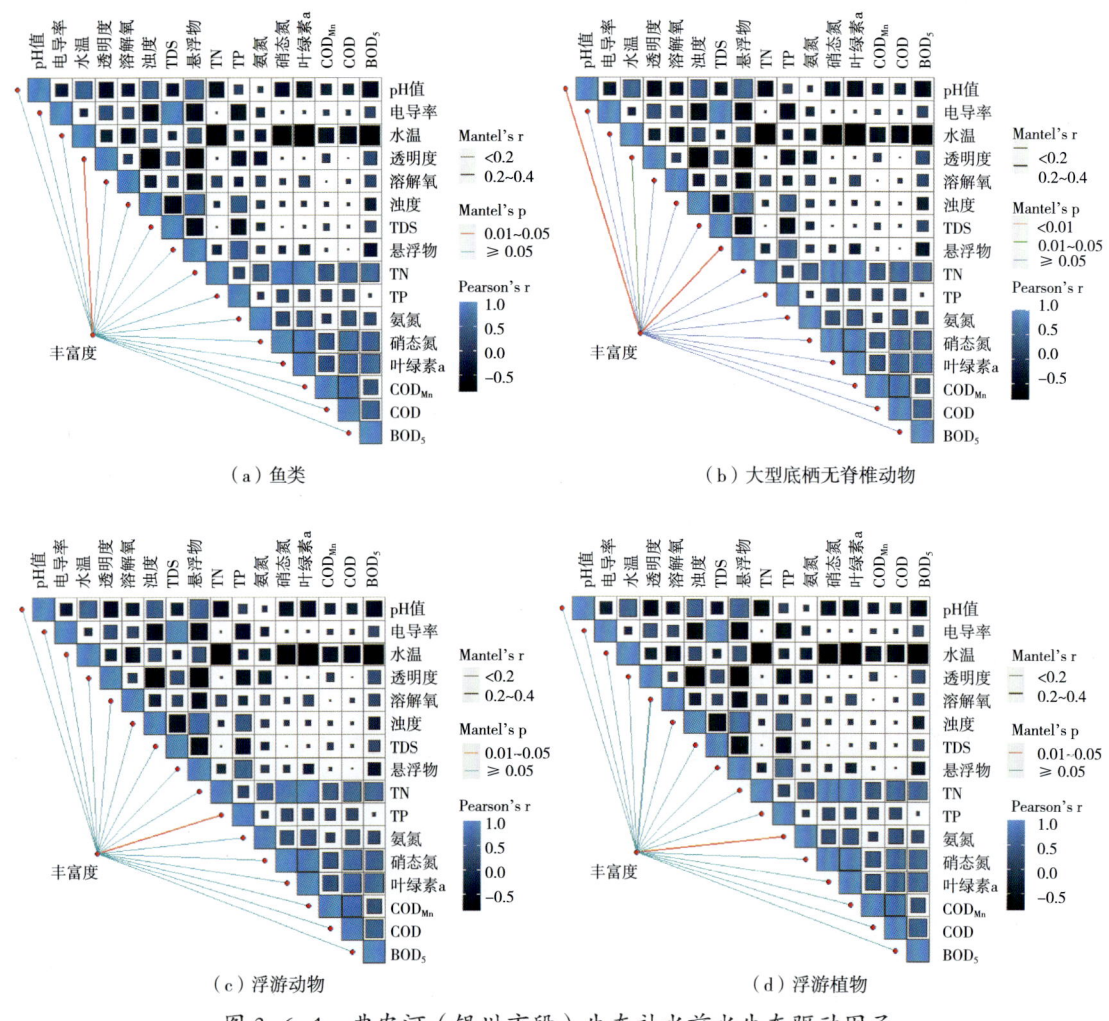

图 3-6-1 典农河（银川市段）生态补水前水生态驱动因子

对典农河（银川市段）生态补水后水生生物物种丰富度和环境因子进行 Mantel Test 分析，结果如图 3-6-2 所示：影响鱼类生物多样性格局的环境驱动因子主要为 TN、BOD_5；影响底栖生物多样性格局的环境驱动因子主要为 pH 值、电导率；影响浮游动物生物多样性格局的环境驱动因子主要为水温、电导率、TDS、硝态氮、COD、磷酸盐、叶绿素 a；影响浮游植物生物多样性格局的环境驱动因子主要为 pH 值。其中 TDS 和电导率、COD_{Mn} 和 TN、COD 和电导率、COD 和 TDS、COD 和硝态氮之间呈显著正相关，TP 和水温、叶绿素 a 和水温、硝态氮和水温、磷酸盐和水温、叶绿素 a 和水温、BOD_5 和水温之间呈显著负相关。

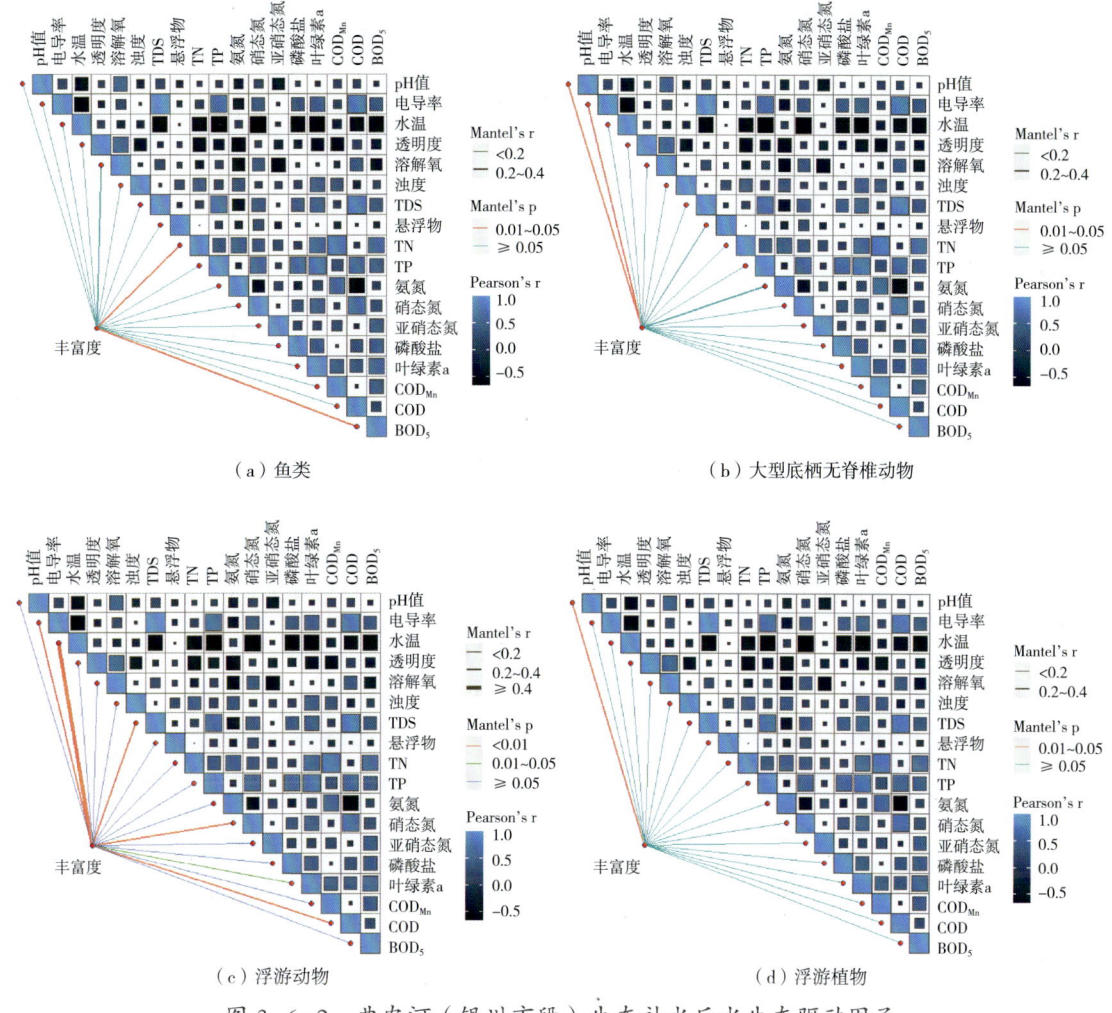

图 3-6-2 典农河（银川市段）生态补水后水生态驱动因子

二、阅海湿地水生态驱动因子

对阅海湿地生态补水前水生生物物种丰富度和环境因子进行 Mantel Test 分析，结果如图 3-6-3 所示：影响浮游动物生物多样性格局的环境驱动因子主要为悬浮物、COD_{Mn}、COD；影响浮游植物生物多样性格局的环境驱动因子主要为硝态氮；鱼类、大型底栖无脊椎动物均无显著影响生物多样性格局的环境驱动因子。其中 TDS 和电导率、氨氮和电导率、叶绿素 a 和 TN、BOD_5 和电导率、浊度和电导率之间呈显著正相关，浊度和透明度、氨氮和 pH 值、COD 和溶解氧、COD 和悬浮物之间呈极显著负相关。

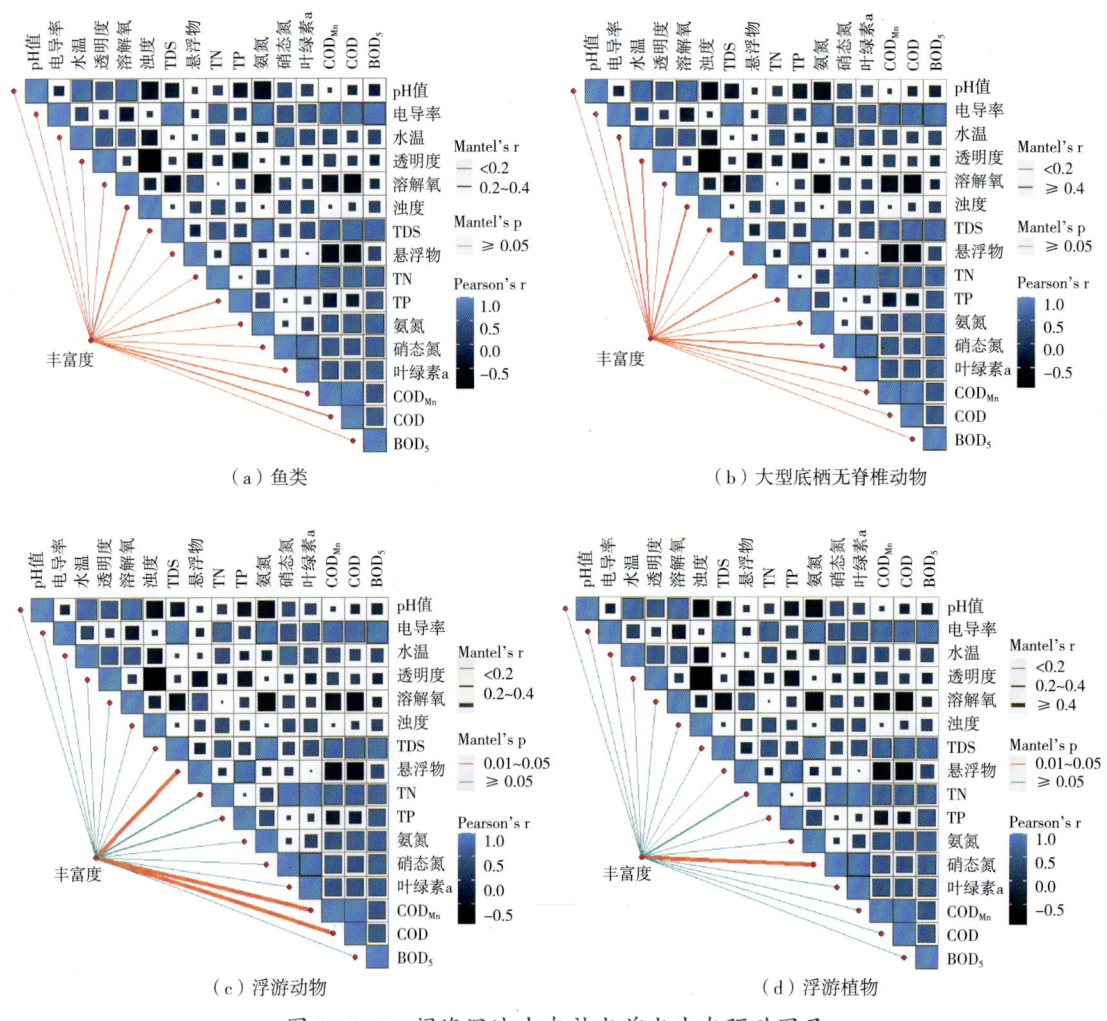

图 3-6-3　阅海湿地生态补水前水生态驱动因子

对阅海湿地生态补水后水生生物物种丰富度和环境因子进行 Mantel Test 分析，结果如图 3-6-4 所示：影响鱼类生物多样性格局的环境驱动因子主要为电导率和 TP；影响浮游动物生物多样性格局的环境驱动因子主要为叶绿素 a、BOD_5；影响浮游植物生物多样性格局的环境驱动因子主要为 TN、硝态氮、COD_{Mn}；大型底栖无脊椎动物无显著影响生物多样性格局的环境驱动因子。其中 TDS 和电导率、悬浮物和浊度、COD_{Mn} 和悬浮物、COD_{Mn} 和硝态氮、COD 和溶解氧之间呈显著正相关，TP 和透明度、硝态氮和氨氮、COD 和电导率、BOD_5 和溶解氧、BOD_5 和 COD 之间呈显著负相关。

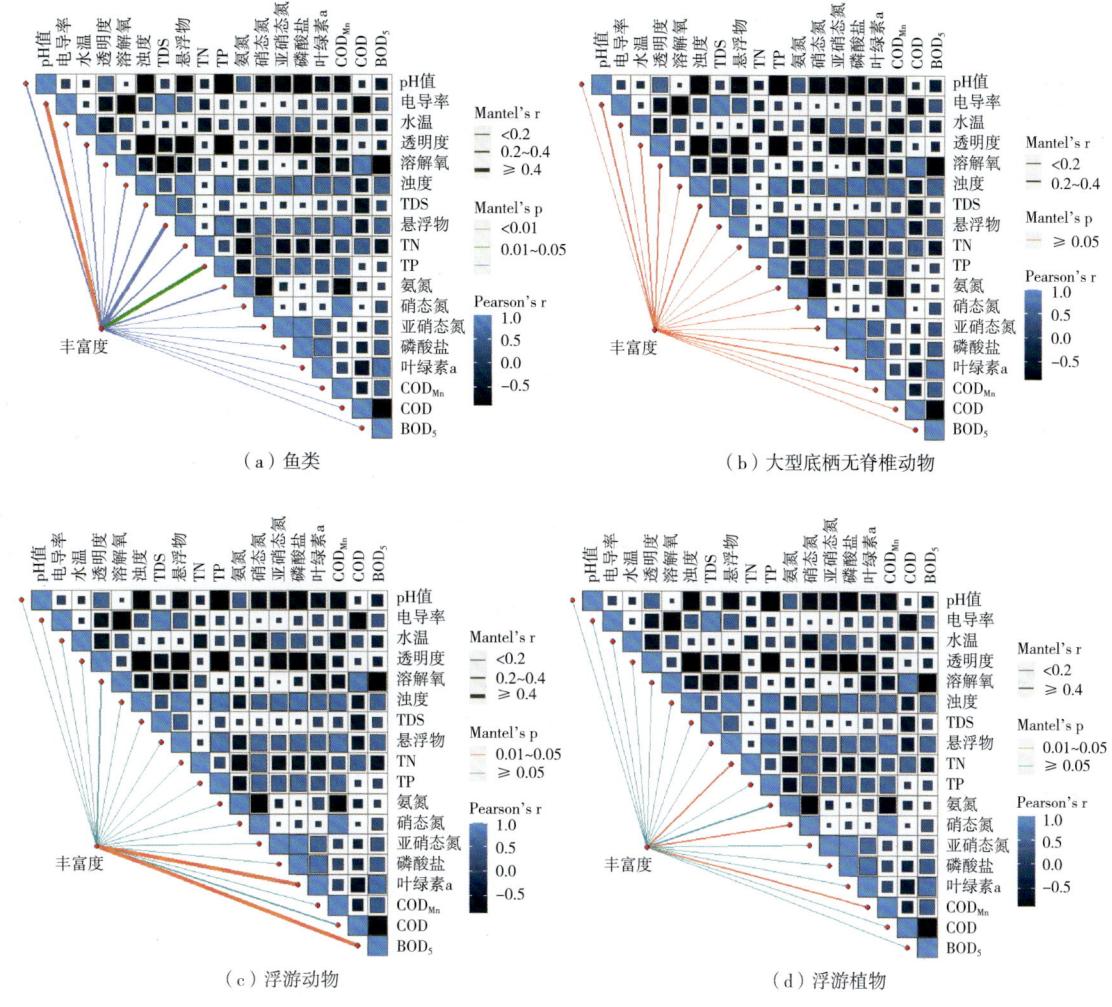

图 3-6-4 阅海湿地生态补水后水生态驱动因子

三、宝湖湿地水生态驱动因子

对宝湖湿地生态补水前水生生物物种丰富度和环境因子进行 Mantel Test 分析,结果如图 3-6-5 所示:影响大型底栖无脊椎动物生物多样性格局的环境驱动因子主要为 COD_{Mn}、COD;浮游动物、浮游植物、鱼类均无显著影响生物多样性格局的环境驱动因子。其中 TDS 和电导率、硝态氮和 TD、叶绿素 a 和 TD 之间呈显著正相关,浊度和透明度、TN 和水温、硝态氮和水温、叶绿素 a 和水温之间呈显著正相关。

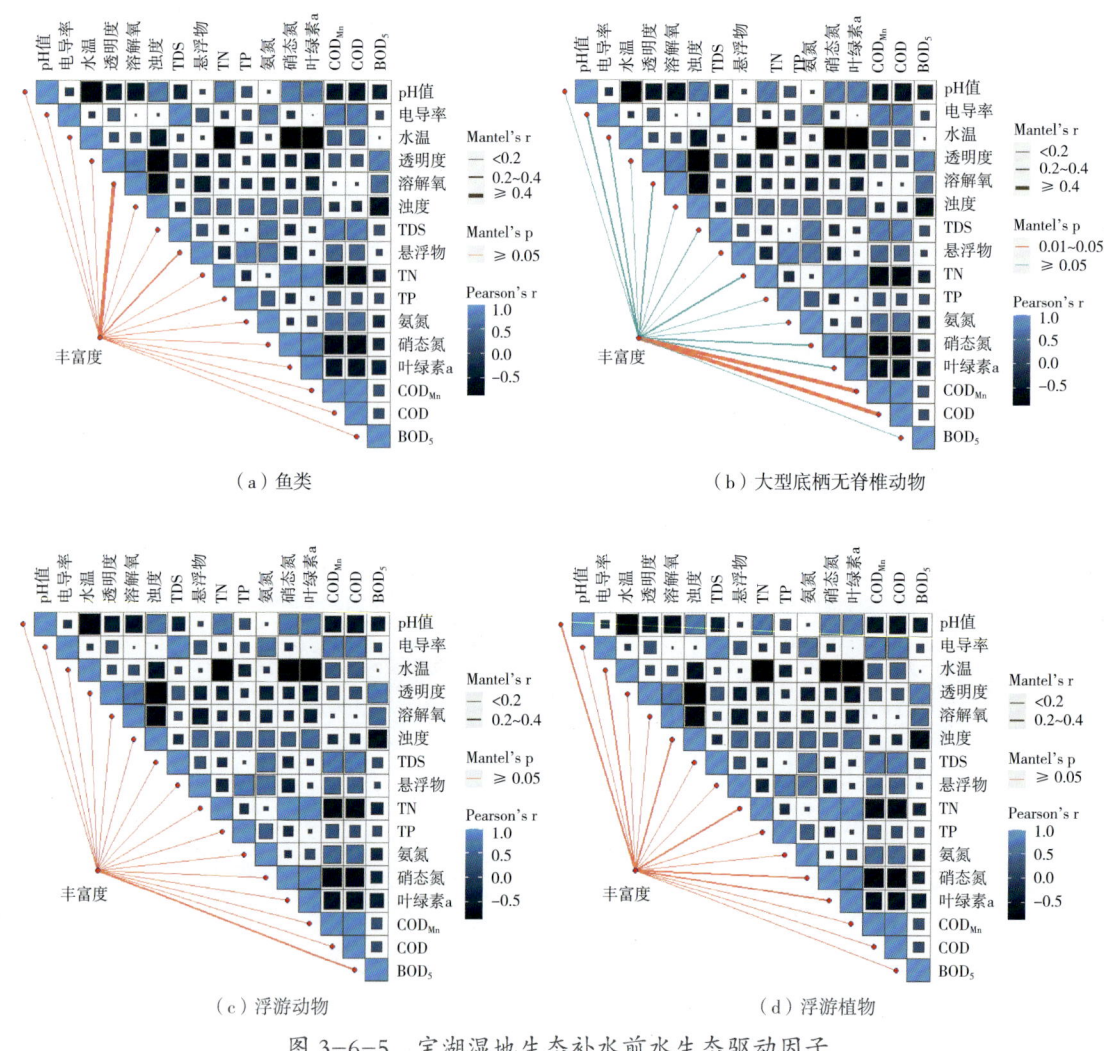

图 3-6-5 宝湖湿地生态补水前水生态驱动因子

对宝湖湿地生态补水后水生生物物种丰富度和环境因子进行 Mantel Test 分析,结果如图 3-6-6 所示:影响鱼类生物多样性格局的环境驱动因子主要为 TP;影响大型底栖无脊椎动物生物多样性格局的环境驱动因子主要为电导率、叶绿素 a;影响浮游动物生物多样性格局的环境驱动因子主要为水温、氨氮;浮游植物均无显著影响生物多样性格局的环境驱动因子。其中 TDS 和电导率、悬浮物和浊度之间呈显著正相关,悬浮物和溶解氧、亚硝态氮和水温、COD_{Mn} 和溶解氧、BOD_5 和 TN 之间呈显著负相关。

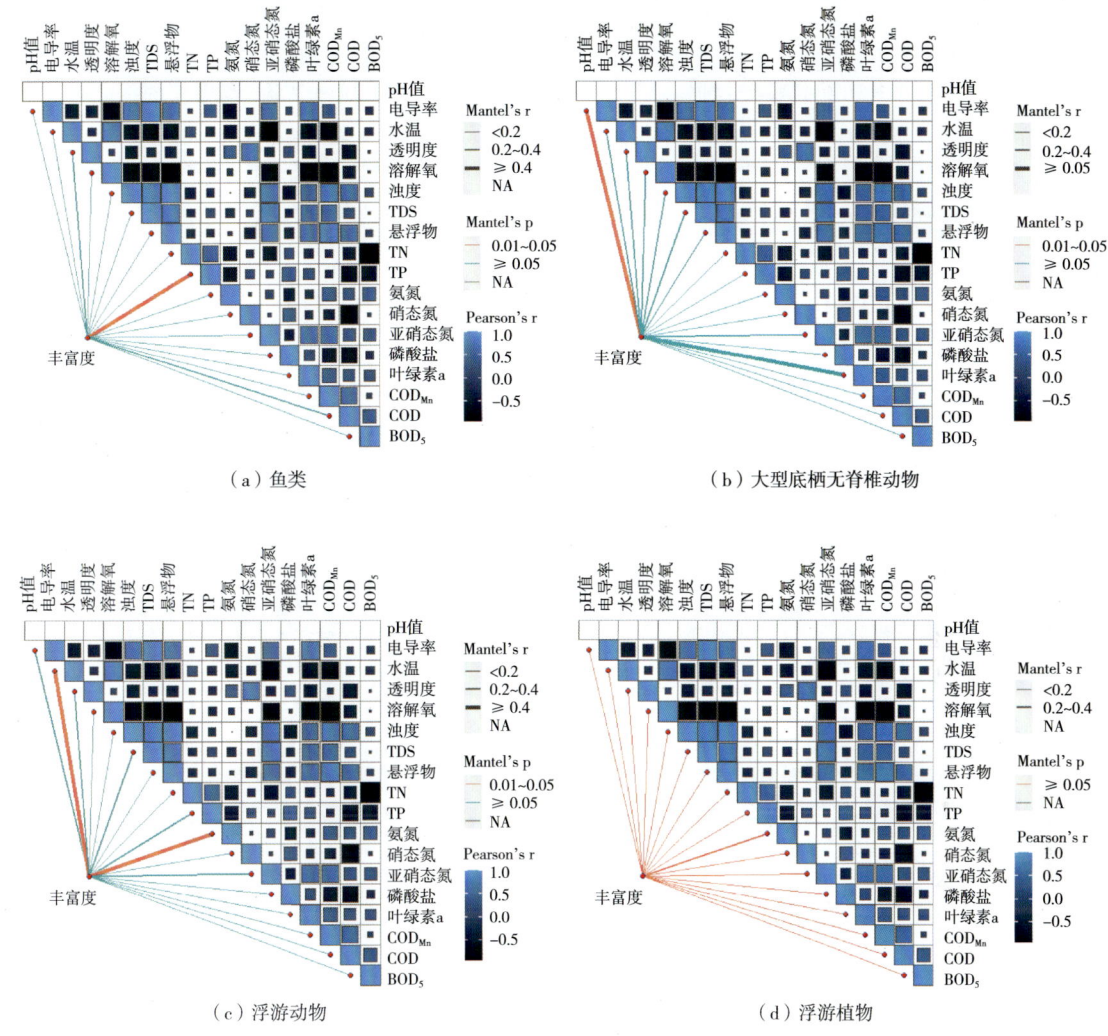

图 3-6-6 宝湖湿地生态补水后水生态驱动因子

四、鹤泉湖湿地水生态驱动因子

对鹤泉湖湿地生态补水前水生生物物种丰富度和环境因子进行 Mantel Test 分析,结果如图 3-6-7 所示:影响浮游动物生物多样性格局的环境驱动因子主要为电导率、水温、透明度;鱼类、大型底栖无脊椎动物、浮游植物均无显著影响生物多样性格局的环境驱动因子。其中 TDS 和电导率、浊度和电导率之间呈显著正相关,浊度和透明度、透明度和电导率、TP 和溶解氧、BOD_5 和透明度之间呈显著负相关。

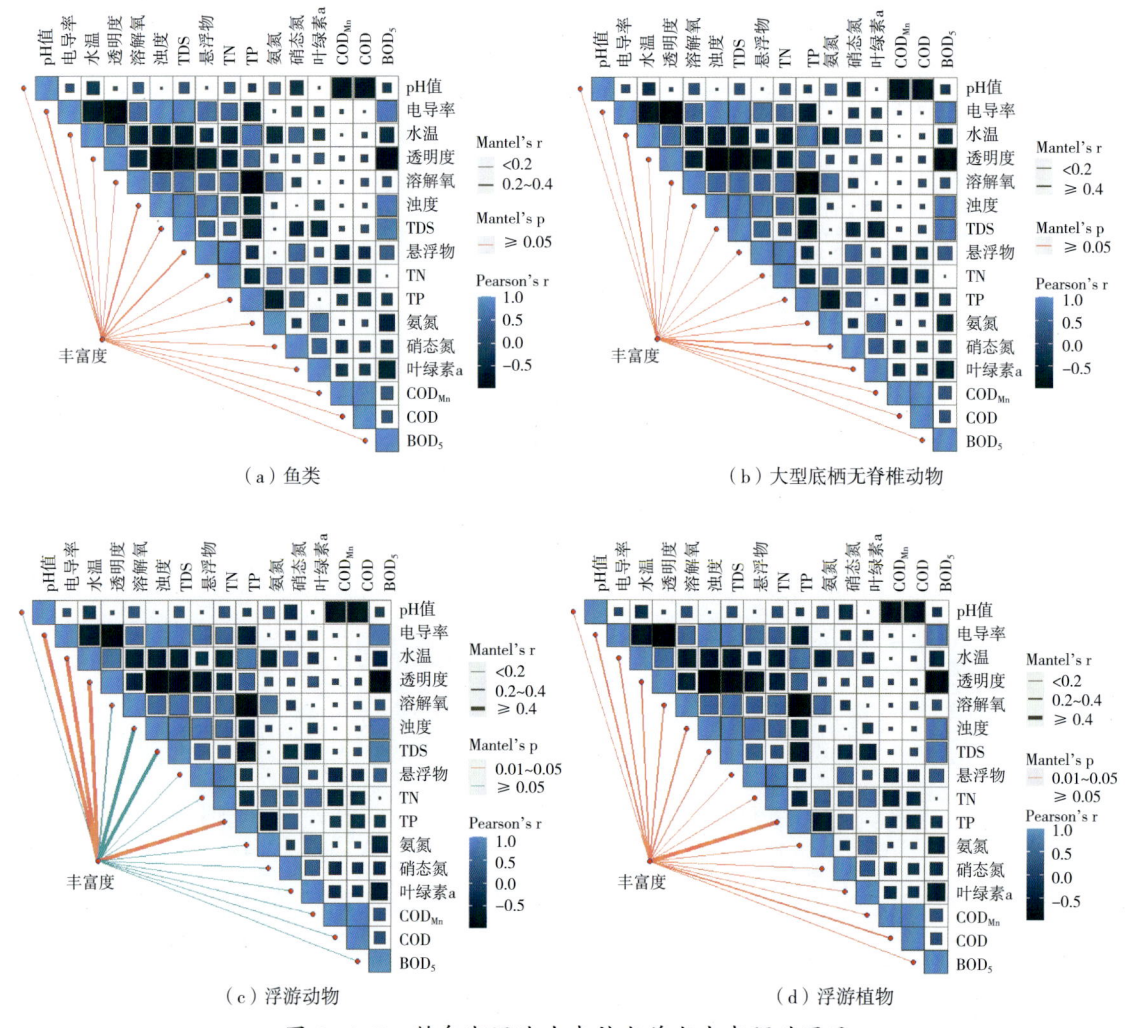

图 3-6-7 鹤泉湖湿地生态补水前水生态驱动因子

对鹤泉湖湿地生态补水后水生生物物种丰富度和环境因子进行 Mantel Test 分析，结果如图 3-6-8 所示：影响鱼类生物多样性格局的环境驱动因子主要为悬浮物；影响浮游动物生物多样性格局的环境驱动因子主要为叶绿素 a、氨氮、浊度；影响浮游植物生物多样性格局的环境驱动因子主要为电导率、溶解氧、TDS、TN、亚硝态氮；大型底栖无脊椎动物无显著影响生物多样性格局的环境驱动因子。其中 TDS 和电导率、氨氮和浊度、叶绿素 a 和浊度、COD 和叶绿素 a 之间呈显著正相关，溶解度和水温、亚硝态氮和 TN、COD_{Mn} 和透明度、BOD_5 和透明度 BOD_5 和溶解氧之间呈显著负相关。

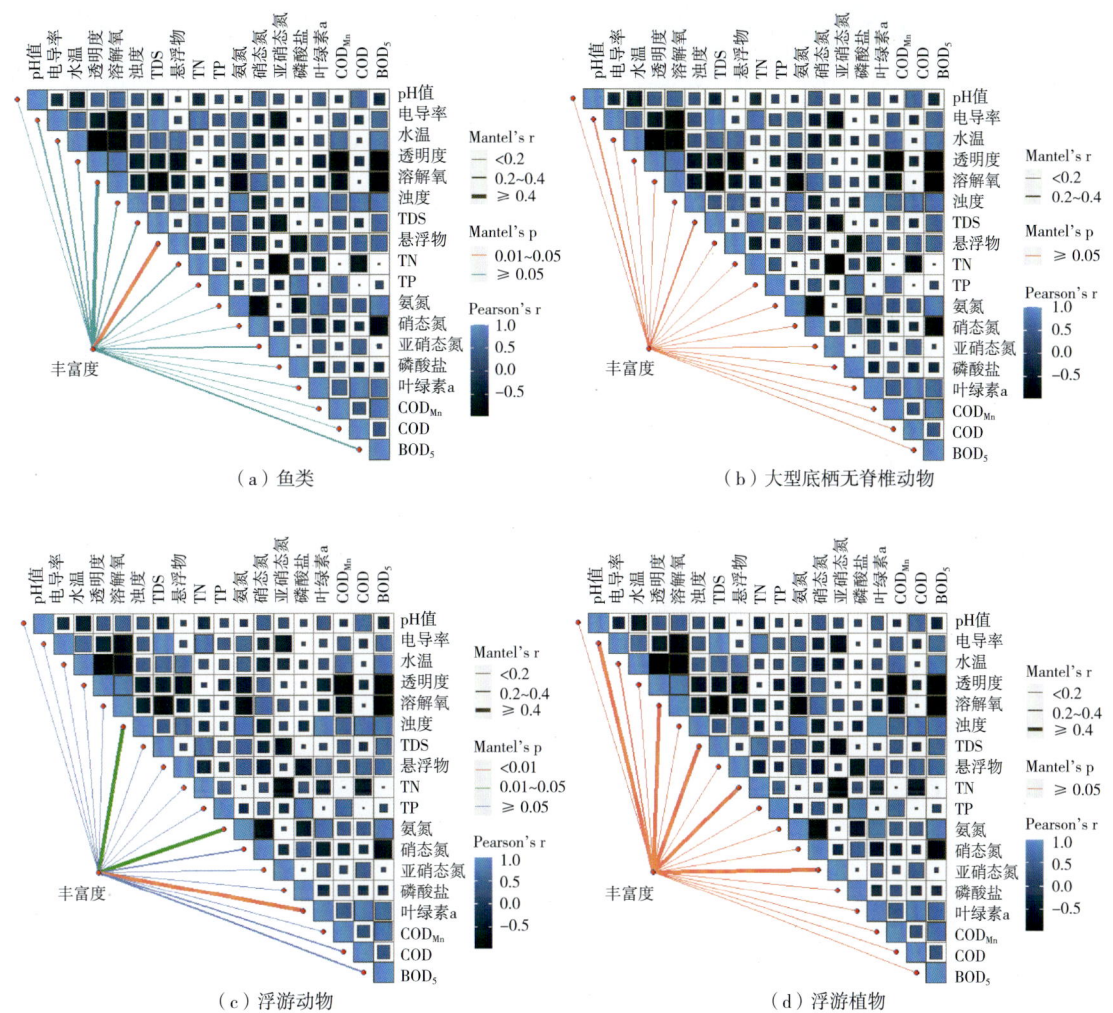

图 3-6-8 鹤泉湖湿地生态补水后水生态驱动因子

第四章

维管束植物

维管束植物是植物的一个类群。维管束彼此交织连接，构成初生植物体输导水分、无机盐及有机物质的一种输导系统——维管系统，并兼有支持植物体的作用。有时也根据维管束的有无作为划分高等植物与低等植物的界限，故维管束植物亦可称为"高等植物"。

在植物学，凡是有维管系统的植物都称维管植物，包括蕨类植物、裸子植物和被子植物三大类群，它们与藻类、菌类、地衣、苔藓植物不同之处在于具有发达的维管束系统。植物的维管束系统主要由木质部和韧皮部组成，木质部中含有运输水分的管胞或导管分子，韧皮部中含有运输无机盐和养料的筛胞或筛管，它们大多为陆生植物，只有少数植物的受精过程需要在水中进行。

维管束植物的根茎叶内，有专司运输水分的木质部及运输养分的韧皮部，在木质部及韧皮部内的细胞上下排列成管状，并聚集成束状，所以特别称为维管束组织。维管束组织可由根部延伸至茎部，再延伸至叶，叶内的维管束组织为叶脉。导管、假导管和筛管则分别自根、茎至叶互相连成运输的管道，使根吸收的水与矿物质向上运输至茎和叶，叶所制造的养分则输送到茎与根。

第一节 沉 水 植 物

沉水植物是指植物体全部位于水层下面营固着生存的大型水生植物。它们的根有时不发达或退化，植物体的各部分都可吸收水分和养料，通气组织特别发达，有利于在水中缺乏空气的情况下进行气体交换。

沉水型水生植物根茎生于泥中，整个植株沉入水中，具有发达的通气组织，利于进行气体交换。叶多为狭长或丝状，能吸收水中部分养分，在水下弱光的条件下也能正常生长发育。对水质有一定的要求，因为水质浑浊会影响其光合作用。花小，花期短，以观叶为主。

这类植物的叶子大多为带状或丝状，如苦草、金鱼藻、狐尾藻、黑藻等。

1. 篦齿眼子菜（*Potamogeton pectinatus*）

眼子菜科，眼子菜属，多年生沉水草本。

细线状根状茎，秋季生有白色卵圆形小块根。茎的下部较粗，直径约为3mm，上部呈叉状密分枝。叶条形，先端急尖，全缘；托叶与叶柄合生成鞘，基部抱茎，长1~3mm。穗状花序腋生于茎顶，由2~6轮间断的花簇组成。花序梗细弱，长3~12cm。小坚果斜阔卵形，背部有脊或近圆形。叶脉3条，平行，顶端连接，中脉显著，有与之近于垂直的次级叶脉，边缘脉细弱而不明显。果实倒卵形，顶端斜生长约0.3mm的喙，背部钝圆。花果期5—10月。

图4-1-1 篦齿眼子菜（*Potamogeton pectinatus*）

生于河沟、水渠、池塘等各类水体。典农河（银川市段）以及鹤泉湖湿地公园均有分布。

2. 穿叶眼子菜（*Potamogeton perfoliatus*）

图4-1-2 穿叶眼子菜（*Potamogeton perfoliatus*）

眼子菜科，眼子菜属，多年生沉水草本。

具发达的根茎。根茎白色，节处生有须根。茎圆柱形，直径0.5~2.5mm，上部多分枝。叶卵形、卵状披针形或卵状圆形，无柄，先端钝圆，基部心形，呈耳状抱茎，边缘波状，常具极细微的齿；基出3脉或5脉，弧形，顶端连接，次级脉细弱；托叶膜质，无色，长3~7mm，早落。穗状花序顶生，具花4~7轮，密集或稍密集；花序梗与茎近等粗，长2~4cm；花小，被片4，淡绿色或绿色；雌蕊4枚，离生。果实倒卵形，长3~5mm，顶端具短喙，背部3脊，中脊稍锐，侧脊不明显。花果期5—10月。

生于湖泊、池塘、灌渠、河流等水体。典农河（银川市段）以及鹤泉湖湿地公园均有分布。

3. 菹草（*Potamogeton crispus*）

木兰纲，泽泻目，眼子菜科，眼子菜属。

多年生沉水草本，具近圆柱形的根茎。茎稍扁，多分枝，近基部常匍匐地面，于节处生出疏或稍密的须根。叶条形，无柄，长3~8cm，宽3~10mm，先端钝圆，基部约1mm与托叶合生，但不形成叶鞘，叶缘多少呈浅波状，具疏或稍密的细锯齿；叶脉3~5条，平行，顶端连接，中脉近基部两侧伴有通气组织形成的细纹，次级叶脉疏而明显可见；托叶薄膜质，长5~10mm，早落；休眠芽腋生，略似松果，长1~3cm，革质叶左右二列密生，基部扩张，肥厚，坚硬，边缘具有细锯齿。

图 4-1-3　菹草（*Potamogeton crispus*）

常生于池塘、湖泊、溪流中，水体多呈微酸至中性。典农河（银川市段）以及鹤泉湖湿地公园均有分布。

4. 大茨藻（*Najas marina*）

茨藻科，茨藻属，一年生沉水草本。

植株多汁，较粗壮，呈黄绿色至墨绿色，有时节部褐红色，质脆，极易从节部折断；株高30~100cm，茎粗1.0~4.5mm，节间长1~10cm，通常越近基部则越长，基部节上生有不定根；分枝多，呈二叉状，常具稀疏锐尖的粗刺，刺长1~2mm，先端具黄褐色刺细胞；表皮与皮层分界明显。叶近对生和3叶假轮生，于枝端较密集，无柄；叶片线状披针形，稍向上弯曲，先端具1黄褐色刺细胞，边缘每侧具4~10枚粗锯齿，齿长

图 4-1-4　大茨藻（*Najas marina*）

1~2mm，背面沿中脉疏生长约2mm的刺状齿；叶鞘宽圆形，长约3mm，抱茎，全缘或上部具稀疏的细锯齿，齿端具1黄褐色刺细胞。花黄绿色，花果期9—11月。

生于湖泊静水中。5月开始生长，利用期为5—11月，12月枯死。典农河（银川市段）、宝湖湿地公园以及鹤泉湖湿地公园中均有发现。

5. 穗状狐尾藻（*Myriophyllum spicatum*）

小二仙草科，狐尾藻属植物，多年生沉水草本。

根状茎发达，在水底泥中蔓延，节部生根。茎圆柱形，长1.0~2.5m，分枝极多。叶常5片轮生，长3.5cm，丝状全细裂，叶的裂片约13对，细线形，裂片长1.0~1.5cm；叶柄极短或不存在。花两性，单性或杂性，雌雄同株，单生于苞片状叶腋内，常4朵轮生，由多数花排成近裸颓的顶生或腋生的穗状花序，生于水面上。如为单性花，则上部为雄花，下部为雌花，中部有时为两性花，基部有一对苞片，其中1片稍大，为广椭圆形，长1~3mm，全缘或呈羽状齿裂。分果呈广卵形或卵状椭圆形，具4纵深沟，沟缘表面光滑。花期从春到秋陆续开放，4—9月陆续结果。

图 4-1-5　穗状狐尾藻（*Myriophyllum spicatum*）

穗状狐尾藻为世界广布种，产于全球的淡水水域。中国南北各地池塘、河沟、沼泽中常有生长，特别是在含钙的水域中更为常见。穗状狐尾藻喜阳光直射的环境，其喜温暖，耐低温。分布于典农河（银川市段），阅海湿地公园、宝湖湿地公园以及鹤泉湖湿地公园也有发现。

6. 角果藻（*Zannichellia palustris*）

图 4-1-6　角果藻（*Zannichellia palustris*）

眼子菜科，角果藻属植物，多年生沉水草本。

茎细弱，下部常匍匐生泥中，分枝较多，常交织成团，易折断。叶互生至近对生，线形，无柄，长2~10cm，宽0.3~0.5mm，全缘，先端渐尖，基部有离生或贴生的鞘状托叶，膜质，无脉。花腋生；雄花仅1枚雄蕊，花药长约1mm，2室，纵裂，药隔延生至顶端，花丝细长，花粉球形；雌花花被杯状，半透明，通常具4枚离生心皮，子房椭圆形，花柱短粗，后伸长，宿存，柱头卵圆形或广卵形，边缘钝齿不明显；胚珠单一，悬垂。果实新月形，长2.0~2.5mm，常为2~4枚，簇生于叶腋，每枚均有与果等长（至少不短于果长的1/2）

55

的小果柄（心皮柄）；果脊有钝齿，生于脊翅边缘，先端具长喙，通常长于或等于果长，略向背后弯曲。种子直生，有卷曲的子叶。花果期6—9月。

生于淡水，广布全球。典农河（银川市段）、宝湖湿地公园以及鹤泉湖湿地公园均有分布。

7. 狸藻（*Utricularia Vulgaris*）

狸藻科、狸藻属，水生草本植物。

匍匐枝圆柱形，多分枝，无毛，节间长3~12mm。叶器多数，互生，裂片轮廓呈卵形、椭圆形或长圆状披针形，先羽状深裂，后2~4回二歧状深裂；末回裂片毛发状，顶端急尖或微钝，边缘具数个小齿，顶端及齿端各有1条至数条小刚毛，其余部分无毛。秋季于匍匐枝及其分枝的顶端产生冬芽，冬芽球形或卵球形，长1~5cm，密被小刚毛。捕虫囊通常多数，侧生于叶器裂片上，斜卵球状，侧扁，长1~3mm，具短柄；口侧生，上唇具2条分枝的刚毛状附属物，下唇无附属物。

图 4-1-7　狸藻（*Utricularia Vulgaris*）

生于海拔50~3500m的湖泊、池塘、沼泽及水田中。典农河（银川市段）、阅海湿地公园以及鹤泉湖湿地公园均有发现。

8. 苦草（*Vallisneria natans*）

木兰纲，水鳖科，苦草属，沉水草本。

具匍匐茎，径约2mm，白色，光滑或稍粗糙，先端芽浅黄色。叶基生，线形或带形，长20~200cm，宽0.5~2.0cm，绿色或略带紫红色，常具棕色条纹和斑点，先端圆钝，边缘全缘或具不明显的细锯齿；无叶柄；叶脉5~9条，萼片3片，大小不等，成舟形浮于水上，中间一片较小，中肋部龙骨状，向上伸似帆。

图 4-1-8　苦草（*Vallisneria natans*）

生于溪沟、河流、池塘、湖泊中。典农河（银川市段）均有分布。

第二节 挺水植物

挺水植物是指生长在浅水区的植物。它的根、根茎生长在水的底泥之中，通常有发达的通气组织，茎、叶绝大部分挺出水面；其常分布于 0~1.5m 的浅水处，其中有的种类生长于潮湿的岸边。这类植物在空气中的部分，具有陆生植物的特征；生长在水中的部分（根或地下茎），具有水生植物的特征。此类植物有香蒲、慈姑、芦苇等。

1. 长苞香蒲（*Typha domingensis*）

香蒲科，香蒲属植物，多年生水生或沼生草本。

地上茎直立，粗壮，叶条形，灰白色或黄绿色，长 48~164cm，宽 0.4~1.2cm，上部扁平；叶鞘边缘膜质，向上渐狭呈锥形或具耳状叶鞘。

生于湖泊、河流、池塘浅水处，沼泽、沟渠亦常见。对环境的适应能力强，喜肥沃的土壤环境，喜光照。覆盖于典农河（银川市段）、阅海湿地公园以及宝湖湿地公园。

图 4-2-1　长苞香蒲（*Typha domingensis*）

2. 黄菖蒲（*Iris pseudacorus*）

鸢尾科，鸢尾属植物，多年生湿生或挺水宿根草本植物。

植株基部围有少量老叶残留的纤维。根状茎粗壮，直径可达 2.5cm，斜伸，节明显，黄褐色；须根黄白色，有皱缩的横纹。基生叶灰绿色，宽剑形，长 40~60cm，宽 1.5~3cm，顶端渐尖，基部鞘状，色淡，中脉较明显。花茎粗壮，高 60~70cm，直径 4~6mm，有明显的纵棱，上部分枝，茎生叶比基生叶短而窄。花期 5 月、果实期 6—8 月。

图 4-2-2　黄菖蒲（*Iris pseudacorus*）

中国各地常见栽培。喜生于河湖沿岸的湿地或沼泽地上。喜温暖水湿环境，喜肥沃泥土，耐寒性强。典农河（银川市段）均有分布。

3. 芦苇（*Phragmites australis*）

芦竹亚科，芦苇属，多年水生或湿生的高大禾草。

芦苇多年生，根状茎十分发达。秆直立，高 1~3m，直径 1~4cm，具 20 多节，基部和上部的节间较短，最长节间位于下部第 4~6 节，长 20~25cm。叶鞘下部短，上部长，长于其节间；叶舌边缘密生一圈长约 1mm 的短纤毛，两侧缘毛长 3~5mm，易脱落；叶片披针状线形，长 30cm，宽 2cm，无毛，顶端长渐尖成丝形。

图 4-2-3　芦苇（*Phragmites australis*）

芦苇为全球广泛分布的多型种。生于江河湖泽、池塘沟渠沿岸和低湿地。除森林生境不生长外，各种有水源的空旷地带，常以其迅速扩展的繁殖能力，形成连片的芦苇群落。覆盖于典农河（银川市段），在阅海湿地公园、宝湖湿地公园以及鹤泉湖湿地公园也有覆盖。

4. 慈姑（*Sagittaria trifolia*）

图 4-2-4　慈姑（*Sagittaria trifolia*）

泽泻科，慈姑属，多年生水生或沼生草本。

根状茎横走，较粗壮，末端膨大或不膨大。挺水叶箭形，叶片长短、宽窄变异很大，通常顶裂片短于侧裂片，比值约 1.0∶1.2~1.0∶1.5，有时侧裂片更长，顶裂片与侧裂片之间缢缩，或否；叶柄基部渐宽，鞘状，边缘膜质，具横脉，或不明显。花葶直立，挺水，高 20~70cm，或更高，通常粗壮。花序总状或圆锥状，长 5~20cm，有时更长，具分枝 1~2 枚，具花多轮，每轮 2~3 花；苞片 3 枚，基部多合生，先端尖。花果期 5—10 月。

生于湖泊、池塘、沼泽、沟渠、水田等水域。性喜温湿及充足阳光，适于在黏壤上生长，一般春夏间栽植。覆盖于典农河（银川市段）。

第三节 浮叶植物

浮叶植物是生于浅水中，根长在水底土中，只是叶片浮于水面的植物，在叶外表面有气孔，叶的蒸腾非常大，又称着生浮水植物。这类植物气孔通常分布于叶的上表面，叶的下表面没有或极少有气孔，叶上面通常还有蜡质。浮叶植物的腔道形成连续的空气通道系统，通过这个系统，沉水器官可利用浮水器官的气孔与大气进行气体交换，避免因沉水造成缺氧。

1. 睡莲（*Nymphaea*）

睡莲科，睡莲属，多年生浮叶型水生草本。

根状茎肥厚。叶二型：浮水叶圆形或卵形，基部具弯缺，心形或箭形，常无出水叶；沉水叶薄膜质，脆弱。花大形、美丽，浮在或高出水面；萼片4，近离生；花瓣白色、蓝色、黄色或粉红色。

生于池沼、湖泊中，性喜阳光充足、温暖潮湿、通风良好的环境。耐寒睡莲能耐-20℃的气温也不会冻死。为白天开花类型，早上花瓣展开、午后闭合。发现于典农河（银川市段）、阅海湿地公园、宝湖湿地公园以及鹤泉湖湿地公园。

图 4-3-1　睡莲（*Nymphaea*）

2. 荇菜（*Nymphoides peltata*）

龙胆科，荇菜属，多年生水生草本。

茎圆柱形，多分枝，密生褐色斑点，节下生根。上部叶对生，下部叶互生，叶片飘浮，近革质，圆形或卵圆形，直径1.5~8.0cm，基部心形，全缘，有不明显的掌状叶脉，下面紫褐色，密生腺体，粗糙，上面光滑，叶柄圆柱形，长5~10cm，基部变宽，呈鞘状，半抱茎。

花常多数，簇生节上，5数；花梗圆柱形，不等长，稍短于叶柄，分裂近基

图 4-3-2　荇菜（*Nymphoides peltata*）

部，裂片椭圆形或椭圆状披针形，先端钝，全缘；花冠金黄色，冠筒短，喉部具5束长柔毛，裂片宽倒卵形，先端圆形或凹陷，中部质厚的部分卵状长圆形，边缘宽膜质，近透明，具不整齐的细条裂齿；雄蕊着生于冠筒上，整齐，花丝基部疏被长毛。

生于池沼、湖泊、沟渠、稻田、河流或河口的平稳水域。通常群生，呈单优势群落。发现于典农河（银川市段）、宝湖湿地公园以及鹤泉湖湿地公园。

第四节 漂浮植物

漂浮植物又称完全漂浮植物，是根不着生在底泥中，整个植物体漂浮在水面上的一类浮水植物。这类植物的根通常不发达，体内具有发达的通气组织，或具有膨大的叶柄，以保证与大气进行气体交换。如槐叶萍、浮萍、凤眼莲等。

漂浮型水生植物种类较少，这类植株的根不生于泥中，株体漂浮于水面之上，随水流、风浪四处漂泊，多数以观叶为主，为池水提供装饰和绿荫。又因为它们既能吸收水里的矿物质，同时又能遮蔽射入水中的阳光，所以也能够抑制水体中藻类的生长。

1. 浮萍（*Lemna minor*）

浮萍科，浮萍属，漂浮植物。

叶状体对称，表面绿色，背面浅黄色或绿白色或常为紫色，近圆形，倒卵形或倒卵状椭圆形，果实无翅，近陀螺状。

全球温暖地区广布，中国南北各地均有分布。发现于典农河（银川市段）。

图 4-4-1　浮萍（*Lemna minor*）

2. 槐叶萍（*Salvinia natans*）

槐叶萍科，槐叶萍属。

羽叶在茎两侧紧密排列，形如槐叶，故名。茎横走，无根，羽叶3片轮生，有短柄，2个漂浮水面，鲜绿色；1个细裂如丝，下垂水中形成假根，密生有节的粗毛。

生于水田、沟、塘、湖和静水河内。分布于典农河（银川市段）。

图 4-4-2　槐叶萍（*Salvinia natans*）

第五章

浮游植物

浮游植物是一个生态学概念，是指在水中以浮游生活的微小植物，通常浮游植物就是指浮游藻类，包括蓝藻门、绿藻门、硅藻门、金藻门、黄藻门、甲藻门、隐藻门和裸藻门8个门类的浮游种类。

第一节 蓝 藻 门

蓝藻为单细胞，丝状或非丝状的群体。蓝藻细胞无色素体、细胞核等细胞器，原生质分为外部色素区和内部无色中央区。色素区含有大量藻胆素（藻蓝素及藻红素）；无色中央区仅含有相当于细胞核的物质，无核膜及核仁。

1. 膨胀色球藻（*Chroococcus turgidus*）

蓝藻纲，色球藻目，色球藻科，色球藻属。

小群体，通常由4个细胞构成，细胞壁薄，无色透明，体积偏大。

主要分布于典农河（银川市段），在阅海湿地公园、宝湖湿地公园以及鹤泉湖湿地公园均有发现。

图 5-1-1 膨胀色球藻（*Chroococcus turgidus*）

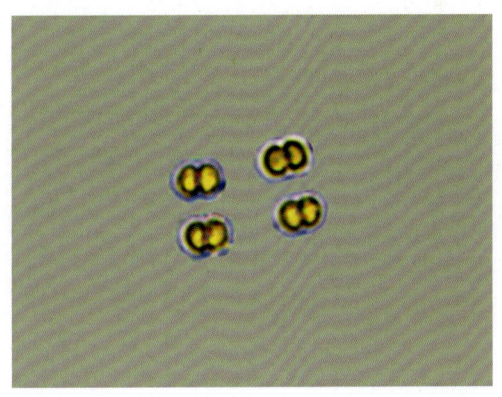

图 5-1-2 小型色球藻（*Chroococcus minor*）

2. 小型色球藻（*Chroococcus minor*）

蓝藻纲，色球藻目，色球藻科，色球藻属。

植物团块由无数小群体组成黏滑胶质体，蓝绿色。细胞甚小，直径为3~7μm，包括胶被达10~12.5μm，通常由2~4个细胞组成小群体。胶被无色透明。原生质体均匀，蓝绿色或橄榄绿色。

出现于典农河（银川市段）。

3. 微小色球藻（*Chroococcus minutus*）

蓝藻纲，色球藻目，色球藻科，色球藻属。

群体由2~4个细胞组成的圆球形或长圆形胶质体，胶被透明无色，不分层；群体中部往往收缢；细胞球形、亚球形，直径3~10μm，包括胶被7~15μm。

生长于静止的或流动的各种水体，如池塘、湖泊、高山的寒泉、温泉及盐泽地区。出现于典农河（银川市段）、阅海湿地公园、宝湖湿地公园以及鹤泉湖湿地公园。

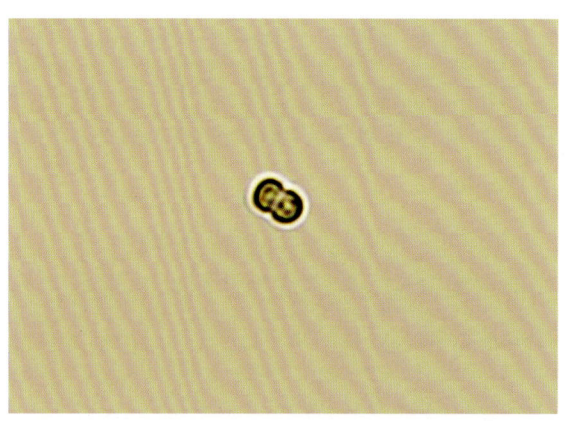

图 5-1-3　微小色球藻（*Chroococcus minutus*）

4. 微小平裂藻（*Merismopedia punctata*）

蓝藻纲，色球藻目，色球藻科，平裂藻属。

细胞排列紧密，椭圆形，细胞小，直径为1.3~2.4μm。

出现于典农河（银川市段）以及鹤泉湖湿地公园。在阅海湿地公园、宝湖湿地公园也有分布。

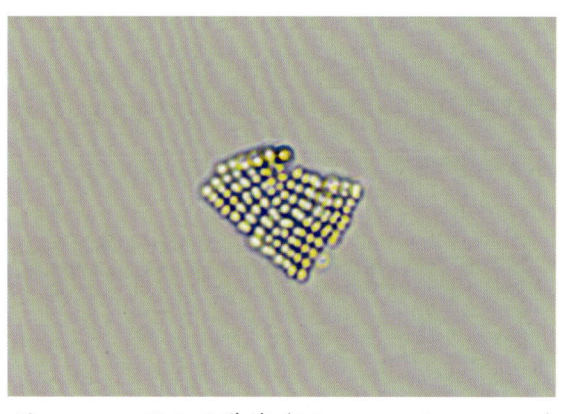

图 5-1-4　微小平裂藻（*Merismopedia punctata*）

5. 点形平裂藻（*Merismo pedia*）

蓝藻纲，色球藻目，色球藻科，平裂藻属。

群体为长方形，细胞椭圆形，有规则地排列，2对细胞成1组，4组成小群，细胞直径2.0~3.5μm。

多见于静水水体，喜肥沃水质或长有水草的沿岸区。分布于典农河（银川市段），在阅海湿地公园、宝湖湿地公园以及鹤泉湖湿地公园也有分布。

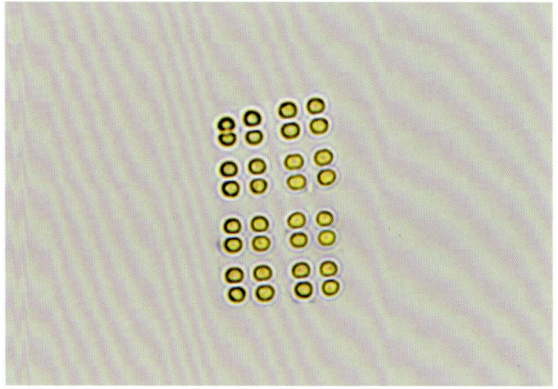

图 5-1-5　点形平裂藻（*Merismo pedia*）

6. 小颤藻（*Oscillatoria tenuis*）

蓝藻纲，颤藻目，颤藻科，颤藻属。

藻丝直，蓝绿色，横壁略收缢。横壁两侧具多数颗粒，末端细胞半球形，壁略增厚。

主要分布于典农河（银川市段），在阅海湿地公园、宝湖湿地公园以及鹤泉湖湿地公园也均有分布。

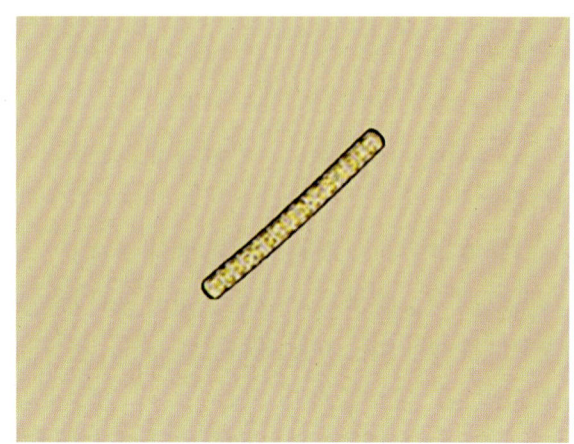

图 5-1-6　小颤藻（*Oscillatoria tenuis*）

7. 泥泞颤藻（*Oscilatoria limosa*）

蓝藻纲，颤藻目，颤藻科，颤藻属。

藻丝直，细胞长 2.0~5.0μm，宽 13~16μm。

分布于典农河（银川市段）以及宝湖湿地公园。

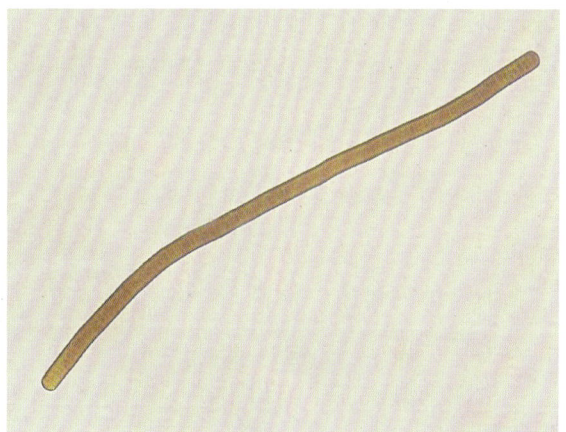

图 5-1-7　泥泞颤藻（*Oscilatoria limosa*）

8. 螺旋藻（*Spirulina platensis*）

蓝藻纲，颤藻目，颤藻科，螺旋藻属。

钝顶螺旋藻藻体为多细胞、圆柱形螺旋状的丝状体，单生或集群聚生，藻丝直径 5~10μm，先端钝形，螺旋数 2~7 个。藻体可以颤动和旋转运动，常像围绕着一个纵轴似的很快旋转，向前爬行。细胞内含物均匀，无真正的细胞核。由于体内的藻红素和藻蓝素等数量不同，而呈现不同体色，如蓝绿色、黄绿色或紫红色等。并有纤弱的横隔壁。属原核生物的简单繁殖方式，可直接分裂。

分布于典农河（银川市段）、宝湖湿地公园以及鹤泉湖湿地公园。

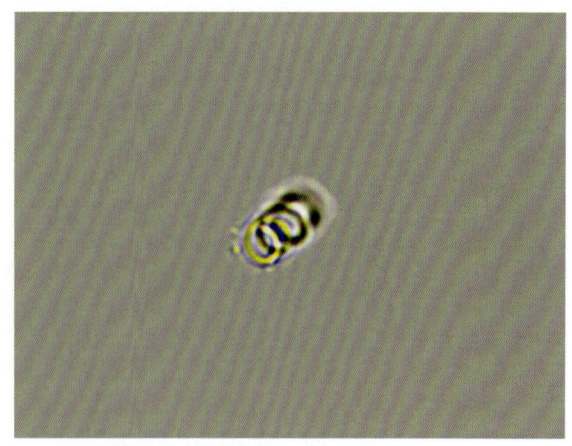

图 5-1-8　螺旋藻（*Spirulina platensis*）

9. 卷曲鱼腥藻（*Anabaena circinalis*）

蓝藻纲，念珠藻目，念珠藻科，鱼腥藻属。

藻丝螺旋盘绕，宽 8.0~14.0μm，细胞球形，长略小于宽，具伪空胞。异形胞直径 8.0~10.0μm，孢子圆柱形，有时弯曲，末端圆，宽 14~18μm，长 22~34μm。

分布于典农河（银川市段）以及鹤泉湖湿地公园。

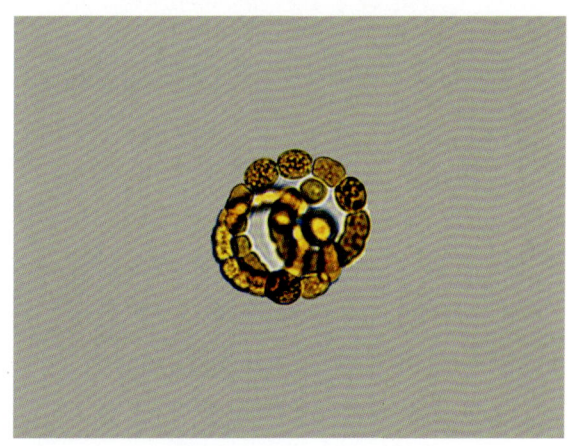

图 5-1-9　卷曲鱼腥藻（*Anabaena circinalis*）

10. 类颤藻鱼腥藻（*Anabaena osicellariordes*）

蓝藻纲，念珠藻目，念珠藻科，鱼腥藻属。

藻丝宽 4.0~6.0μm，末端细胞圆形，细胞桶形，长宽相等或长比宽略长或略短，异形胞宽 6.0~9.0μm，长 6.0~10μm。

分布于典农河（银川市段）、阅海湿地公园以及鹤泉湖湿地公园。

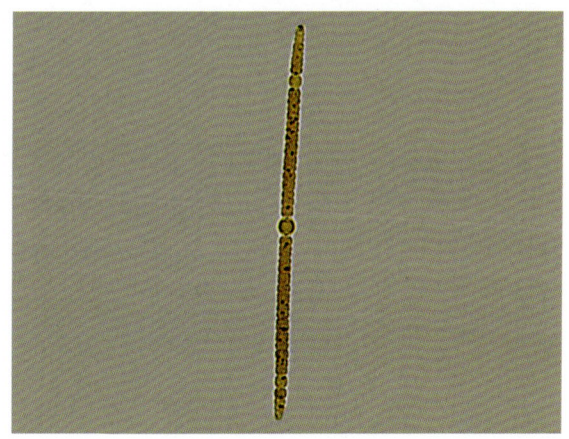

图 5-1-10　类颤藻鱼腥藻（*Anabaena osicellariordes*）

11. 维盖拉鱼腥藻（*Anabaena viguieri*）

蓝藻纲，念珠藻目，念珠藻科，鱼腥藻属。

植物体为单一丝体，藻丝直，平行排列。细胞球形至长圆形。孢子圆柱形，远离异形胞，异形胞圆柱形至长圆形。

分布于银川阅海湿地公园。

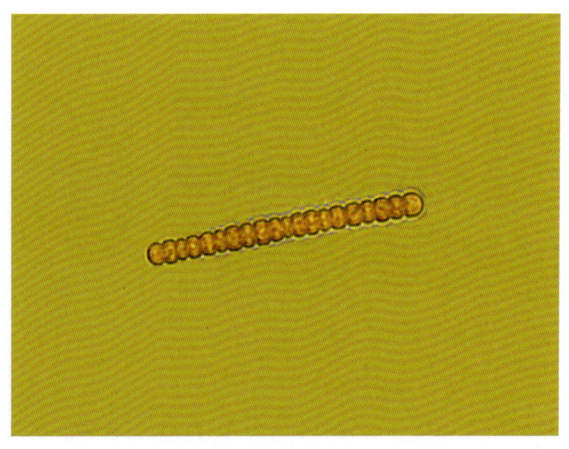

图 5-1-11　维盖拉鱼腥藻（*Anabaena viguieri*）

12. 多产鱼腥藻（*Anabaena fortilissima*）

蓝藻纲，念珠藻目，念珠藻科，鱼腥藻属。

植物体胶质块状，黑绿色；藻丝无鞘，弯曲，宽4~6μm，横壁处收缩，末端细胞钝圆锥形；细胞桶形，宽2~6μm，长2.5~6μm；异形胞球形或长圆形；孢子球形，外壁光滑或具细刺无色或黄褐色。

分布于典农河（银川市段）、阅海湿地公园、宝湖湿地公园以及鹤泉湖湿地公园。

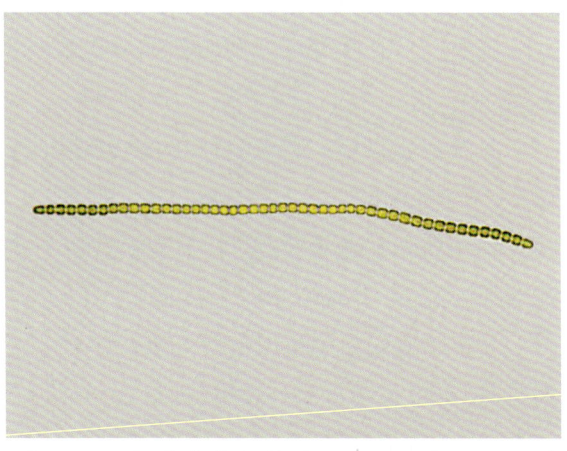

图 5-1-12　多产鱼腥藻（*Anabaena fortilissima*）

13. 尖头藻（*Raphidiopsis*）

蓝藻纲，色球藻目，色球藻科，尖头藻属。

丝状体两端尖细或一端尖细，另一端宽圆；细胞呈圆柱形，假空泡有或无，无异形胞，厚壁孢子单生或在丝状体中间成对生长。

生长于湖泊、池塘等静水水体中。分布于典农河（银川市段）、阅海湿地公园、宝湖湿地公园以及鹤泉湖湿地公园。

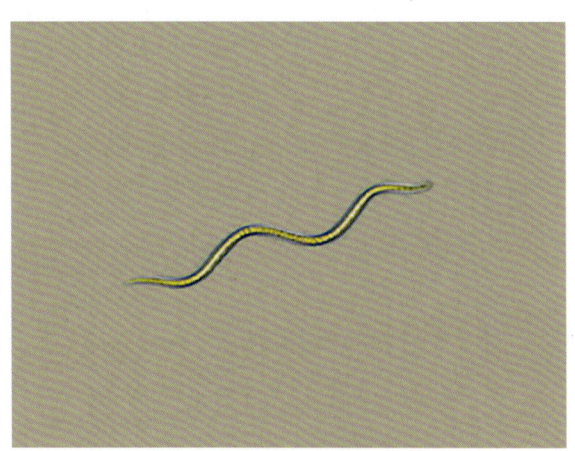

图 5-1-13　尖头藻（*Raphidiopsis*）

14. 弯头尖头藻（*Raphidiopsis curvata*）

蓝藻纲，色球藻目，色球藻科，尖头藻属。

藻丝自由漂浮或少数成束，呈S形或螺旋形弯曲，少数直。细胞长为宽的1.5~2.0倍，宽约4.5μm，圆柱形，具伪空胞，孢子椭圆形，位于藻丝中部。

分布于典农河（银川市段）、阅海湿地公园、宝湖湿地公园以及鹤泉湖湿地公园。

图 5-1-14　弯头尖头藻（*Raphidiopsis curvata*）

15. 项圈藻（*Anabaena sp.*）

蓝藻门，念珠藻目，念珠藻科。

藻体单细胞，球形，个体连成蓝绿色念珠状群体。有形状较大而无色的异形细胞。繁殖时形成椭圆大型孢子。

分布于典农河（银川市段）、阅海湿地公园。

16. 小席藻（*Phorimidium tenus*）

蓝藻纲，颤藻目，席藻科，席藻属。

藻丝直或略弯曲，末端渐尖，宽 1.0~2.0μm。细胞长为宽的 3 倍，长 2.5~5.0μm，顶端细胞长圆锥形或钝圆锥形，不具帽状体。

分布于典农河（银川市段），在阅海湿地公园、宝湖湿地公园以及鹤泉湖湿地公园也有分布。

17. 苍白微囊藻（*Microcystis pallida*）

蓝藻纲，色球藻目，色球藻科，微囊藻属。

群体灰蓝绿色，由无数细胞密集成不规则形状的群体。群体胶被极不清楚。细胞球形或近长圆形，直径 5~7μm。原生质体均匀或具微小颗粒体，蓝绿色，无假空泡。

分布于典农河（银川市段）。

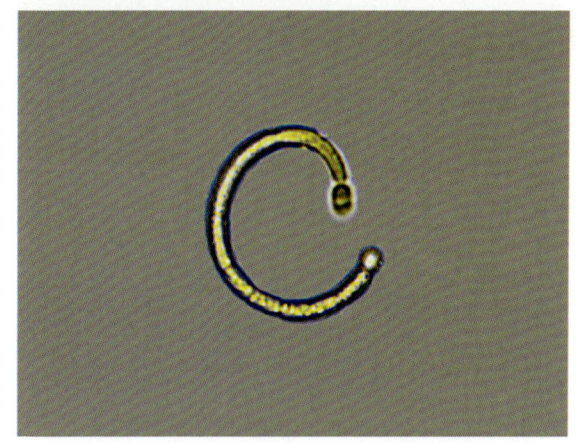

图 5-1-15　项圈藻（*Anabaena sp.*）

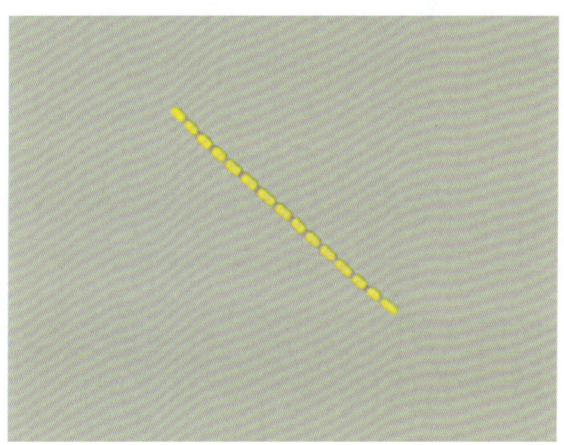

图 5-1-16　小席藻（*Phorimidium tenus*）

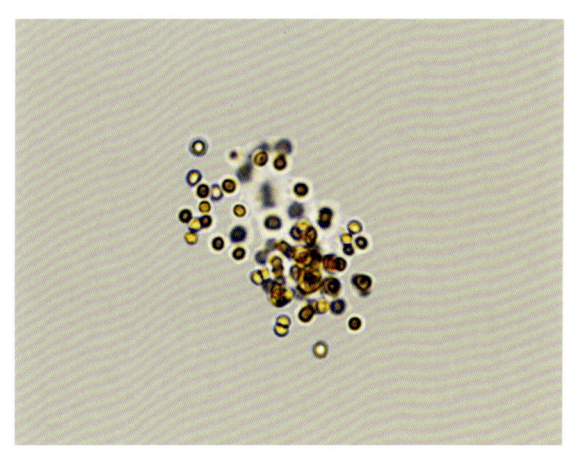

图 5-1-17　苍白微囊藻（*Microcystis pallida*）

第二节 金藻门

金藻类色素体由于胡萝卜素和叶黄素所占比例较大,色素体常呈金褐色或黄褐色,没有蛋白核,同化产物为白糖素及脂肪,大多数运动的种类和繁殖细胞具鞭毛。

1. 分歧锥囊藻（*Dinoryon divergens*）

金藻纲,色金藻目,锥囊藻科,锥囊藻属。

藻体由囊壳排列成疏松丛状群体,囊壳长瓶形,瓶中部圆筒状,顶端开口处扩大成喇叭状,后端渐尖,呈锥形,侧壁平滑。

分布于典农河（银川市段）、阅海湿地公园、宝湖湿地公园以及鹤泉湖湿地公园。

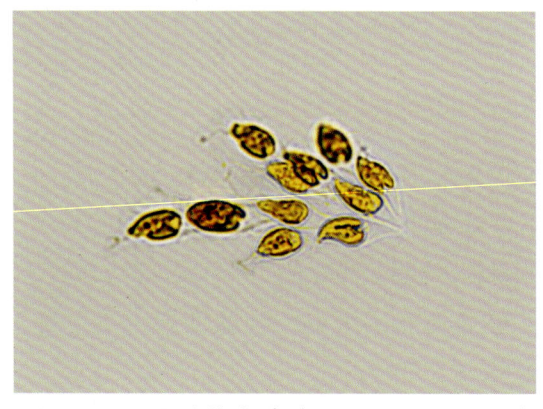

图 5-2-1　分歧锥囊藻（*Dinoryon divergens*）

图 5-2-2　黄群藻（*Synuraceae urelin*）

2. 黄群藻（*Synuraceae urelin*）

金藻纲,金胞藻目,黄群藻科,黄群藻属。

群体球形或长圆形,直径 100~400μm。细胞长圆形,长 20~40μm,宽 8~17μm,前端广圆,后端的胶柄或短粗或细长；表质覆盖有圆形的鳞片,细胞前部或中部的鳞片上具一粗壮而空心的小刺,后部的鳞片无刺。

分布于典农河（银川市段）、阅海湿地公园、宝湖湿地公园以及鹤泉湖湿地公园。

3. 北方金杯藻（*Kephyrion boreal*）

金藻纲，色金藻目，色金藻科，金杯藻属。

囊壳罐形，侧面观两侧近平行，壁平滑，无色或褐色，前端具1个短而狭的领，后端圆，原生质体前端具1条鞭毛，约与囊壳等长，前端具2个伸缩泡。色素体周生，带状，1个，绿色或黄褐色，具或无眼点。细胞长7~10μm，宽5~7μm，厚3.5~6.0μm，领高0.5~1.0μm。

图 5-2-3　北方金杯藻（*Kephyrion boreal*）

第三节　硅　藻　门

硅藻的细胞壁，除含果胶质以外，还含有大量的硅质，成为坚硬的壳体。壳体由上下两个半壳套合成。

1. 小环藻（*Cyclotella sp.*）

中心纲，圆筛藻目，圆筛藻科，小环藻属。

单细胞，或有些种类壳面互相连接成直的或螺旋的链状群体，或包在胶被中。细胞圆盘形或鼓形。壳面圆形，少数种类是椭圆形；常具同心圆的或与切线平行波状皱褶，边缘带有放射状排列的孔纹或线纹，中央部分平滑或具放射状排列的孔纹。带面平滑，没有间生带。色素体小盘状，多数。

此属主要是浮游种类。早春时大量出现。分布于典农河（银川市段）、阅海湿地公园、宝湖湿地公园以及鹤泉湖湿地公园。

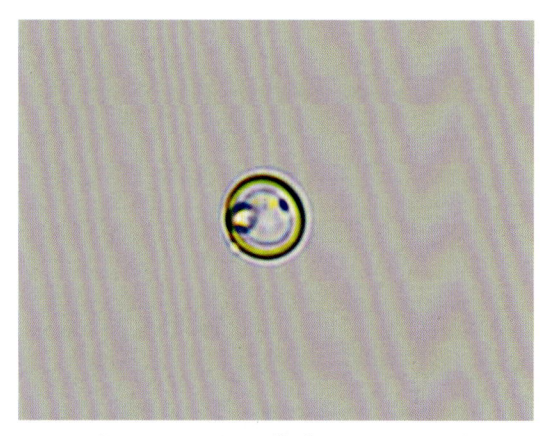

图 5-3-1　小环藻（*Cyclotella sp.*）

2. 梅尼小环藻（Cyclotella meneghiniana）

中心纲，圆筛藻目，圆筛藻科，小环藻属。

藻体单细胞，鼓形；壳面圆形，具辐射状排列的粗而平滑的楔形肋纹，中央区平滑或具细小的辐射状点线纹。细胞直径 7~30μm。

生长在湖泊、池塘、水库、河流中，多生长在沿岸带。分布于典农河（银川市段），在阅海湿地公园、宝湖湿地公园以及鹤泉湖湿地公园也有分布。

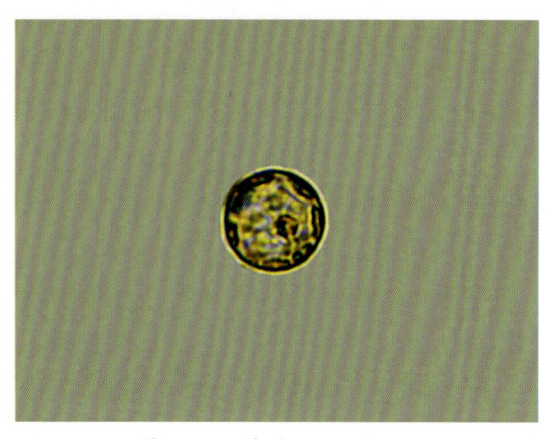

图 5-3-2　梅尼小环藻（Cyclotella meneghiniana）

3. 线形曲壳藻（Achnanthes linearis）

羽纹纲，单壳缝目，曲壳藻科，曲壳藻属。

壳面线形或线形椭圆形，末端宽、钝圆形；具假壳缝的壳面，假壳缝狭线形，中央区不明显，横线纹近于平行，具壳缝的壳面，中轴区线形，壳缝线形，中央区横矩形，横线纹略呈放射状斜向中央区，在10μm 内有 14~32 条。细胞长 6.5~20μm，宽 3~5μm。

生长在稻田、水坑、池塘、湖泊、水库、溪流、河流、沼泽中，潮湿岩壁上。国内外广泛分布。分布于典农河（银川市段）。

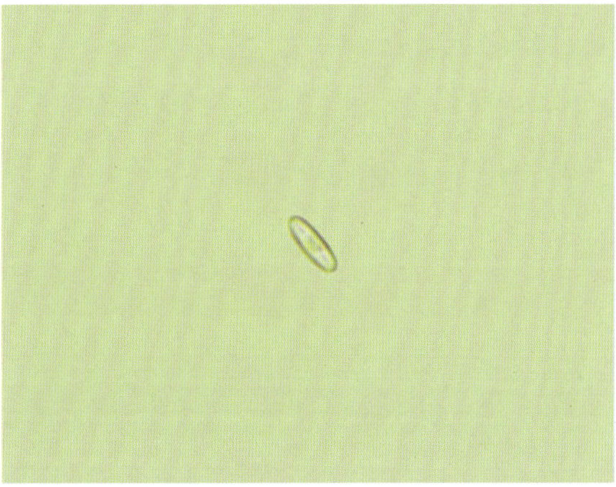

图 5-3-3　线形曲壳藻（Achnanthes linearis）

4. 近缘曲壳藻（Achnanthes affinis）

羽纹纲，单壳缝目，曲壳藻科，曲壳藻属。

细胞线形，两端缢缩呈喙头状，壳面宽 1.0~2.5μm，长 4.0~14.6μm。分布于典农河（银川市段）。

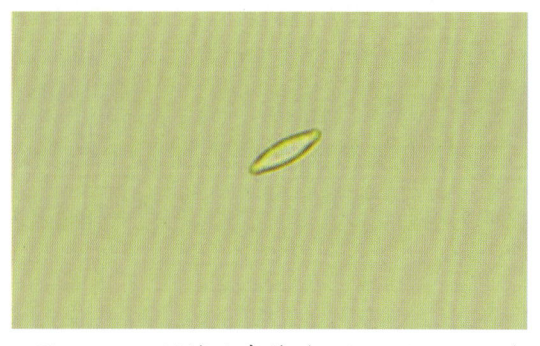

图 5-3-4　近缘曲壳藻（Achnanthes affinis）

5. 披针形曲壳藻喙头变种（Achnanthes lanceolata var. rostrata）

羽纹纲，单壳缝目，曲壳藻科，曲壳属。

壳面宽 5.0~8.5μm，长 10~23μm。横线纹在 10μm 内上壳面有 10~16 条，下壳面有 10~15 条。

分布于典农河（银川市段）。

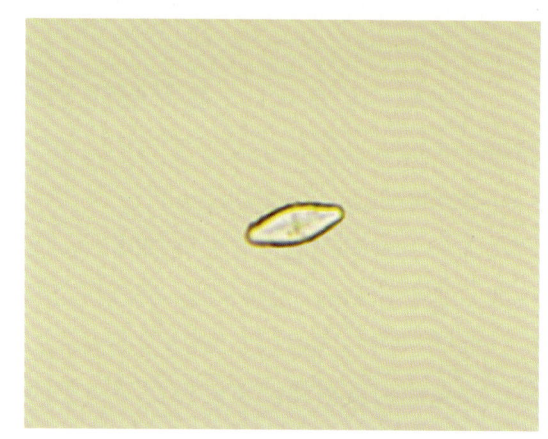

图 5-3-5 披针形曲壳藻喙头变种
（Achnanthes lanceolata var. rostrata）

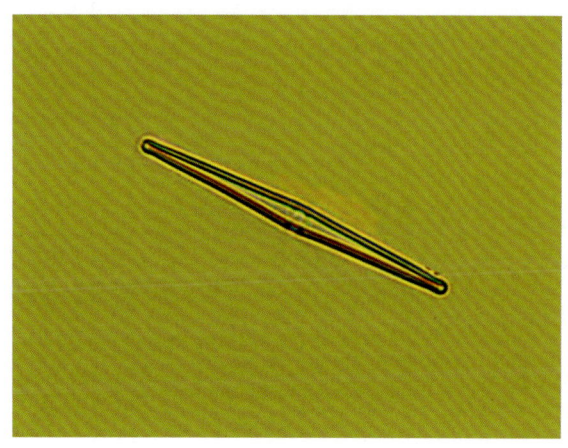

图 5-3-6 美小针杆藻（Synedra pulchella）

6. 美小针杆藻（Synedra pulchella）

羽纹纲，无壳缝目，脆杆藻科，针杆藻属。

壳面线形披针形，末端钝圆或略呈小头状，壳面宽 4~7μm，长 60.0~193.5μm，横纹线由明显点纹组成，具窄线形假壳缝，中心区横矩形，无纹饰。

本种多生于半咸水，在淡水中也有。分布于典农河（银川市段）以及鹤泉湖湿地公园。

7. 双头针杆藻（Synedra amphicephal）

羽纹纲，无壳缝目，脆杆藻科，针杆藻属。

细胞狭而扁。壳面 S 形。壳缝在壳中线上，也呈 S 形。从中部向两端逐渐尖细，末端尖或钝圆。中轴区狭，S 形，中央节处略膨大。花纹为纵横线纹十字形交叉构成的布纹。带面披针形。色素体 2 块，片状。

分布于典农河（银川市段）、宝湖湿地公园。

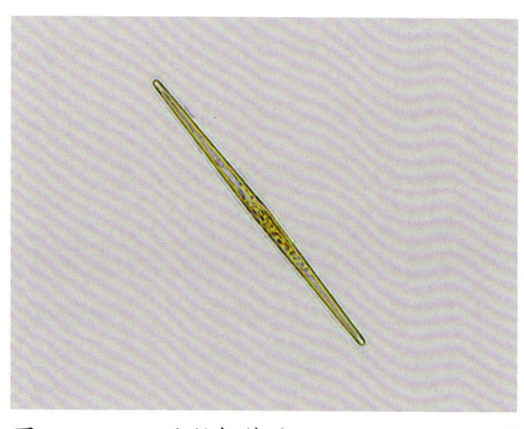

图 5-3-7 双头针杆藻（Synedra amphicephal）

8. 尖针杆藻（*Synedra acus*）

羽纹纲，无壳缝目，脆杆藻科，针杆藻属。

藻体单细胞，壳面线形披针形，从中部向两端渐尖，末端圆形；假壳缝狭线形，横线纹细。细胞狭而扁。壳面S形。壳缝在壳中线上，也呈S形。中轴区狭，S形，中央节处略膨大。花纹为纵横线纹十字形交叉构成的布纹。带面披针形。色素体2块，片状。

分布于典农河（银川市段）、阅海湿地公园、宝湖湿地公园。

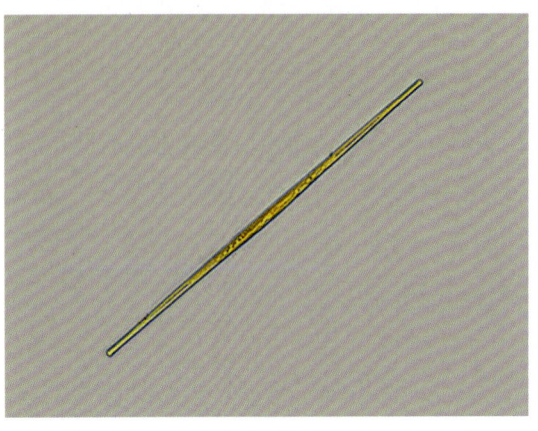

图 5-3-8 尖针杆藻（*Synedra acus*）

9. 肘状针杆藻（*Synedra ulna*）

羽纹纲，无壳缝目，脆杆藻科，针杆藻属。

壳面线形到线形披针形，末端略呈宽顿圆形，有时呈喙状，末端宽，两端孔区各具1个唇形突和1~2个刺；假壳缝狭窄、线形，中央区横长，有时在中央区边缘具很短的线纹，横线纹较粗，由点纹组成，平行排列，两端横线纹偶见放射排列，在10μm内约18~14条；带面线形。细胞长50~389μm，高3~9μm。

生长于水坑、河流、湖泊、池塘、沼泽等各种水体中。分布于典农河（银川市段）、阅海湿地公园以及鹤泉湖湿地公园。

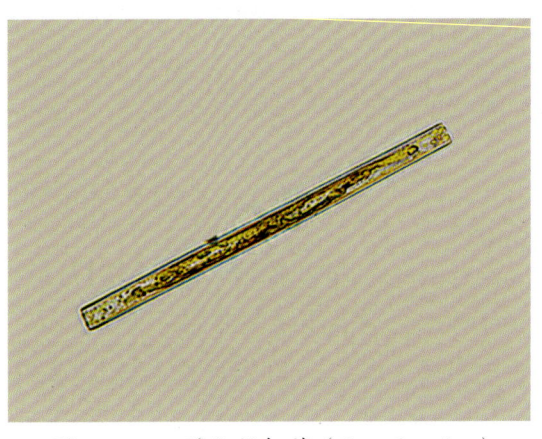

图 5-3-9 肘状针杆藻（*Synedra ulna*）

10. 脆杆藻（*Fragilaria sp.*）

羽纹纲，无壳缝目，脆杆藻科。

细胞以壳面相互连成带状群体，或以每个细胞的一端相连成Z状群体；壳面长披针形，两侧对称，边缘略膨大，两端逐渐狭窄，末端钝圆；带面长方形。

分布于典农河（银川市段）。

图 5-3-10 脆杆藻（*Fragilaria sp.*）

11. 海地脆杆藻（*Fragilaria heidenii*）

羽纹纲，无壳缝目，脆杆藻科，脆杆藻属。

在生活状态，壳体常连成带状群体，壳面长披针形或线形，少数种类呈三角形或四角形，中部略膨大，两端钝圆或呈小头状，具横线纹及由横线纹构成的假壳缝，壳面宽 7.5~8.0μm，长 21.5~22.0μm，横线纹在 10μm 内有 12~14 条。

分布于典农河（银川市段）。

图 5-3-11　海地脆杆藻（*Fragilaria heidenii*）

12. 钝脆杆藻（*Fragilaria capucina*）

羽纹纲，无壳缝目，脆杆藻科，脆杆藻属。

细胞常互相连成带状群体；壳面长线形，近两端逐渐略狭窄，末端略膨大，钝圆形；假壳缝线形，横线纹细，在 10μm 内 8~17 条，中心区矩形，无线纹。细胞长 25~220μm，宽 2~7μm。

生长于池塘、沟渠、湖泊、缓流的河流中，偶然性浮游种类。国内外广泛分布。分布在典农河（银川市段）。

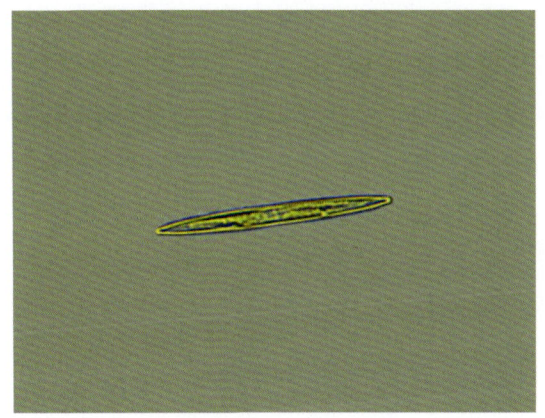

图 5-3-12　钝脆杆藻（*Fragilaria capucina*）

13. 弯棒杆藻（*Rhopalodia gibba*）

羽纹纲，管壳缝目，窗纹藻科，棒杆藻属。

壳面弓形，背缘弧形，腹侧平直，两端逐渐狭窄并弯向腹侧；背缘具 1 条龙骨，龙骨上具 1 条不明显的管壳缝，横肋纹在 10μm 内有 4~8 条，2 条横肋纹间具 2~3 条横线纹，在 10μm 内有 12~14 条；带面线形，两侧中部略横向放宽，中部缢缩，两端广圆形。细胞长 35~300μm，宽 18~30μm。

分布在典农河（银川市段）。

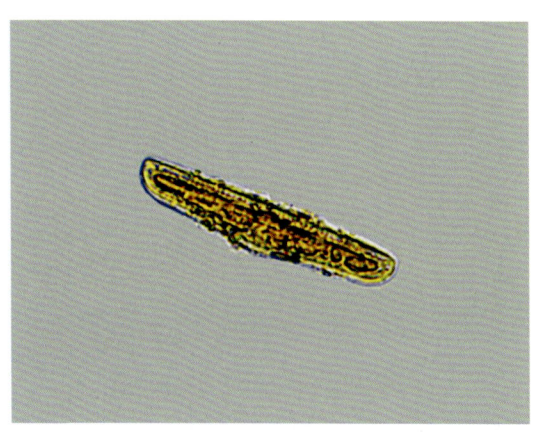

图 5-3-13　弯棒杆藻（*Rhopalodia gibba*）

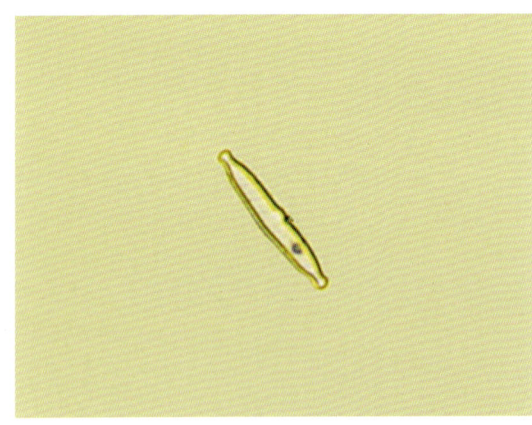

图 5-3-14　弧形蛾眉藻线形变种直变型
（Ceratoneis arcus var. linearis f. recta）

14. 弧形蛾眉藻线形变种直变型（Ceratoneis arcus var. linearis f. recta）

羽纹纲，无壳缝目，蛾眉藻属。

本变型细胞较短，直线形，腹缘几乎无凹入和凸出，线纹在 10μm 内有 12~17 条。细胞长 27~77μm，宽 3~8μm。

生长在山区的流水中，附着于基质上。国内外普遍分布。分布在典农河（银川市段）。

15. 扁圆卵形藻（Cocconeis placentula）

图 5-3-15　扁圆卵形藻（Cocconeis placentula）

羽纹纲，曲壳藻科，卵形藻属。

壳面椭圆形，具假壳缝一面的横线纹由相同大小的小孔纹组成，具壳缝的一面和不具壳缝的另一面中轴区均狭窄，具壳缝的一面中央区小，呈卵形，壳缝线形，其两侧的横线纹均在近壳的边缘中断，形成一个环绕在近壳缘四周的环状平滑区。由明显点纹组成的横线纹略呈放射状斜向中央区，在 10μm 内有 15~20 条。细胞长 11~70μm，宽 7~40μm。

生长在稻田、水坑、池塘、湖泊、水库、河流、溪流、泉水、沼泽中。典农河（银川市段）、宝湖湿地公园以及鹤泉湖湿地公园均有分布。

16. 扁圆卵形藻线形变种（Cocconeis placentula var. lineate）

图 5-3-16　扁圆卵形藻线形变种
（Cocconeis placentula var. lineate）

羽纹纲，曲壳藻科，卵形藻属。

本变种与原变种的显著差异在于本变种的壳面几乎呈线形，长 9~60μm，宽 6~30μm。带面横向弯曲，具有不完全的横膈膜。

分布广泛，淡水种类。分布在典农河（银川市段）。

17. 虱形卵形藻（Cocconeis pediculus）

羽纹纲，曲壳藻科，卵形藻属。

单细胞，壳面宽椭圆形，带面横向弯曲，具有不完全的横膈膜。壳面宽 8~11μm，长 10.5~20.5μm，横线纹在 10μm 内上壳有 8~11 条，下壳有 24~28 条。

分布广泛，淡水种类。一般附着在基质上生长，常大量发生。分布在典农河（银川市段）。

图 5-3-17　虱形卵形藻（Cocconeis pediculus）

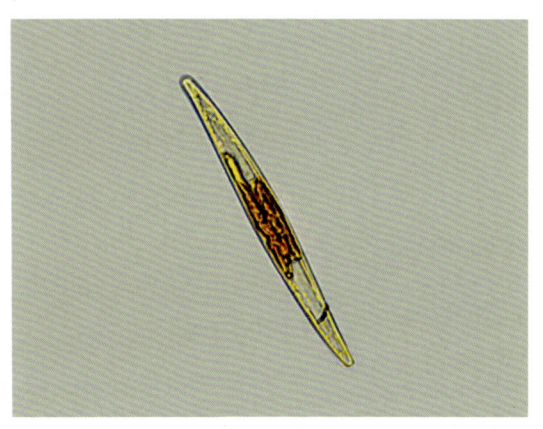

图 5-3-18　细布纹藻（Cymbella lunata）

18. 细布纹藻（Cymbella lunata）

羽纹纲，双壳缝目，舟形藻科，布纹藻属。

单细胞。中心区具单独小点。壳面无收缢。壳上端略呈喙状。壳面卵形披针形，横线纹 10μm 内有 14 条以上，细胞小型。

分布于典农河（银川市段）以及鹤泉湖湿地公园。

19. 尖布纹藻（Gyrosigma acuminatum）

羽纹纲，双壳缝目，舟形藻科，布纹藻属。

单细胞，壳面披针形，两端钝圆至平截形，细胞壁含硅质，由上、下两壳套合而成。两壳面都有壳缝。

典农河（银川市段）有分布。

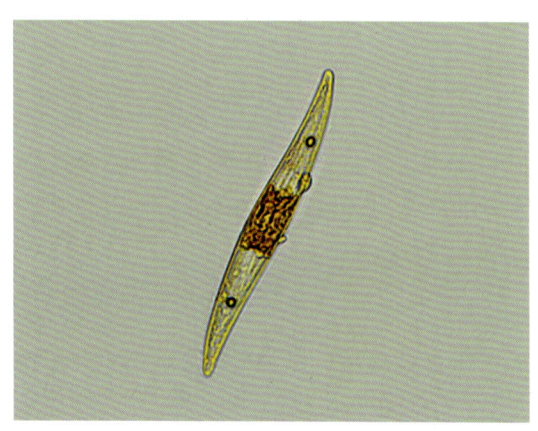

图 5-3-19　尖布纹藻（Gyrosigma acuminatum）

20. 狭舟形藻（*Navicula verecunda*）

羽纹纲，双壳缝目，舟形藻科，舟形藻属。

单细胞。壳面线纹不交叉，相互平行。横线纹放射状排列。中部横线纹呈放射排列，两端则斜向极节，线纹细，壳面披针形，中心区大，圆形。

分布于典农河（银川市段）。

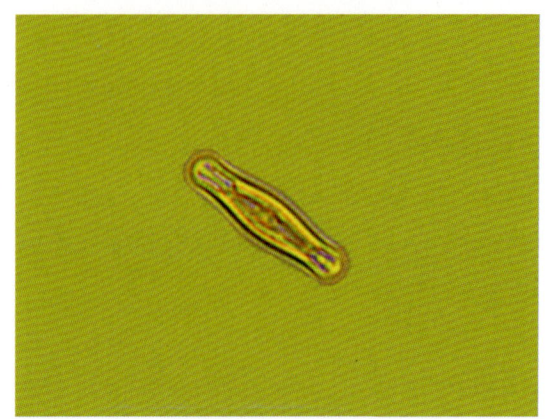

图 5-3-20　狭舟形藻（*Navicula verecunda*）

21. 矮小舟形藻（*Navicula pygmaea*）

羽纹纲，双壳缝目，舟形藻科，舟形藻属。

单细胞，壳面椭圆形，横线纹放射排列，壳面宽 7~10μm，长 15~26.5μm，横线纹在 10μm 内有 24~28 条。

分布于银川鹤泉湖湿地公园。

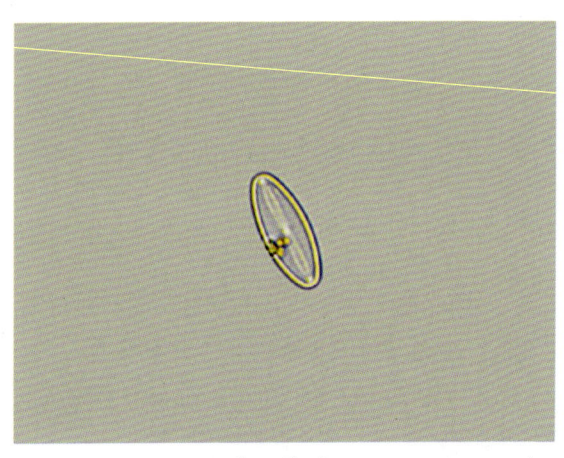

图 5-3-21　矮小舟形藻（*Navicula pygmaea*）

22. 短小舟形藻（*Navicula exigua*）

羽纹纲，双壳缝目，舟形藻科，舟形藻属。

壳面椭圆形，两端略伸长略呈头状，末端圆；中轴区狭窄，中央区横向放宽，壳缝两侧的横线纹略呈放射状斜向中央区，在中央区两侧呈长短交替排列，在 10μm 内有 10~19 条。细胞长 15~35μm，宽 5~15μm。

生长在水坑、池塘、湖泊、水库、河流、溪流、沼泽中。国内外普遍分布。典农河（银川市段）有分布。

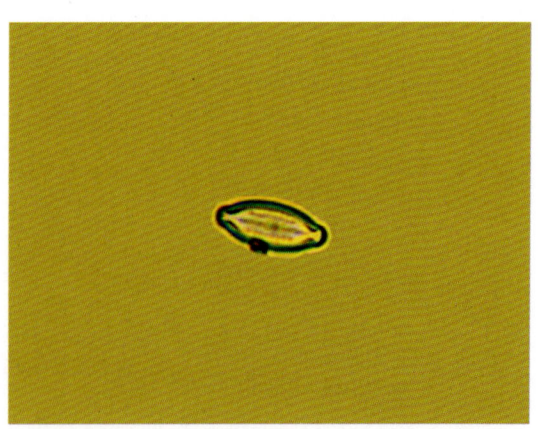

图 5-3-22　短小舟形藻（*Navicula exigua*）

23. 卡里舟形藻（*Navicula cari*）

羽纹纲，双壳缝目，舟形藻科，舟形藻属。

壳面狭披针形，两端逐渐狭窄，末端尖钝圆形，中轴区狭窄，中央区横矩形，壳缝两侧的横线纹在中部略呈放射状斜向中央区，两端斜向极节，在 10μm 内有 8~17 条。细胞长 16~42μm，宽 3.5~8.0μm。

典农河（银川市段）有分布。

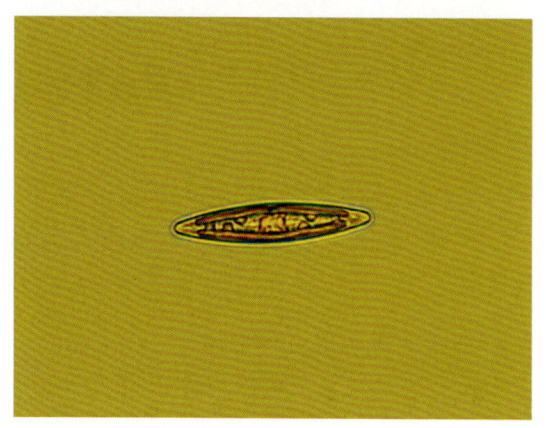

图 5-3-23　卡里舟形藻（*Navicula cari*）

24. 西藏舟形藻（*Navicula tibetica*）

羽纹纲，双壳缝目，舟形藻科，舟形藻属。

壳面披针形，末端钝圆，壳缝直线形，轴区窄线形，中心区一侧横向放宽近壳缘。壳面宽 6.5~7.7μm，长 32~35μm，横线纹全部呈放射状排列，在 10μm 内中部有 9~10 条，两端有 14~16 条。

典农河（银川市段）有分布。

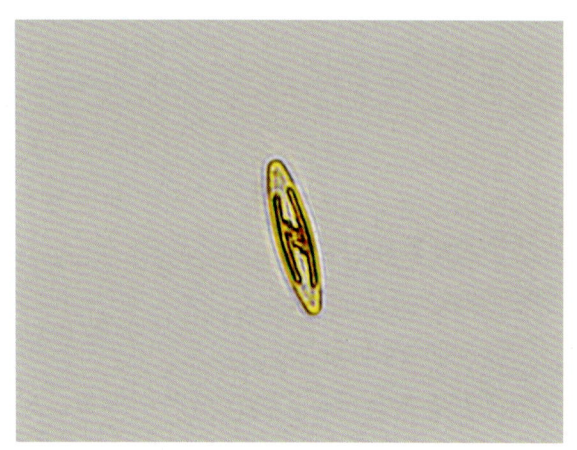

图 5-3-24　西藏舟形藻（*Navicula tibetica*）

25. 戟形舟形藻（*Navicula viridula*）

羽纹纲，双壳缝目，舟形藻科，舟形藻属。

壳面线形披针形，末端延伸呈喙状，壳面宽 5~6μm，长 30~35μm，横线纹在 10μm 内有 10~14 条。

典农河（银川市段）有分布。

图 5-3-25　戟形舟形藻（*Navicula viridula*）

26. 无毛舟形藻（Navicula impexa）

羽纹纲，双壳缝目，舟形藻科，舟形藻属。

壳面狭椭圆形，末端头状，壳缝直线形，很细，轴区窄线形，中心区不扩大，壳面宽4~5μm，长14.5~17.5μm，横线纹放射状排列，在壳面两端垂直于中轴区，在10μm内有32~40条。

典农河（银川市段）以及阅海湿地公园均有分布。

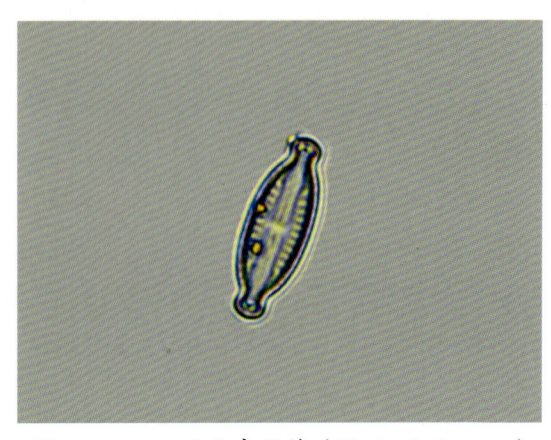

图5-3-26　无毛舟形藻（Navicula impexa）

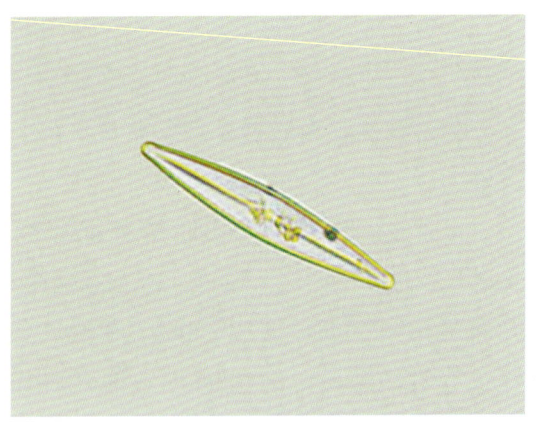

图5-3-27　放射舟形藻（Navicula radiosa）

27. 放射舟形藻（Navicula radiosa）

羽纹纲，双壳缝目，舟形藻科，舟形藻属。

壳面线形披针形，两端逐渐狭窄，末端狭、钝圆，中央区小、菱形，中轴区和中央节比壳面其他区域的硅质较厚些，壳缝发达。肋条在壳缝近中间部分即分叉，分叉部分长度超过不分叉部分。壳缝两侧绝大部分的横线纹略呈放射状斜向中央区，两端略斜向极节，在10μm内有8~12条。细胞长36.5~120.0μm，宽5~19μm。

生长于池塘、湖泊、水库、河流、溪流、沼泽中，潮湿岩壁上。典农河（银川市段）、阅海湿地公园、宝湖湿地公园以及鹤泉湖湿地公园均有分布。

28. 类嗜盐舟形藻（Navicula halophilioides）

羽纹纲，双壳缝目，舟形藻科，舟形藻属。

壳面披针形，末端略呈喙状，壳缝直线形，轴区窄线形，中心区不放宽，壳面宽6μm，长24μm，横线纹垂直于中轴区或略呈放射状，在10μm内有18条。

银川鹤泉湖湿地公园有分布。

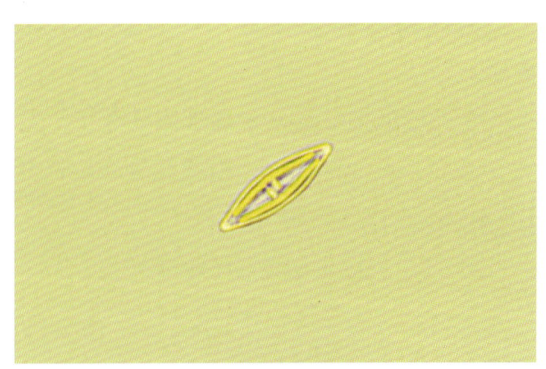

图5-3-28　类嗜盐舟形藻（Navicula halophilioides）

29. 英吉利舟形藻（Navicula anglica）

羽纹纲，双壳缝目，舟形藻科，舟形藻属。

壳面椭圆形，近两端明显变狭并延长，末端钝喙状或略呈头状；中轴区狭窄，中央区小、圆形，略横向扩大，壳缝两侧的横线纹呈放射状斜向中央区，中部的线纹比两端的线纹稀疏，中间的线纹在10μm内有7~13条。细胞长11~40μm，宽6.5~18.0μm。

典农河（银川市段）有分布。

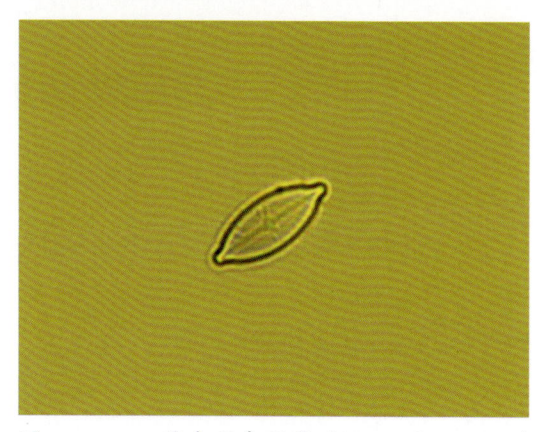

图 5-3-29　英吉利舟形藻（Navicula anglica）

图 5-3-30　半裸舟形藻中型变种
（Navicula seminulum）

30. 半裸舟形藻中型变种（Navicula seminulum）

羽纹纲，双壳缝目，舟形藻科，舟形藻属。

壳面椭圆形，两端浑圆，中央区不加宽，壳面宽3~7μm，长7~15μm，横线纹在10μm内有14~28条。

银川鹤泉湖湿地公园有分布。

31. 小胎座舟形藻喙头变种（Navicula placentula）

羽纹纲，双壳缝目，舟形藻科，舟形藻属。

壳面近椭圆形，两端延伸呈头状，壳面宽12~20μm，长21.0~37.5μm，横线纹在10μm内有8~12条。

典农河（银川市段）以及阅海湿地公园有分布。

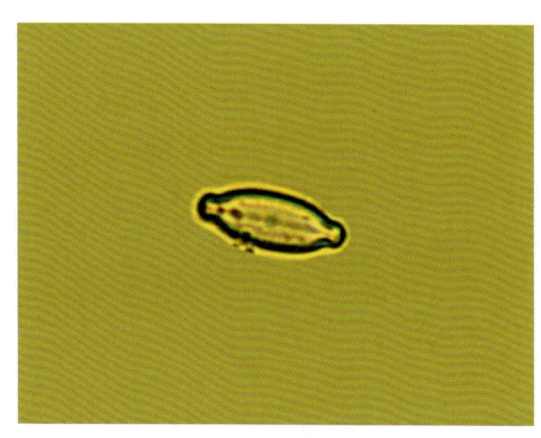

图 5-3-31　小胎座舟形藻喙头变种
（Navicula placentula）

32. 瞳孔舟形藻头端变型（Navicula pupula var. capitata）

羽纹纲，双壳缝目，舟形藻科，舟形藻属。

壳面线形，近两端略缢缩，末端明显宽头状，横线纹在中部10μm内有13~15条。细胞长23~42μm，宽4~9μm。

典农河（银川市段）有分布。

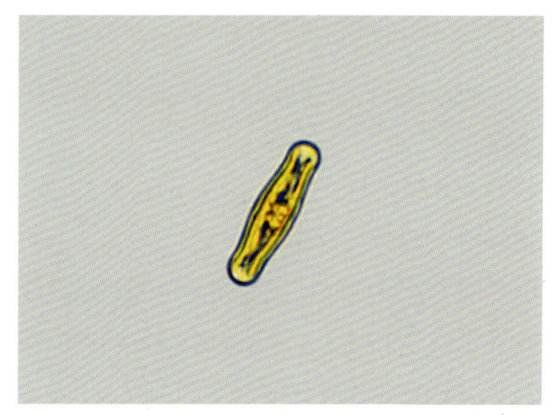

图 5-3-32　瞳孔舟形藻头端变型
（Navicula pupula var. capitata）

33. 系带舟形藻（Navicula cincta）

羽纹纲，双壳缝目，舟形藻科，舟形藻属。

壳面宽3.7~8.0μm，长16~42μm，横线纹在10μm内中部有8~17条，两端有12~20条。

分布于典农河（银川市段）。

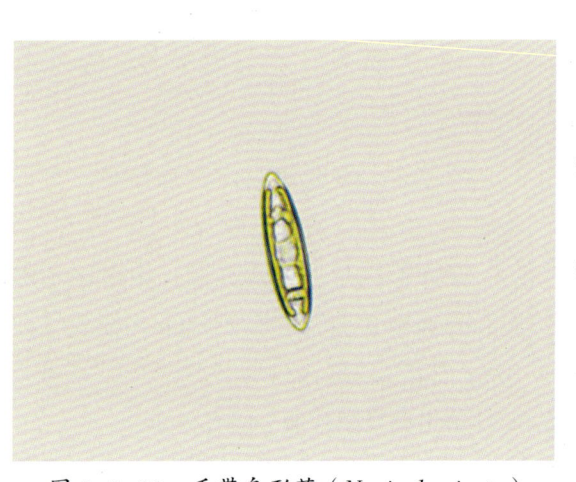

图 5-3-33　系带舟形藻（Navicula cincta）

34. 急尖舟形藻赫里保变种（Navicula cuspidata var. heribaudii）

羽纹纲，双壳缝目，舟形藻科，舟形藻属。

壳面宽11~20μm，长39~138μm，在10μm内横线纹有10~20条，纵线纹25条。

分布于典农河（银川市段）。

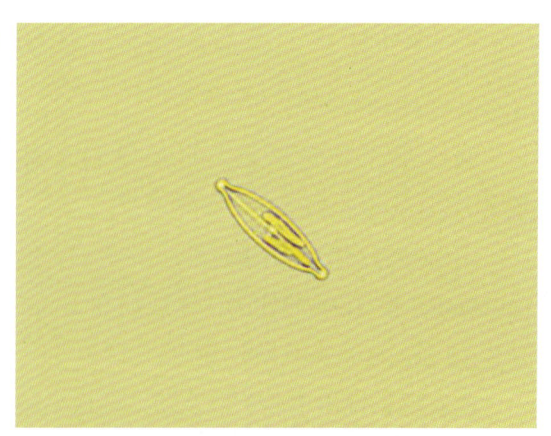

图 5-3-34　急尖舟形藻赫里保变种
（Navicula cuspidata var. heribaudii）

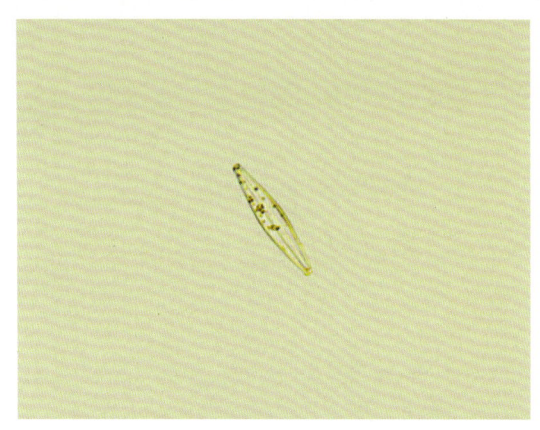

图 5-3-35　燕麦舟形藻（*Navicula avenacea*）

35. 燕麦舟形藻（*Navicula avenacea*）

羽纹纲，双壳缝目，舟形藻科，舟形藻属。

壳面宽 5~10μm，长 26~54μm，横线纹在 10μm 内中部有 8~13μm，两端有 13~15 条。

分布于典农河（银川市段）。

36. 头端舟形藻（*Navicula capitata*）

羽纹纲，双壳缝目，舟形藻科，舟形藻属。

壳面椭圆披针形，末端喙状到头状，壳面顶部的厚度与壳面其他部分的厚度不同；中轴区狭窄，中央区小、圆形，壳缝直，其两侧的横线纹粗，中部略呈放射状斜向中央区，两端斜向极节，末端无横线纹，呈空白区，近末端的横线纹比其他部分的横线纹更明显地显现，横线纹在 10μm 内有 6~11 条。细胞长 12~47μm，宽 5~10μm。

生长在水坑、水沟、池塘、湖泊、河流、溪流、沼泽中，淡水或半咸水。国内外普遍分布。分布于典农河（银川市段）。

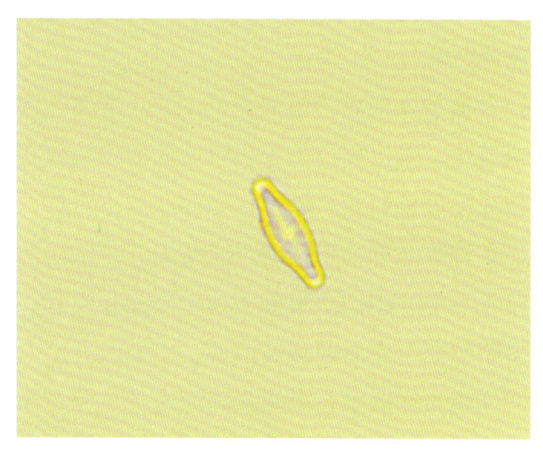

图 5-3-36　头端舟形藻（*Navicula capitata*）

37. 维里舟形藻（*Navicula virihensis*）

羽纹纲，双壳缝目，舟形藻科，舟形藻属。

壳面线形披针形，末端喙头状，壳缝直线形，轴区窄线形，中心区小圆形，长 39μm，横线纹全部呈放射状排列，在 10μm 内有 14~24 条。

分布于典农河（银川市段）。

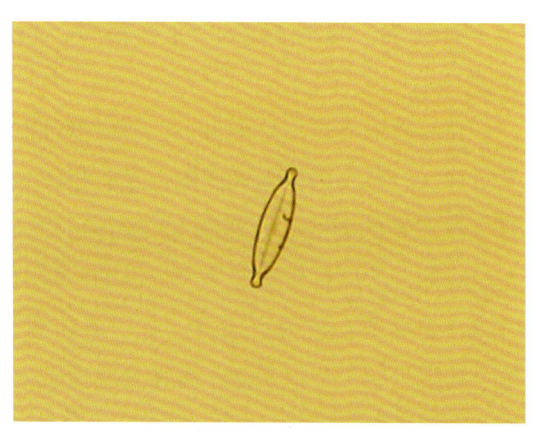

图 5-3-37　维里舟形藻（*Navicula virihensis*）

38. 膨胀桥弯藻（Cymbella pusilla）

羽纹纲，双壳缝目，桥弯藻科，桥弯藻属。

单细胞，壳面有背腹之分，背部凸出，腹部的中部略凸出，舟形，两侧对称，末端钝圆，线纹明显。

出现于鹤泉湖湿地公园。

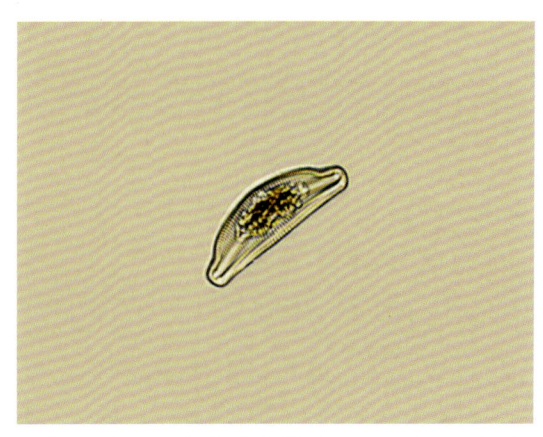

图 5-3-38 膨胀桥弯藻（Cymbella pusilla）

39. 胡斯特桥弯藻（Cymbella hustedtii）

羽纹纲，双壳缝目，桥弯藻科，桥弯藻属。

植物体多数为单细胞，少数为群体，浮游或着生，着生种类位于短胶质柄的顶端或在分枝或不分枝的胶质管中，壳面两侧不对称，明显有背腹之分，末端钝圆或渐尖；中轴区两侧略不对称，略偏于腹侧，具中央节和极节；壳缝略弯曲。壳面椭圆披针形，中央区不扩大。

生长在淡水、半咸水和海水中。分布于典农河（银川市段），在宝湖湿地公园以及鹤泉湖湿地公园也有分布。

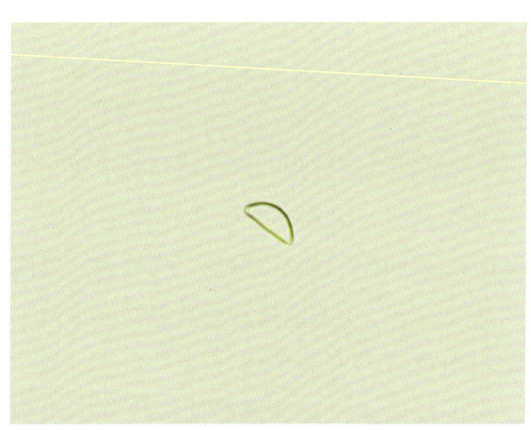

图 5-3-39 胡斯特桥弯藻（Cymbella hustedtii）

40. 新月形桥弯藻（Cymbella parua）

羽纹纲，双壳缝目，桥弯藻科，桥弯藻属。

壳面纵轴弯转，呈半月形，所以纵轴左右不对称。但花纹仍在纵轴两侧，左右相似。壳缝也在弯转的中线上。横轴和壳环轴的两侧，完全对称，所以桥弯藻像一个依纵轴弯转的舟形藻，壳面的孔纹为点条纹。有中节和端节。每个细胞只有一个色素体，有性复大孢子由互换大小配子而成。

典农河（银川市段）有分布。

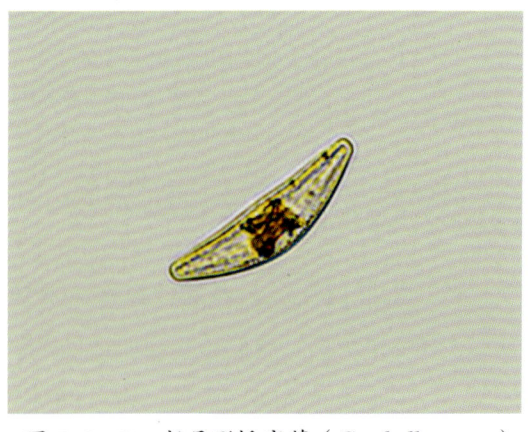

图 5-3-40 新月形桥弯藻（Cymbella parua）

41. 箱形桥弯藻具点变种（Cymbella cistula var. maculata）

羽纹纲，双壳缝目，桥弯藻科，桥弯藻属。

上下两壳面的两端对称，两侧不对称。壳面宽 7.5~15.0μm，长 21.5~65.5μm，横纹线在 10μm 内背侧有 5~15 条，腹侧有 6~14 条。

生长在稻田、水坑、池塘、湖泊、水库、河流、溪流、沼泽中。出现于典农河（银川市段）以及阅海湿地公园。

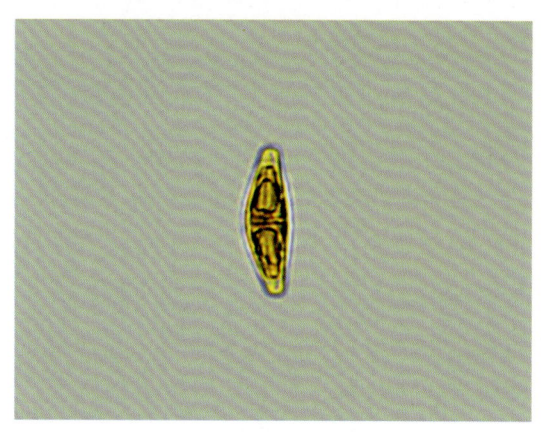

图 5-3-41　箱形桥弯藻具点变种
（Cymbella cistula var. maculata）

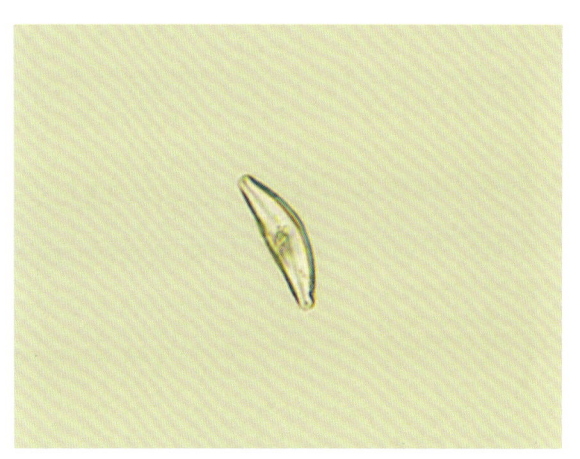

图 5-3-42　肿大桥弯藻（Cymbella tumidula）

42. 肿大桥弯藻（Cymbella tumidula）

羽纹纲，双壳缝目，桥弯藻科，桥弯藻属。

壳面宽 5.5~11.0μm，长 20~46μm，横线纹在 10μm 内背侧有 7~20 条，腹侧有 8~20 条。

分布于典农河（银川市段）。

43. 平卧桥弯藻（Cymbella prostrate）

羽纹纲，双壳缝目，桥弯藻科，桥弯藻属。

背缘突出，腹缘中部略凸出，两端延伸呈喙状，壳面宽 7~10μm，长 17~28μm，横线纹在 10μm 内背侧有 11~12 条，腹侧有 10~12 条。

分布于典农河（银川市段）。

图 5-3-43　平卧桥弯藻（Cymbella prostrate）

44. 粗糙桥弯藻（Cymbella aspera）

羽纹纲，双壳缝目，桥弯藻科，桥弯藻属。

壳面半披针形，有背腹之分，背缘凸出，腹缘中部略凸出或近平直，末端圆锥形或钝圆形；中轴区宽、线形，中央区略扩大；壳缝偏于腹侧、略弯，近末端分叉，末端弯向背侧呈小圆钩形，末端呈钩形斜向背缘，横线纹由点纹组成，在中部略呈放射状斜向中央区，两端近平行排列，在背侧中部10μm内有6~12条，腹侧中部10μm内有7~13条。细胞长70~265μm，宽20~48μm。

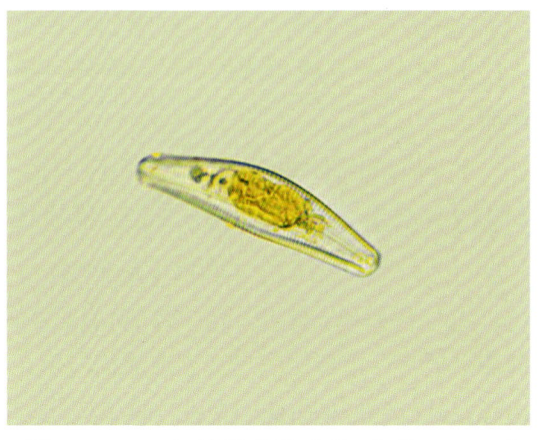

图 5-3-44　粗糙桥弯藻（Cymbella aspera）

45. 窄异极藻（Gomphonema angusta）

异极藻科，异极藻属。

壳面棍棒状，一端比另一端粗，切顶轴不对称。壳环面呈楔形。壳缝位于壳面中线，有中央节结和端节结。壳纹为点纹和线纹，与切顶轴平行或成辐射状。以胶质柄附着于它物上，也常在浮游生物中出现。

分布于典农河（银川市段）、阅海湿地公园、宝湖湿地公园以及鹤泉湖湿地公园。

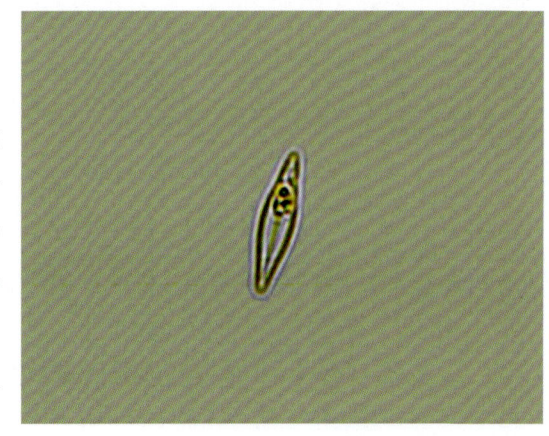

图 5-3-45　窄异极藻（Gomphonema angusta）

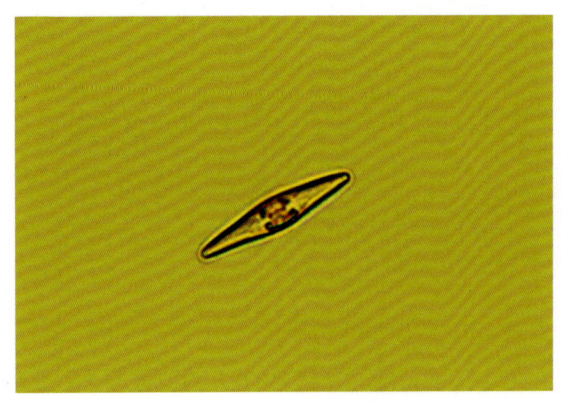

图 5-3-46　纤细异极藻（Gomphonema gracilis）

46. 纤细异极藻（Gomphonema gracilis）

异极藻科，异极藻属。

植物体单细胞，壳面线形，两侧略呈弧形弯曲。

分布于典农河（银川市段）。

47. 缢缩异极藻膨大变种（*Gomphonema constrictum* var. *capitatum*）

硅藻门，羽纹纲，双壳缝目，异极藻科，异极藻属。

壳面两侧对称，两端不对称，上端宽，下端窄，壳面披针形或棒形，壳缝窄，中心区略扩大。壳面宽8.5~11.0μm，长23.5~29.0μm，横纹线在10μm内有12~15条。

生长在稻田、水坑、池塘、湖泊、水库、河流、溪流、沼泽中。分布于阅海湿地公园。

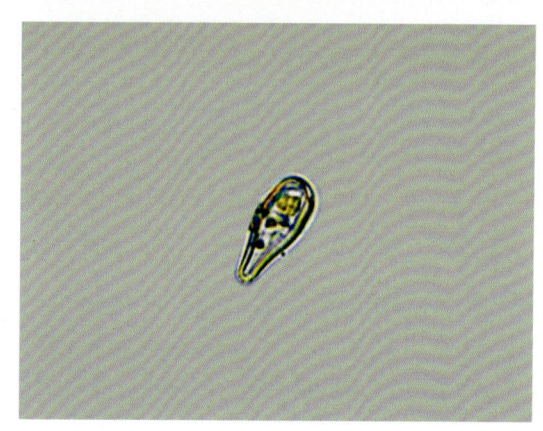

图 5-3-47　缢缩异极藻膨大变种
（*Gomphonema constrictum* var. *capitatum*）

48. 小型异极藻具领变种（*Gomphonema parvulum* var. *lagenula*）

硅藻门，羽纹纲，双壳缝目，异极藻科。

细胞壳面中央区具1个单独的点纹，壳面上部和中部之间无收缢，壳面卵形披针形，前端喙状或短头状，与原变种相比，前端喙状较明显。

主要是淡水种类，少数生长在半咸水或海洋中。分布于阅海湿地公园。

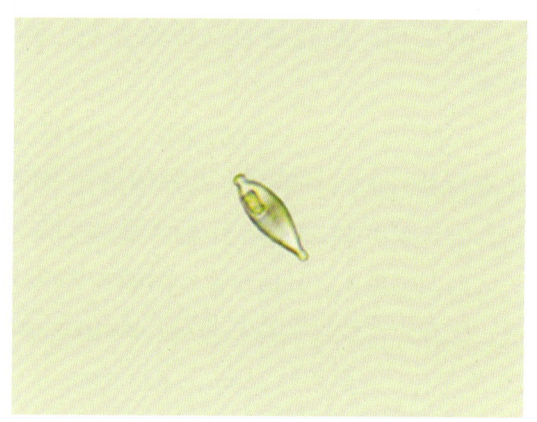

图 5-3-48　小型异极藻具领变种
（*Gomphonema parvulum* var. *lagenula*）

49. 橄榄绿色异极藻（*Gomphonema alivaceum*）

硅藻门，羽纹纲，双壳缝目，异极藻科。

壳面卵形棒状，前端广圆形，中部最宽，下端逐渐狭窄；中轴区狭窄、线形，中央区横向放宽，无单独的点纹，横线纹略呈放射状排列，而在中部长度不规则，在中间部分10μm内有10~16条。

生长在稻田、水坑、池塘、湖泊、水库、河流、溪流，沼泽中，喜冷水性、含钙的硬水环境，附着在潮湿的岩壁上。分布于鹤泉湖湿地公园。

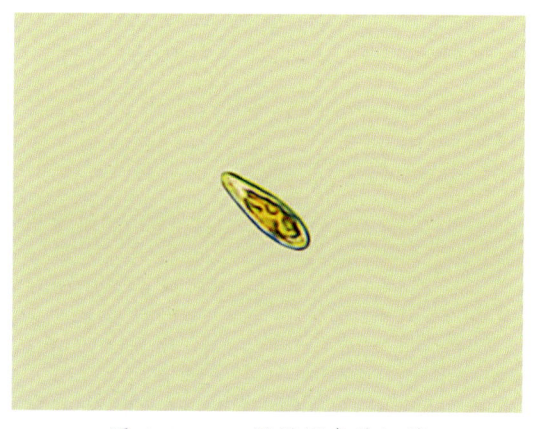

图 5-3-49　橄榄绿色异极藻
（*Gomphonema alivaceum*）

50. 近棒形异极藻（*Gomphonema subclavatum*）

羽纹纲，双壳缝目，异极藻科。

壳面长，披针形棒状，一端粗壮逐渐向另一端变窄，呈广圆平截形，部分内含不规则状的色素体，中轴区狭长，线形。

生长在稻田、水坑、池塘、湖泊、水库、河流、溪流、沼泽中。分布于典农河（银川市段）以及宝湖湿地公园。

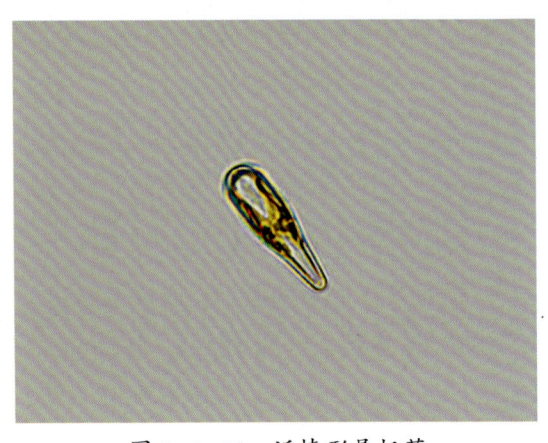

图 5-3-50　近棒形异极藻（*Gomphonema subclavatum*）

51. 扁鼻异极藻（*Gomphonema simus*）

羽纹纲，双壳缝目，桥弯藻科，桥弯藻属。

壳面卵状棒形，上端宽圆形，有时略凸起呈亚喙状；向下端渐狭，基部明显比上端部窄，呈狭圆形或尖圆形。中轴区窄，线形。中央区向两侧扩大，呈横矩形，两侧各具一短线纹，无孤点。线纹放射状排列，在10μm内具10条左右。壳面长约16μm，宽约5.5μm。

分布于典农河（银川市段）。

图 5-3-51　扁鼻异极藻（*Gomphonema simus*）

52. 缠结异极藻二叉变种（*Gomphonema intricatum var. dichotomiformis*）

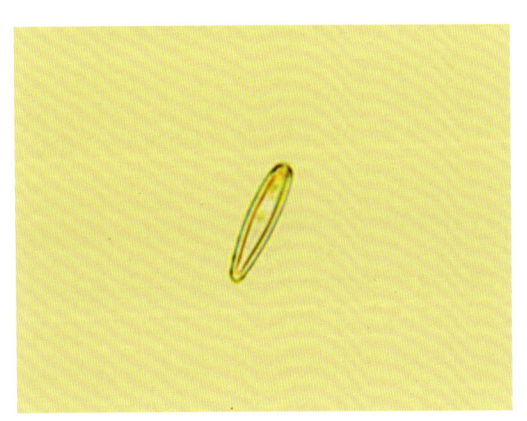

图 5-3-52　缠结异极藻二叉变种（*Gomphonema intricatum var. dichotomiformis*）

羽纹纲，双壳缝目，桥弯藻科，桥弯藻属。

本变种与原变种的主要区别为壳面披针状棒形或近线形，中部不膨大或略膨大，上部的两侧缘边几乎成直线且向上略渐狭（不平行也不凹入）；中轴区较宽，约占壳面宽度的25%~30%；线纹在10μm内具6~12条（中部）和12~16条（两端）。壳面长23~57μm，宽4.5~10.0μm。

淡水性，常长于湖泊、水库、河流、溪流、稻田等水体中。分布于典农河（银川市段）。

53. 菱形藻（*Nitzschia sp.*）

羽纹纲，管壳缝目，菱形藻科，菱形藻属。

菱形藻细胞菱形、宽叶形或线形，中部膨大，或收缩。细胞单独生活，少数连成群体。末端一般较尖。从壳面观管壳缝常在一侧，亦有接近中线的。管壳缝常不易看到，只能看到船骨点。花纹左右排列。无中央节和端节。色素体两个或多个。复大孢子由互换相等的配子形成。

分布于典农河（银川市段）。

图 5-3-53 菱形藻（*Nitzschia sp.*）

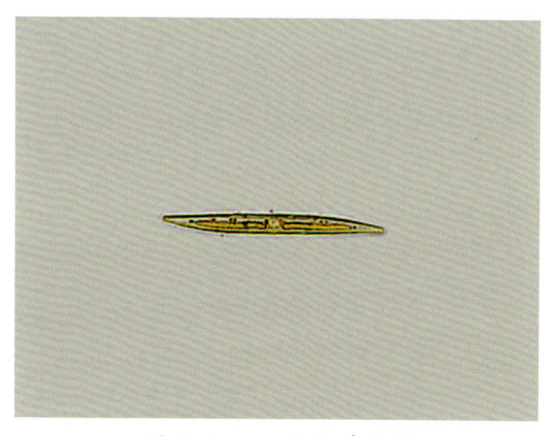

图 5-3-54 洛伦菱形藻
（*Nitzschia lorenziana var. lorenziana*）

54. 洛伦菱形藻（*Nitzschia lorenziana var. lorenziana*）

羽纹纲，管壳缝目，菱形藻科，菱形藻属。

壳面线形、披针形或 S 形，末端楔形，头状等，上下壳面的龙骨突起交叉相对，龙骨点明显或不明显，具由细点纹组成的横线纹，壳体中部横切面观呈菱形。

分布于宝湖湿地公园。

55. 针形菱形藻（*Nitzschia acicularis*）

羽纹纲，管壳缝目，菱形藻科，菱形藻属。壳面线形、披针形或 S 形，末端楔形，头状等，上下壳面的龙骨突起交叉相对，龙骨点明显或不明显，具由细点纹组成的横线纹，壳体中部横切面观呈菱形。壳面宽 3~4μm，长 43~58μm，在 10μm 内龙骨点有 17~20 个，横线纹极细。

生长在稻田、水坑、池塘、湖泊、水库、河流、溪流、沼泽中。分布于典农河（银川市段）、阅海湿地公园、宝湖湿地公园以及鹤泉湖湿地公园。

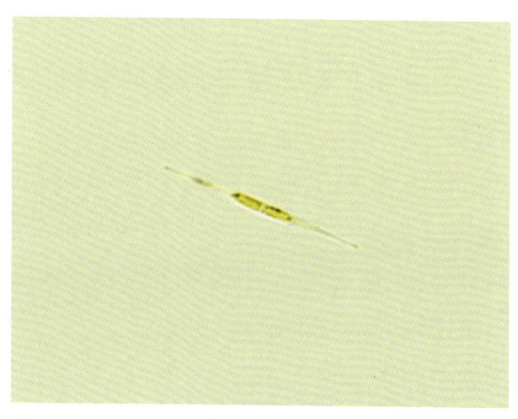

图 5-3-55 针形菱形藻（*Nitzschia acicularis*）

56. 类菱形藻（Nitzschia sigmoidea）

羽纹纲，管壳缝目，菱形藻科，菱形藻属。

壳面线形、披针形或S形，末端楔形、头状等，上下壳面的龙骨突起交叉相对，龙骨点明显或不明显，具由细点纹组成的横线纹，壳体中部横切面观呈菱形。壳面宽9~14μm，长130~388μm，在10μm内龙骨点有22~28个，有横线纹22~28条。

生长在稻田、水坑、池塘、湖泊、水库、河流、溪流、沼泽中。分布于典农河（银川市段）、阅海湿地公园、宝湖湿地公园以及鹤泉湖湿地公园。

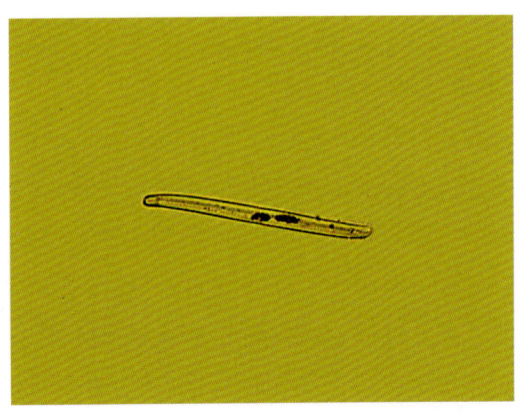

图 5-3-56　类菱形藻（Nitzschia sigmoidea）

57. 线形菱形藻（Nitzschia linearis）

羽纹纲，管壳缝目，菱形藻科，菱形藻属。

壳面线形，两侧平行，具龙骨突起的一侧边缘中部缢入，两端逐渐狭窄，末端凸出呈头状；龙骨点在10μm内有8~14个。

生长在稻田、水坑、池塘、湖泊、水库、河流、溪流、沼泽中。分布于典农河（银川市段）以及阅海湿地公园。

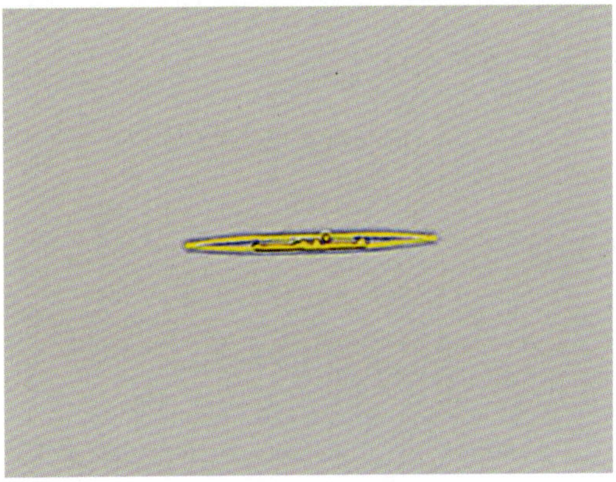

图 5-3-57　线形菱形藻（Nitzschia linearis）

58. 长菱形藻（Nitzschia longissima）

羽纹纲，管壳缝目，菱形藻科，菱形藻属。

藻体单独生活。壳面中央膨大，两端细长，直伸。细胞长为120~415μm，宽为4~13μm。船（龙）骨点每10μm有6~12个，点条纹每10μm有16条。色素体2个，分布于细胞中央部分。

出现于典农河（银川市段）、阅海湿地公园以及宝湖湿地公园。

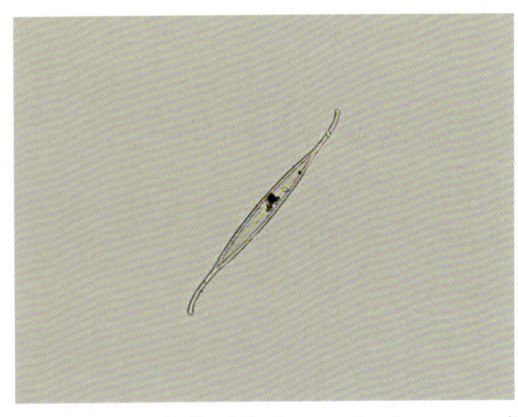

图 5-3-58　长菱形藻（Nitzschia longissima）

59. 池生菱形藻（*Nitzschia stagnorum*）

羽纹纲，管壳缝目，菱形藻科，菱形藻属。

壳面线形，两侧中间边缘凹入，两端逐渐狭窄，并略延长，末端楔形；龙骨狭窄，龙骨点小、略圆。

生长在水坑、池塘、湖泊、河流、溪流、沼泽中。国内外普遍分布。出现于阅海湿地公园。

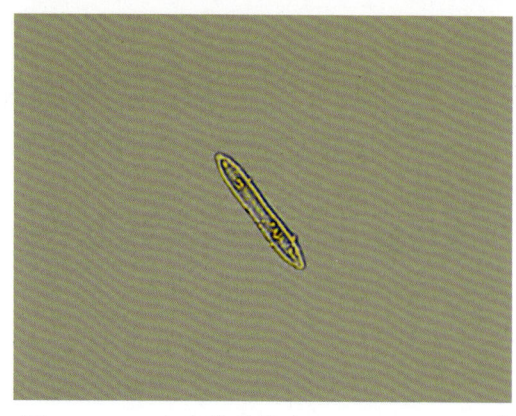

图 5-3-59　池生菱形藻（*Nitzschia stagnorum*）

60. 谷皮菱形藻（*Nitzschia palea*）

羽纹纲，管壳缝目，菱形藻科，菱形藻属。

壳面线形、线形披针形，两侧边缘近平行，两端逐渐狭窄，末端楔形；龙骨点在 10μm 内有 10~15 个，横线纹细，在 10μm 内有 30~40 条。细胞长 20~65μm，宽 2.5~5.5μm。

生长在稻田、水坑、池塘、湖泊、水库、河流、溪流、温泉、沼泽中。分布于典农河（银川市段）、阅海湿地公园、宝湖湿地公园以及鹤泉湖湿地公园。

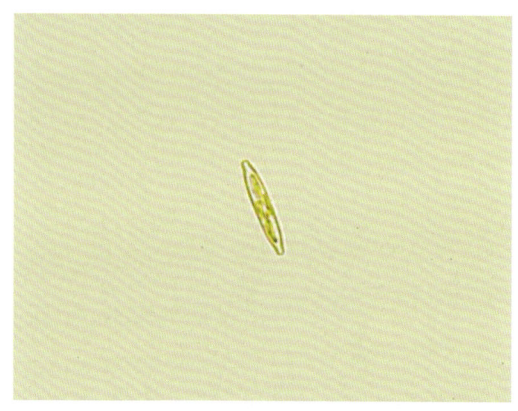

图 5-3-60　谷皮菱形藻（*Nitzschia palea*）

61. 尖端菱形藻（*Nitzschia acula*）

羽纹纲，管壳缝目，菱形藻科，菱形藻属。

壳面线形、披针形或 S 形，末端楔形，头状等，上下壳面的龙骨突起交叉相对，龙骨点明显或不明显，具由细点纹组成的横线纹，壳体中部横切面观呈菱形。壳面宽 3~5μm，长 65~155μm，在 10μm 内龙骨点有 8~12 个，有横线纹极细。

生长在稻田、水坑、池塘、湖泊、水库、河流、溪流、沼泽中。分布于典农河（银川市段）。

图 5-3-61　尖端菱形藻（*Nitzschia acula*）

62. 小片菱形藻细变种（Nitzschia frustulum var. gracialis）

硅藻门，羽纹纲，双菱藻目，菱形藻科，菱形藻属。

本变种与原变种的主要差异在于本变种壳面末端呈小头状。宽3μm，长26μm，在10μm内龙骨点有8个，有横线纹22条。

生长在稻田、水坑、池塘、湖泊、水库、河流、溪流、沼泽中。分布于鹤泉湖湿地公园。

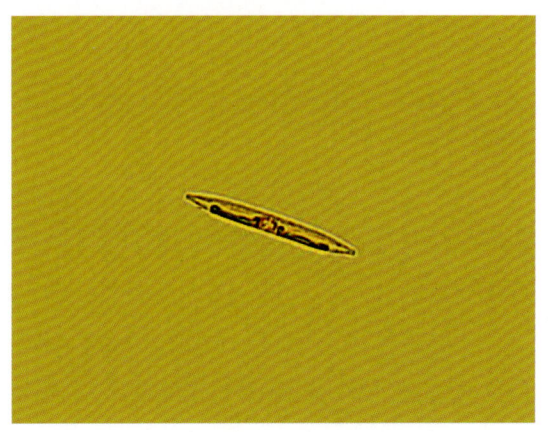

图 5-3-62　小片菱形藻细变种
（Nitzschia frustulum var. gracialis）

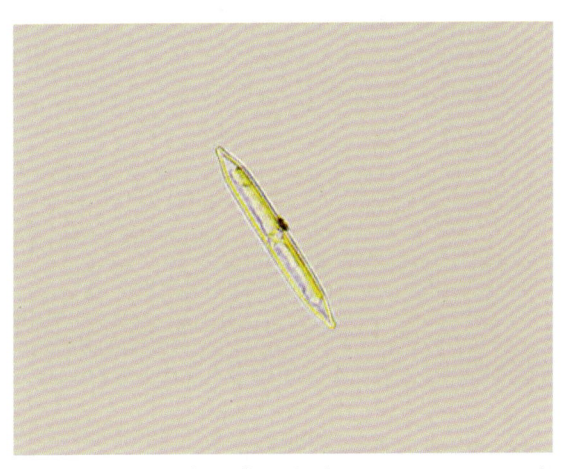

图 5-3-63　霍弗里菱形藻（Nitzschia heuflerana）

63. 霍弗里菱形藻（Nitzschia heuflerana）

羽纹纲，管壳缝目，菱形藻科，菱形藻属。

壳面宽4.0~7.6μm，长45~95μm，在10μm内龙骨点有8~12个，横线纹有20~26条。

分布于典农河（银川市段）。

64. 库津菱形藻（Nitzschia kuetzingiana）

羽纹纲，管壳缝目，菱形藻科，菱形藻属。

壳面宽3.0~4.5μm，长15~33μm，在10μm内龙骨点有10~18个，横线纹有25~37条。

分布于典农河（银川市段）。

图 5-3-64　库津菱形藻
（Nitzschia kuetzingiana）

65. 双菱藻（Surirellaceae）

硅藻门，羽纹纲，双菱藻目，双菱藻科。

壳面纵轴呈波浪状上下起伏或平直或弯曲，龙骨及翼状物围绕整个壳缘，管壳缝通过与壳体内部相联系，翼沟间以膜相联结，构成中间间隙。

分布于阅海湿地公园。

图 5-3-65 双菱藻（Surirellaceae）

66. 微幅节羽纹藻（Pinnularia microstauron）

羽纹纲，双壳缝目，舟形藻科，羽纹藻属。

壳面呈对称的波浪状，两侧平行，两端圆，肋纹在中部平行或射出状，在壳端为会聚状。有中节和端节。壳面宽 4.0~16.5μm，长 17~78μm，横肋纹在 10μm 内有 10~16 条。

分布于典农河（银川市段）。

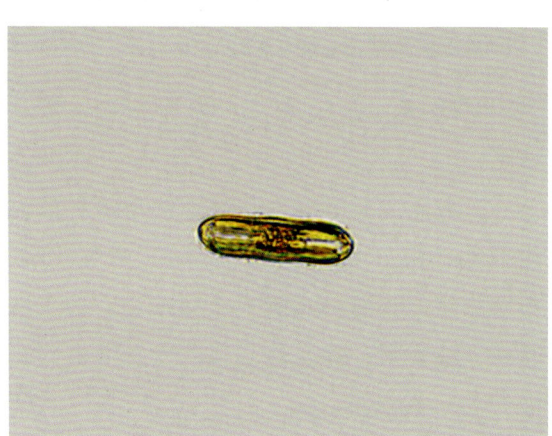

图 5-3-66 微幅节羽纹藻（Pinnularia microstauron）

67. 仰光羽纹藻（Pinnularia rangoonensis）

羽纹纲，双壳缝目，舟形藻科，羽纹藻属。

壳面线形，末端圆形，中部两侧平行或有时外凸，壳缝线形，顶壳缝半圆形，轴区宽占壳面宽的 1/5~1/3，中心区圆形或椭圆形，壳面宽 11.6~16.0μm，长 43.5~82.0μm，横肋纹细，中部呈放射状排列，两端斜向，在 10μm 内有 8~12 条。

分布于银川鹤泉湖湿地。

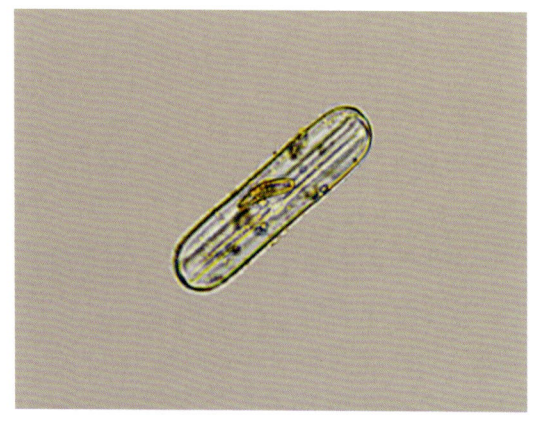

图 5-3-67 仰光羽纹藻（Pinnularia rangoonensis）

68. 圆顶羽纹藻（*Pinnularia acrosphaeria*）

羽纹纲，双壳缝目，舟形藻科，羽纹藻属。

壳面呈对称的波浪状，中部膨大，壳面宽 8~12μm，长 42.6~79.0μm，轴区占壳面宽的 1/3，横肋在 10μm 内有 10~13 条。

分布于典农河（银川市段）。

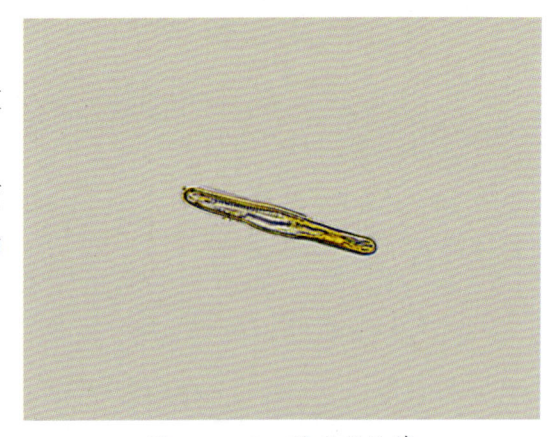

图 5-3-68　圆顶羽纹藻
（*Pinnularia acrosphaeria*）

69. 普通等片藻（*Diatoma vulgare borger*）

羽纹纲，等片藻目，等片藻科，等片藻属。

细胞连成 Z 形群体；壳面线形披针形到椭圆披针形，中部略凸，逐渐向两端狭窄、顶端喙状，壳面一端具一个唇形突；假壳缝线形，很狭窄，其两侧具横肋纹和肋纹间具横线纹，线纹在 10μm 内约 20~25 条，肋纹在 10μm 内有 6~10 条；带面长方形。细胞长 30~60μm，高 10~15μm。

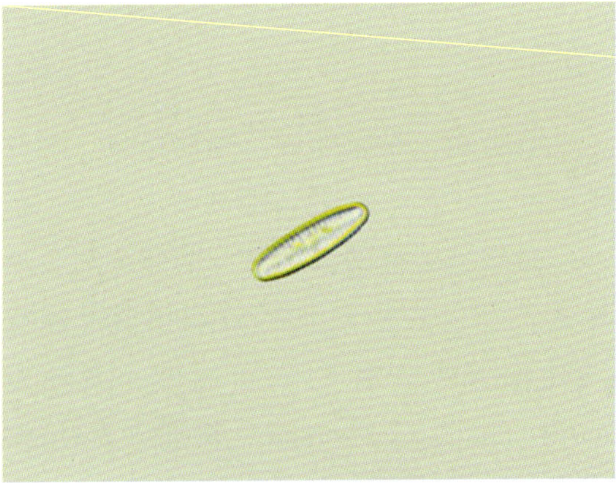

图 5-3-69　普通等片藻
（*Diatoma vulgare borger*）

生长在河流、湖泊、池塘中，沿岸带着生种类，有时偶然性浮游种类。典农河（银川市段）有分布。

70. 爪哇辐节藻拉普兰变种（*Stauroneis javaniva var. lapponica*）

羽纹纲，双壳缝目，舟形藻科，辐节藻属。

单细胞，中轴区极狭。中心区扩展到壳缘，呈横带状。细胞两端具隔膜。壳面两侧边缘具 3 个波纹状弯曲。壳面宽 11~21μm，长 44~82μm，横线纹在 10μm 内有 14~18 条。

分布于典农河（银川市段）。

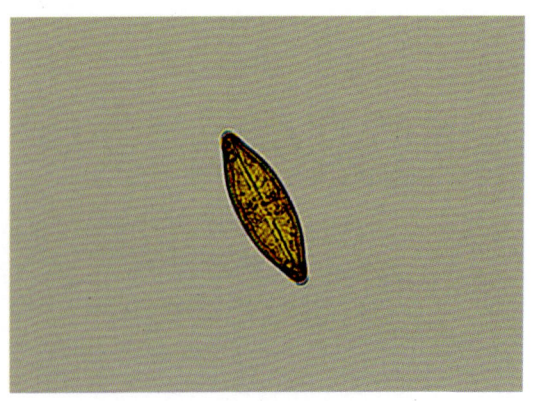

图 5-3-70　爪哇辐节藻拉普兰变种
（*Stauroneis javaniva var. lapponica*）

71. 星杆藻（*Asterionella sp.*）

羽纹纲，等片藻目，等片藻科，星杆藻属。

细胞以一端连成星状、螺旋状等群体，细胞呈棒状，两端异形，通常一端扩大。

分布广泛，淡水、海水均有分布，条件适宜时可形成水华。分布于阅海湿地公园以及宝湖湿地公园。

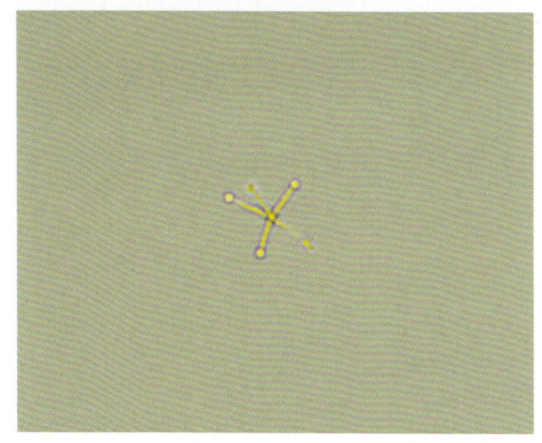

图 5-3-71　星杆藻（*Asterionella sp.*）

72. 双壁藻（*Diploneis sp.*）

羽纹纲，双壳缝目，舟形藻科，双壁藻属植物体为单细胞；壳面椭圆形、线形到椭圆形、线形、卵圆形，末端钝圆；壳缝直，壳缝两侧具中央节侧缘延长形成的角状凸起，其外侧具宽或狭的线形到披针形的纵沟，纵沟外侧具横肋纹或由点纹连成的横线纹；带面长方形，无间生带和隔片；色素体片状，2个，每个具1个蛋白核。

分布在典农河（银川市段）。

图 5-3-72　双壁藻（*Diploneis sp.*）

73. 椭圆双壁藻（*Diploneis elliptica*）

羽纹纲，双壳缝目，舟形藻科，双壁藻属壳面为椭圆形，壳缝直线形，壳缝两侧具由中央节延长形成的角状凸起，凸起外侧其线形至披针形的纵沟。壳面宽10~36μm，长18~70μm，在10μm内有横线纹8条，有点纹14个。

分布在典农河（银川市段）。

图 5-3-73　椭圆双壁藻（*Diploneis elliptica*）

第四节 甲藻门

绝大多数种类是单细胞，细胞球形到针状，背腹扁平或左右侧扁，细胞裸露或具细胞壁，壁薄或厚而硬。

1. 坎宁盾多甲藻（Peridiniopsis cunningtonii）

甲藻纲，多甲藻目，多甲藻科，拟多甲藻属。

细胞卵形，背腹明显扁平，具顶孔。上锥部圆锥形，显著大于下锥部。横沟左旋，纵沟伸入上锥部，向下明显加宽，未达到下壳末端。上锥部具6块沟前板，1块菱形板，2块腹部顶板，2块背部顶板；下锥部第1、2、4、5块沟后板各具1刺，2块底板各具1刺，板片具网纹，板间带具横纹。色素体黄褐色。细胞宽23.0~27.5μm，长28.0~32.5μm，厚17.5~22.5μm。厚壁孢子卵形，壁厚。

湖泊、池塘常见种类。出现于宝湖湿地公园。

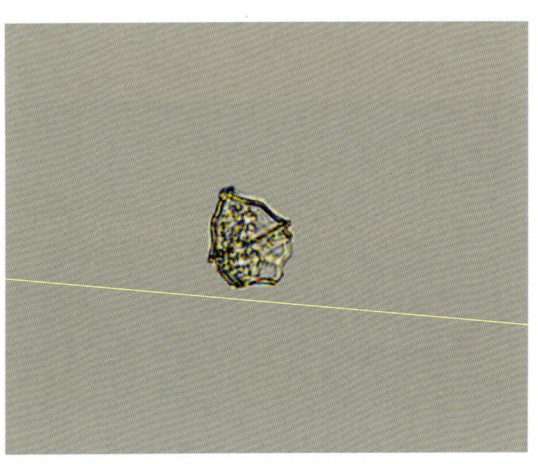

图 5-4-1 坎宁盾多甲藻
（Peridiniopsis cunningtonii）

2. 埃尔多甲藻（Peridiniopsis elpatiewskyi）

甲藻纲，多甲藻目，多甲藻科，拟多甲藻属。

细胞五角形或卵圆形，背腹略扁平，具顶孔，上锥部圆锥形，比下锥部大；横沟几乎为一圆圈，纵沟略伸入上壳，向下逐渐显著扩大，下锥部后端边缘略具斜向刻痕，具2块大小相等的底板，背面板间带具稀疏的或密集的刺丛。壳面具细穿孔纹，幼体板片平滑无花纹。色素体多个，圆盘状。细胞长30~45μm，宽28~35μm。厚壁孢子宽卵形，壁厚，大小为28~36μm。

湖泊和池塘浮游种类。分布较广。分布于典农河（银川市段）、宝湖湿地公园以及鹤泉湖湿地公园。

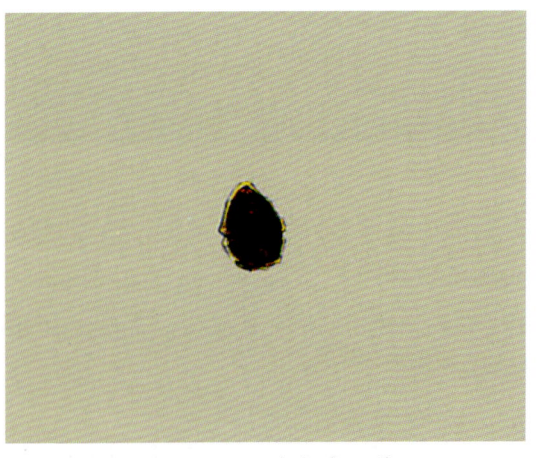

图 5-4-2 埃尔多甲藻
（Peridiniopsis elpatiewskyi）

3. 微小多甲藻（*Peridiniopsis pusillum*）

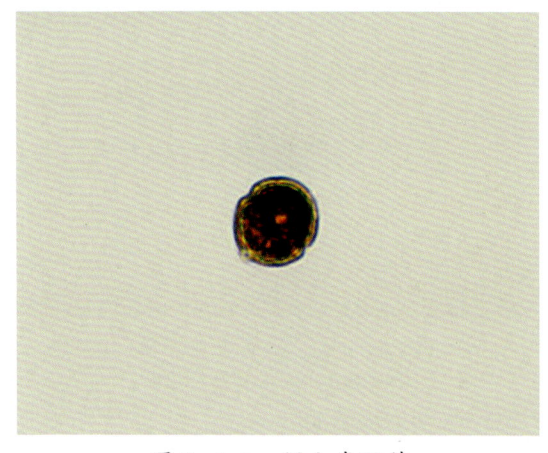

图 5-4-3 微小多甲藻
（*Peridiniopsis pusillum*）

甲藻纲，多甲藻目，多甲藻科，多甲藻属。

细胞卵形，背腹扁平，具顶孔。横沟几乎为圆圈环绕，纵沟略深入上壳，较宽，向下略增宽，不达到下壳末端；上壳圆锥形，比下壳稍大。下壳为半球形，无刺，具2块大小相等的底板。底板板间带和纵沟边缘具极细的乳头突起。壳面平滑或具很浅的窝孔纹。色素体黄绿色，有时为褐色。细胞长8~25μm，宽13~20μm。

各种静止水体广泛分布。出现于典农河（银川市段）、宝湖湿地公园以及鹤泉湖湿地公园。

4. 楯形多甲藻（*Peridiniopsis umbonatum*）

甲藻纲，多甲藻目，多甲藻科，多甲藻属。

细胞长卵形，背腹略扁平，具顶孔。上壳铃形，钝圆，显著大于下壳。横沟明显左旋；纵沟伸入上壳，向下显著地或不显著地扩大，但未达到下壳末端。第3块顶板与第4块沟前板相连；下壳斜向凸出；底板多数大小相等；板间带宽，具横纹，板片常凸出，有时凹入，厚，具窝孔纹，窝孔纹纵向并行排列。色素体圆盘状，周生，褐色。细胞长25~35um，宽21~32μm。生殖细胞球形或长形，壁坚硬。

从小到大，从贫营养型到富营养型，各种水体广泛分布。典农河（银川市段）、阅海湿地公园、宝湖湿地公园以及鹤泉湖湿地公园均有分布。

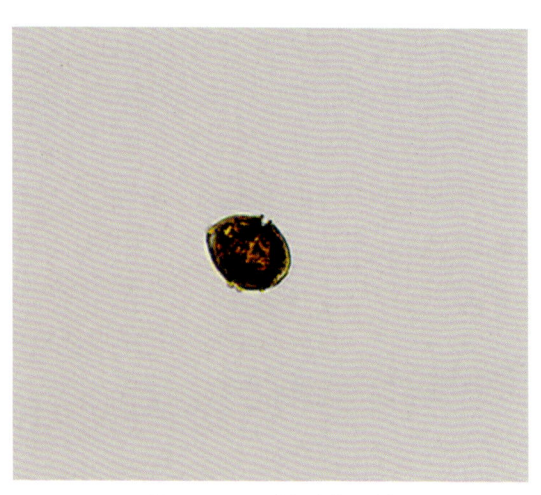

图 5-4-4 楯形多甲藻
（*Peridiniopsis umbonatum*）

5. 不显著多甲藻（*Peridinium inconspicuum*）

甲藻纲，多甲藻目，多甲藻科，多甲藻属。

细胞近球形，背腹不扁平。上锥部大于下锥部。横沟明显左旋；纵沟略向上伸向上壳，向下略加宽，不达到底壳，菱形板长而窄；横沟边缘突出呈翅状。壳面常具肋状突起。细胞长约50μm，宽约48μm。

湖泊、池塘广泛分布。分布于鹤泉湖湿地。

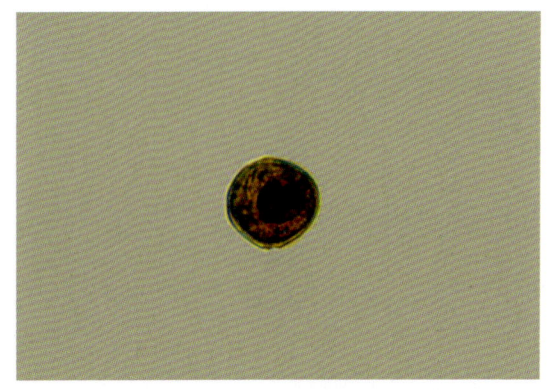

图5-4-5 不显著多甲藻
（*Peridinium inconspicuum*）

6. 腰带多甲藻圆环变种（*Peridinium cinctum f.zonatum*）

甲藻纲，多甲藻目，多甲藻科，多甲藻属。

单细胞，球形、椭圆形、卵形，横断面常呈肾形。横沟显著，多数为左旋，也有为右旋或环状的，横沟将植物体分为上、下壳，纵沟略上伸到上壳。胞壁厚，具平滑或具窝孔状的板片，其间具板间带，具或不具顶孔，顶板4块，前间插板0~3块，沟前板7块，沟后板5块，底板2块。鞭毛2条，色素体多数，颗粒状，呈黄色、褐色，部分种类具蛋白核。具或不具眼点。

分布广泛，能在湖泊或江河中形成水华。分布于典农河（银川市段）。

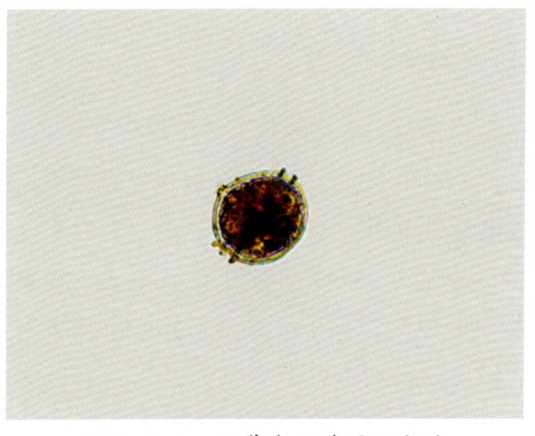

图5-4-6 腰带多甲藻圆环变种
（*Peridinium cinctum f.zonatum*）

7. 飞燕角甲藻（Ceratium hirundinella）

甲藻纲，多甲藻目，多甲藻科，角甲藻属。

植物体为单细胞，球形、椭圆形、卵形，罕为多角形，横断面常呈肾形。横沟显著，多数为左旋，也有为右旋或环状的，横沟将植物体分为上、下壳，纵沟略上伸到上壳。胞壁厚，具平滑或具窝孔状的板片，其间具板间带，具或不具顶孔，顶板4块，前间插板0~3块，沟前板7块，沟后板5块，底板2块。鞭毛2条，色素体多数，颗粒状，呈

图 5-4-7　飞燕角甲藻
（Ceratium hirundinella）

黄色、褐色，部分种类具蛋白核。具或不具眼点。常具1个搏动泡。具1个间核型细胞核。繁殖为细胞纵分裂或产生休眠孢子。细胞扁平，内有含黄色、褐色或绿色色素的色素体。壳（甲鞘）由许多具花纹的板片组成，这些纹板组成1个前角和通常2个后角，这些角可使该生物在水中下沉的速度减缓。形态因环境的咸度和温度而各异。在寒冷的咸水中，刺趋向短粗，在咸度较低而温度较暖的水中，刺趋向细长。

分布于阅海湿地公园。

8. 裸甲藻（Gymnodinium sp.）

甲藻纲，裸甲藻科，裸甲藻属。

淡水种类细胞卵形到近圆球形，有时具小突起，大多数近两侧对称。细胞前（上）后（下）两端钝圆或顶端钝圆末端狭窄；上锥部和下锥部大小相等，或者上锥部较大或者下锥部较大。多数背腹扁平，少数显著扁平。横沟明显，通常环绕细胞一周，常为左旋，右旋罕见；纵沟或深或浅，长度不等，有的仅位于下锥部，多数种类略向上锥部延伸。上壳面无龙骨突起，细胞裸露或具薄壁，

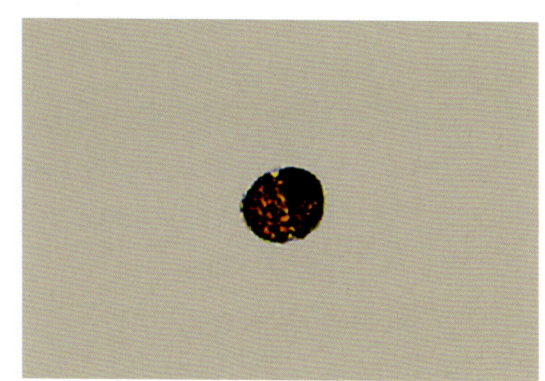

图 5-4-8　裸甲藻（Gymnodinium sp.）

薄壁由许多相同的六角形的小片组成；细胞表面多数为平滑的，罕见具条纹、沟纹或纵肋纹的。色素体多个，金黄色、绿色、褐色或蓝色，盘状或棒状，周生或辐射排列；有的种类无色素体；具眼点或无；有的种类具胶被。

分布于典农河（银川市段）、阅海湿地公园、宝湖湿地公园以及鹤泉湖湿地公园。

9. 钟形裸甲藻（*Gymnodinium mitratum*）

甲藻纲，裸甲藻科，裸甲藻属。

细胞广椭圆形，略扁平；上锥部半球形，下锥部等于或略小于上锥部，半球形；横沟位于近细胞中部，纵沟深，位于下锥部，略向上伸；细胞核大，位于下锥部；眼点小；无色素体；细胞宽 10~12μm，长 13~18μm，厚 8~11μm。

分布于典农河（银川市段）。

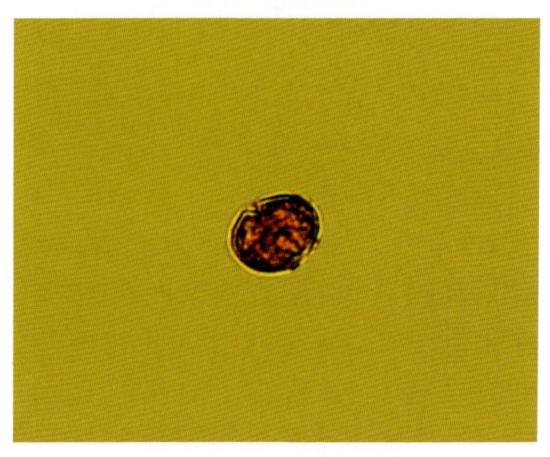

图 5-4-9　钟形裸甲藻
（*Gymnodinium mitratum*）

第五节　裸　藻　门

裸藻绝大多数为单细胞浮游种类。细胞裸露无壁，细胞质外层特化为表质。部分种类细胞具胶质的囊壳，囊壳呈现出黄色、橙色或褐色，表面具点孔状、颗粒状、瘤状、刺状或其他形状的纹饰。

1. 结实囊裸藻（*Trachelomonas felix*）

裸藻纲，双鞭藻科，囊裸藻属。

囊壳椭圆形或矩圆形，两端圆形，橙色，表面具不规则的蠕虫状突起或瘤突，在突起之间有点纹。鞭毛孔无领但有时具环状加厚圈。囊壳长 18~20μm，宽 13~15μm。

江河、小水沟、积水坑、沼泽水坑中均有分布，典农河（银川市段）、阅海湿地公园以及宝湖湿地公园有分布。

图 5-5-1　结实囊裸藻（*Trachelomonas felix*）

2. 矩圆囊裸藻（*Trachelomonas oblonga*）

裸藻纲，双鞭藻科，囊裸藻属。

囊壳椭圆形；表面光滑。鞭毛孔有或无环状加厚圈，少数具领状突起；黄色、黄褐色或红褐色，囊壳长 12~20μm，宽 10~15μm。

生长在沼泽水沟、池塘、鱼池、湖泊。分布于典农河（银川市段）、阅海湿地公园以及鹤泉湖湿地公园。

图 5-5-2　矩圆囊裸藻
（*Trachelomonas oblonga*）

3. 浮游囊裸藻（*Trachelomonas planctonica*）

裸藻纲，双鞭藻科，囊裸藻属。

囊壳球形或近球形，褐色，表面具均匀分布的圆孔或点孔纹，鞭毛口具领，领口具不规则的齿刻。囊壳长 20μm，宽 18~20μm。

生长于水沟、池塘、水库、湖泊。分布于典农河（银川市段）、阅海湿地公园。

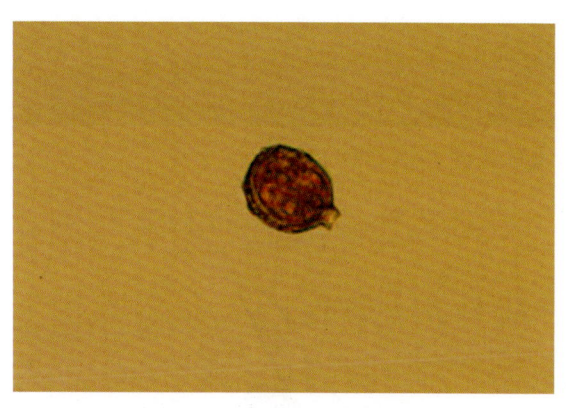

图 5-5-3　浮游囊裸藻
（*Trachelomonas planctonica*）

4. 静裸藻（*Euglena deses*）

裸藻纲，裸藻科，裸藻属。

细胞易变形，常为长圆柱形，略扁，前端狭圆形或尖形，后端渐狭且收成短尾状或成乳头状尾突。表质具自左向右的螺旋线纹。色素体圆盘形，6~30 个，边缘不整齐，各具 1 个无鞘的裸露蛋白核。副淀粉粒杆形或长砖形，常为大型，数目从数个至十多个。核中位。鞭毛约为体长的 1/3~1/2。眼点淡红色，呈表玻形。细胞长 56~160μm，宽 7~25μm。

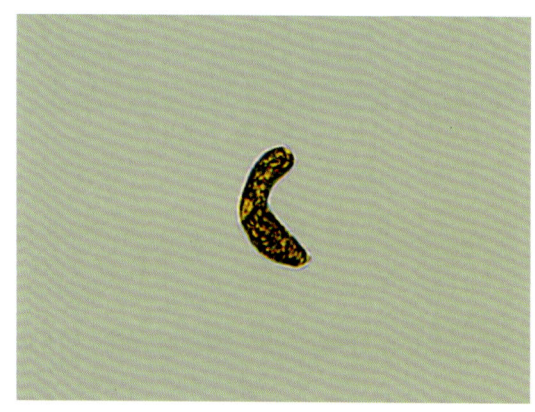

图 5-5-4　静裸藻（*Euglena deses*）

生于有机质丰富的水池和水沟中。分布于典农河（银川市段）、阅海湿地公园以及鹤泉湖湿地公园。

5. 绿裸藻（Euglena virids）

裸藻纲，裸藻科，裸藻属。

细胞易变形，常为纺锤形或圆柱状纺锤形，前端圆形或斜截形，后端渐尖呈尾状。表质具自左向右的螺旋线纹，细密而明显。色素体星形，单个，位于核的中部，具多个放射状排列的条带，长度不等，中央具副淀粉粒的蛋白核，蛋白核较小。副淀粉粒卵形或椭圆形，多数，大多集中在蛋白核周围。核常后位。鞭毛为体长的1~4倍。眼点明显，呈盘形或表玻形。细胞长31~52μm，宽14~26μm。

多生于各种有机质丰富的小型静止水体中，大量繁殖时形成膜状水华。分布于典农河（银川市段）、阅海湿地公园、宝湖湿地公园以及鹤泉湖湿地公园。

图 5-5-5　绿裸藻（Euglena virids）

6. 尾裸藻（Euglena caudata）

裸藻纲，裸藻科，裸藻属。

细胞变形，前端狭圆或斜截，后端渐细成尾状，表质有螺旋线纹，色素体盘状，鞭毛约为体长的2倍。细胞长65~120μm，宽10~39μm。

广泛分布于各种静止的水体中。典农河（银川市段）、阅海湿地公园、宝湖湿地公园以及鹤泉湖湿地公园有分布。

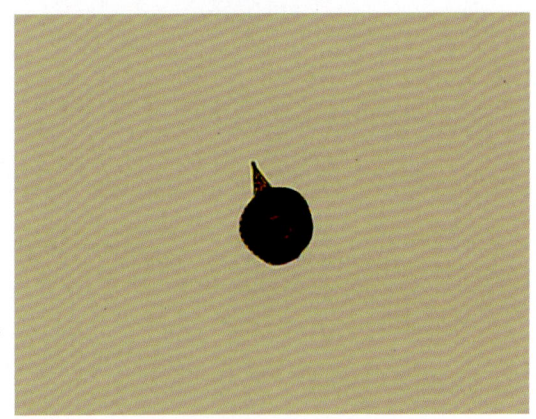

图 5-5-6　尾裸藻（Euglena caudata）

7. 拟尖尾裸藻（Euglena oxyuropsis）

裸藻纲，裸藻科，裸藻属。

细胞略可变形，近圆柱形，有时扁平，有时螺旋形扭转，有时可见螺旋形腹沟。后端尖尾状。表质有向左的螺旋线纹，副淀粉2个大的呈环状，小的呈杆形或卵形颗粒。

分布于典农河（银川市段）、阅海湿地公园以及宝湖湿地公园。

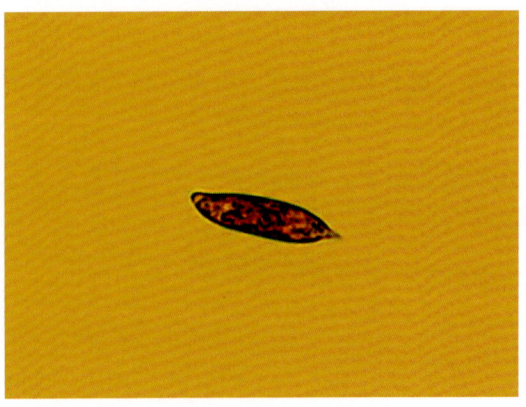

图 5-5-7　拟尖尾裸藻（Euglena oxyuropsis）

8. 膝曲裸藻（*Euglena geniculata*）

裸藻纲，裸藻科，裸藻属。

表质具左向右的螺旋线纹。色素体星形，2个，分别位于核的前后两端，每个星形色素体由多个带状色素体辐射排列而成，中央为1个带副淀粉粒的蛋白核。副淀粉粒小颗粒状，大多集中于蛋白核周围，少数分散于细胞中。核中位。鞭长约与体长相等。眼点明显。细胞长33~80μm，宽8~21μm。

分布于典农河（银川市段）、阅海湿地公园以及宝湖湿地公园。

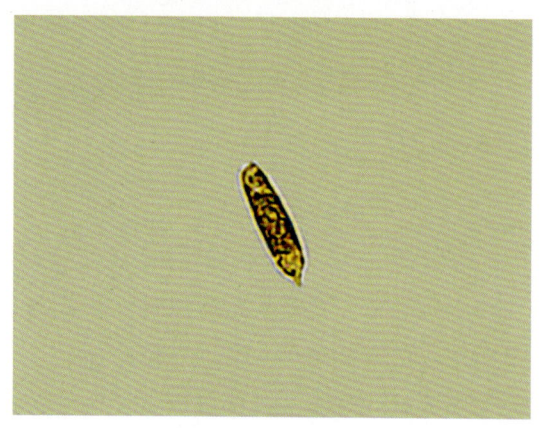

图 5-5-8 膝曲裸藻（*Euglena geniculata*）

9. 梭形裸藻（*Euglena acus*）

裸藻纲，裸藻科，裸藻属。

细胞狭长纺锤形或圆柱形，略能变形，有时可呈扭曲状，前端狭窄圆形或截形，有时呈头状，后端渐细成长尖尾刺。表质具自左向右的螺旋线纹，有时呈纵向。色素体小圆盘形或卵形，多数，无蛋白核。副淀粉粒较大，多数（常为十几个）长杆形，有时具卵形小颗粒。核中位。鞭毛较短，为体长的1/8~1/2。眼点明显，淡红色，呈盘形或表玻形。细胞长60~95μm，宽5~28μm。

生于各种静水体中。分布于典农河（银川市段）、阅海湿地公园、宝湖湿地公园以及鹤泉湖湿地公园。

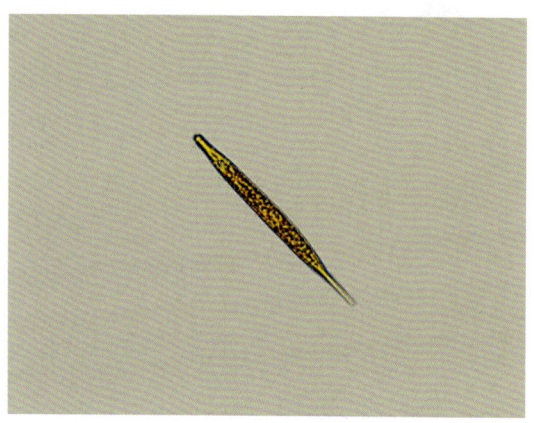

图 5-5-9 梭形裸藻（*Euglena acus*）

10. 喜滨裸藻（*Euglena thinaphila*）

裸藻纲，裸藻科，裸藻属，肠形亚属。

细胞易变形，常为长纺锤形，前端斜截形，后端渐尖成尾状。表质具自左向右的螺旋线纹。色素体圆盘形，7~8个，边缘呈不规则波形瓣裂，各具1个带副淀粉的蛋白核。副淀

图 5-5-10 喜滨裸藻（*Euglena thinaphila*）

粉粒多为椭圆形小颗粒。核中位。鞭毛约等于体长。细胞长51~58μm，宽14~16μm。

生于水坑和池塘中。分布于典农河（银川市段）、阅海湿地公园、宝湖湿地公园以及鹤泉湖湿地公园。

11. 扁裸藻（*Phacus sp.*）

裸藻纲，裸藻科，扁裸藻属。

体形稳定，明显的背腹侧扁，正面观常为圆形、卵形或椭圆形，有的螺旋状扭转，背侧隆起成脊状，后端多延伸成刺状；叶绿体圆盘形，无蛋白核；同化产物为副淀粉，形状有环形、圆盘形、球形及哑铃形。本属约160种，中国现有的记录约60种。分布较广，为湖泊及其他小型静水水体中常见的浮游藻类，大量繁殖时，可使水呈绿色。常见的种类有尖尾扁裸藻、宽扁裸藻、长尾扁裸藻和梨形扁裸藻。

分布于典农河（银川市段）以及阅海湿地公园。

图 5-5-11　扁裸藻（*Phacus sp.*）

12. 梨形扁裸藻（*Phacus pyrum*）

裸藻纲，裸藻科，扁裸藻属。

细胞梨形，前端宽圆，顶端的中央微凹，后端尖细，呈一尖尾刺，直向或略弯曲，顶面观呈圆形；表质具7~9条肋纹，自左向右的鞭毛为体长的1.0~1.5倍，螺旋形排列。副淀粉2个，呈中间隆起的圆盘形，位于两侧，紧靠表质。鞭毛为体长的1/2~2/3。细胞长30~55μm，宽13~21μm；尾刺长12~14μm。

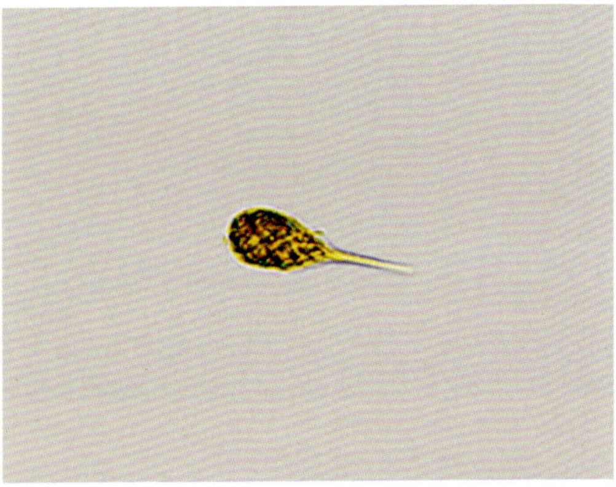

图 5-5-12　梨形扁裸藻（*Phacus pyrum*）

生长在河流、水池、水洼等水体。分布于典农河（银川市段）以及鹤泉湖湿地公园。

13. 扭叶扁裸藻（*Phacus tortifolius*）

裸藻纲，裸藻科，扁裸藻属。

细胞明显的螺旋状扭曲约半周，正面观呈纺锤状椭圆形，前端尖圆形中央略凹入，后端渐尖且收缢成一尖细的尾刺，侧面观呈狭椭圆

图 5-5-13　扭叶扁裸藻（*Phacus tortifolius*）

形，后端略呈波状弯曲。表质具纵线纹。副淀粉粒2个，较大，呈扁球形。核略偏后位。鞭毛略短于体长。眼点明显。细胞长55~60μm，宽28~30μm，厚15~16μm，尾刺长约12μm。

生活于鱼池中。分布于典农河（银川市段）以及宝湖湿地公园。

14. 鱼形裸藻球状变种（*Euglena pisciformis var. globosa*）

裸藻纲，裸藻科，裸藻属。

细胞球形且较小，直径12~14μm，细胞易变形，常为纺锤形、纺锤状椭圆形或圆柱形，前端圆形或略斜截，后端圆形或具短尾突或渐尖成尾状。表质具自左向右的螺旋线纹。色素体片状或盘状，2~3个边缘不整齐，周生并与纵轴平行，各具1个带副淀粉的蛋白核。副淀粉粒小颗粒状通常数量不多。核中位或后位。鞭毛约为体长的1.0~1.5倍。眼点明显。

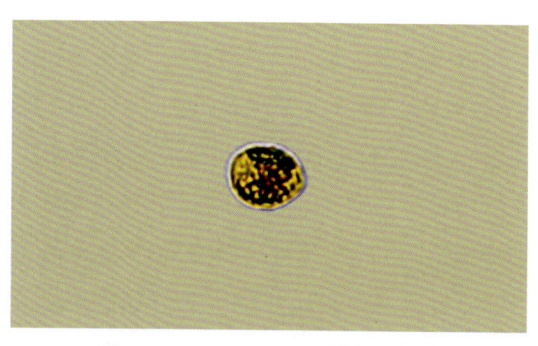

图 5-5-14　鱼形裸藻球状变种
（*Euglena pisciformis var. globosa*）

生于水池、湖、溪流等水体中，有时可形成膜状水华。分布于典农河（银川市段）、阅海湿地公园以及鹤泉湖湿地公园。

图 5-5-15　圆形陀螺藻
（*Strombomonas rotunda*）

15. 圆形陀螺藻（*Strombomonas rotunda*）

裸藻纲，裸藻科，陀螺藻属。

囊壳中部呈横椭圆形到近圆形，前端具一宽的圆柱状直领，领口平直或略斜截呈微波状，后端具一粗的尖尾刺，表面光滑或略粗糙。囊壳长25~32μm，宽15~18μm；领高4~8μm，宽5.0~6.5μm；尾刺长约5μm。

生长在池塘、鱼池。分布于阅海湿地公园以及宝湖湿地公园。

16. 多变卡克藻（*Khawkinea variabilis*）

裸藻纲，裸藻科，卡克藻属。

细胞活跃变形。常为圆柱形或椭圆状纺锤形，前部渐尖，顶端钝尖圆或斜截形，后部略增大或略渐变狭，末端圆形。表质平滑，无色透明，难见线纹。副淀粉粒少而小，杆形。鞭毛约为细胞长度的1/2。眼点明显，椭圆形。

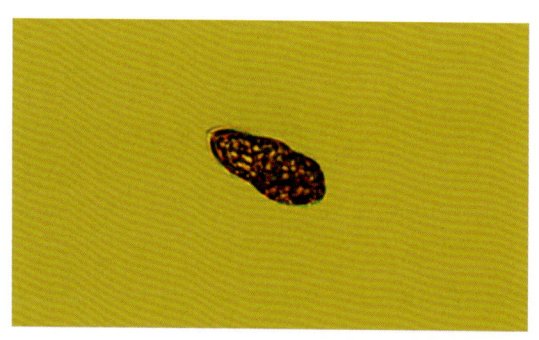

图 5-5-16　多变卡克藻（*Khawkinea variabilis*）

核较大，椭圆形，中位偏后。细胞长58~60μm，宽18~30μm。

分布于湖泊沿岸带。分布于典农河（银川市段）。

17. 尖尾卡克藻（Khawkinea acutecaudata）

裸藻纲，裸藻科，卡克藻属。

细胞活跃变形，常呈圆柱形，前端尖形，端部斜截形，后端渐尖呈尾状。表质平滑，线纹难见到。鞭毛为细胞长度的1/2~2/3。眼点明显。副淀粉小颗粒状，卵形或椭圆形，多数。核中位或后位。细胞长65~78μm，宽8~11μm。生长在水池中。分布于典农河（银川市段）、阅海湿地公园、宝湖湿地公园以及鹤泉湖湿地公园。

图 5-5-17 尖尾卡克藻（Khawkinea acutecaudata）

18. 鳞孔藻（Lepocinclis sp.）

裸藻纲，裸藻科，鳞孔藻属。

体形稳定，常呈球形、卵形、椭圆形或纺锤形，后端多具尾刺，色素体绿色，圆盘形，无蛋白核；同化产物为副淀粉，多数呈2个大形环状体，相对地位于细胞两侧。该属约100种，中国约50种。

分布较广，为湖泊及小型静水水体中常见的浮游藻类。大量繁殖时，可使水呈绿色。分布于典农河（银川市段）。

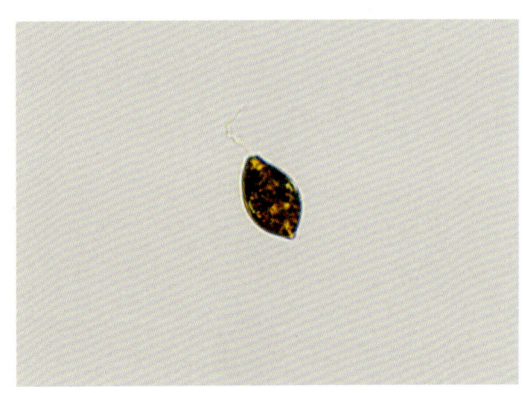

图 5-5-18 鳞孔藻（Lepocinclis sp.）

19. 卵形鳞孔藻（Lepocinclis ovum）

裸藻纲，裸藻科，鳞孔藻属。

细胞椭圆形，两端宽圆，后端突出呈锥形短尾刺或乳头状的突起；表质具明显的线纹或凸纹，自左向右的螺旋形排列，线纹的密度、粗细及倾斜度可变。副淀粉多数为2个，较大，环形，侧生，有时具杆形的小颗粒。鞭毛为体长的1~2倍。核偏后位。细胞长16~38μm，宽11~25μm；尾刺长1~3μm。

普生性种类。分布于典农河（银川市段）和阅海湿地。

图 5-5-19 卵形鳞孔藻（Lepocinclis ovum）

第六节 绿藻门

色素体的光合作用成分与高等植物相似,含有叶绿素 a、叶绿素 b 以及叶黄素和胡萝卜素,绝大多数呈草绿色。常具有蛋白核,储藏物质为淀粉。细胞壁主要成分为纤维素。

1. 衣藻（Chlamydomonas sp.）

绿藻纲,团藻目,衣藻科,衣藻属。

植物体为游动单细胞;细胞球形、卵形、椭圆形或宽纺锤形等,常不纵扁;细胞壁平滑,不具或具有胶被。细胞前端中央具或不具乳头状突起,具 2 条等长的鞭毛。鞭毛基部具 1 个或 2 个伸缩泡。具 1 个大型的色素体,多数杯状,少数片状、H 形或星状等,具 1 个蛋白核,少数具 2 个、多个。眼点位于细胞的一侧,橘红色。细胞核常位于细胞的中央偏前端,有的位于细胞中部或一侧。

广布于水沟、洼地和含微量有机质的小型水体中,早春晚秋最为繁盛。分布在典农河（银川市段）。

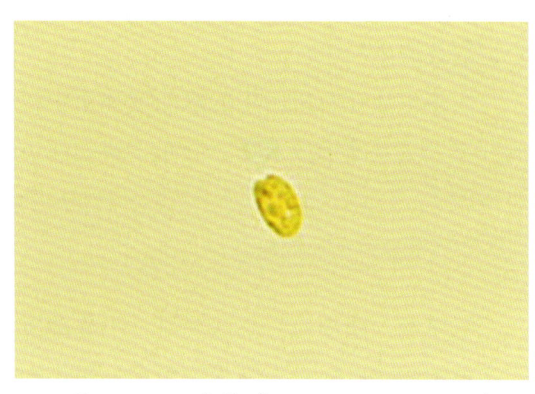

图 5-6-1　衣藻（Chlamydomonas sp.）

2. 卵形衣藻（Chlamydomonas ovalis）

绿藻纲,团藻目,衣藻科,衣藻属。

植物体为游动单细胞;细胞卵圆形,前端尖圆,胞壁柔软,2 条鞭毛等长,约为体长的 1.5 倍。色素体片状,位于细胞的侧面,内有一球形蛋白核。细胞宽 8~17μm,长 12~26μm。

广布于水沟、洼地和含微量有机质的小型水体中,早春晚秋最为繁盛。分布在典农河（银川市段）。

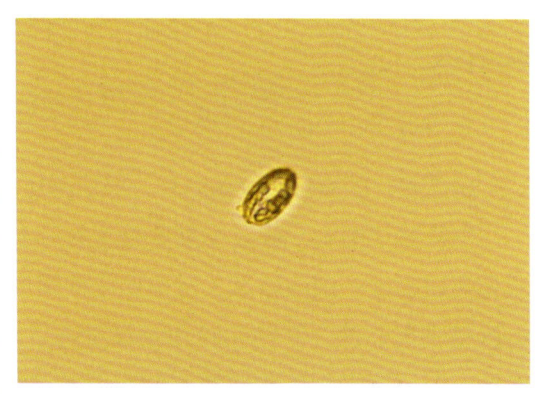

图 5-6-2　卵形衣藻（Chlamydomonas ovalis）

3. 小球衣藻（Chlamydomonas microsphaera）

绿藻纲，团藻目，衣藻属。

单细胞具2条鞭毛的个体。细胞卵形，横切面圆形。细胞壁光滑，无突出物，紧密地贴向原生质体，间隙较少。鞭毛与细胞等长或相差不大。具造粉核1个，位于细胞的后端或侧面。眼点呈半圆形，位于细胞前端，伸缩泡2个，散在原生质中。

大多生活在有机污染的水洼或池沼中，有的种类大量繁殖形成水华。分布于典农河（银川市段）。

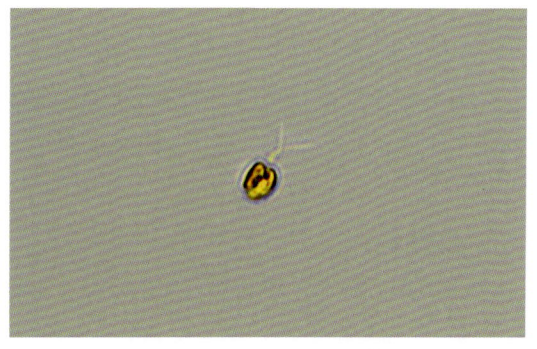

图 5-6-3　小球衣藻
（Chlamydomonas microsphaera）

4. 小球藻（Chlorella vulgaris）

绿藻纲，团藻目，小球藻科，小球藻属。

单细胞或有时多个细胞聚集在一起；细胞球形，细胞壁薄，色素体杯状，1个，占细胞的一半或稍多，具1个蛋白核，有时不明显。细胞直径5~10μm。

生长于池塘、湖泊的浅水港湾中。分布于典农河（银川市段）、阅海湿地公园以及宝湖湿地公园。

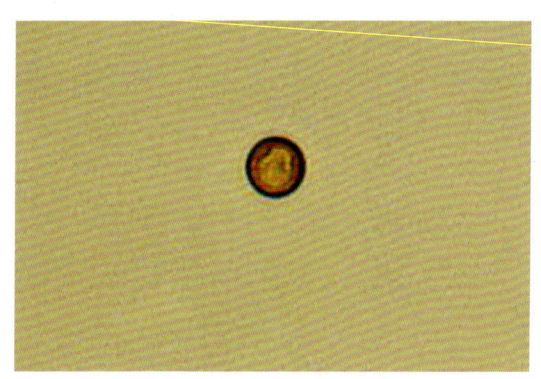

图 5-6-4　小球藻（Chlorella vulgaris）

5. 绿球藻（Chlorococcum sp.）

绿藻纲，团藻目，绿球藻科，绿球藻属。

植物体单细胞，或数个细胞聚集在一起，但无共同胶被；细胞球形、近球形或椭圆形；细胞壁平滑、薄，常随生长而逐渐加厚；色素体1个，周生，瓶状或空心球状具或不具开口，充满整个细胞；具1个或多个蛋白核；细胞核1个或多个，常位于色素体与细胞壁之间的空隙处。以似亲孢子或衣藻型的动孢子进行无性生殖，有性生殖时产生衣藻型的同形配子；有时亦产生厚壁孢子。

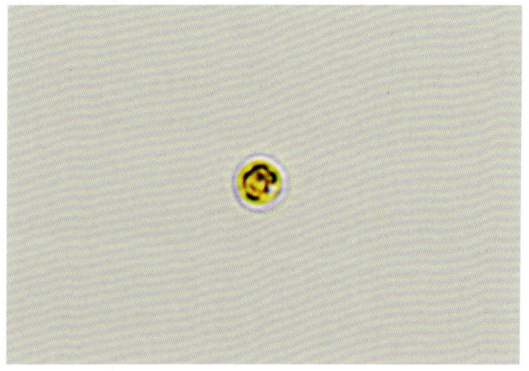

图 5-6-5　绿球藻（Chlorococcum sp.）

分布于典农河（银川市段）、阅海湿地公园、宝湖湿地公园以及鹤泉湖湿地公园。

6. 实球藻（Pandorina morum）

绿藻纲，团藻目，团藻科，实球藻属。

定型群体圆球形，由4个、8个、16个或32个细胞埋藏在1个共同的胶被内构成。群体均为实心球体，没有中央空腔；每个细胞含1个细胞核，1个叶绿体、1个眼点和2个伸缩泡，1对鞭毛均伸出胶被之外。

分布于典农河（银川市段）。

图 5-6-6　实球藻（Pandorina morum）

7. 卵囊藻（Oocystis naegelii）

绿球藻目，卵囊藻科，卵囊藻属。

细胞椭圆形，末端稍纯圆，不增厚，叶绿体片状1~4个，细胞宽9~13μm，长12~18μm，细胞长宽比约1.5：1.0，单个或2~8个聚成群体，外层有透明胶质包围。

出现于典农河（银川市段）、阅海湿地公园以及宝湖湿地公园。

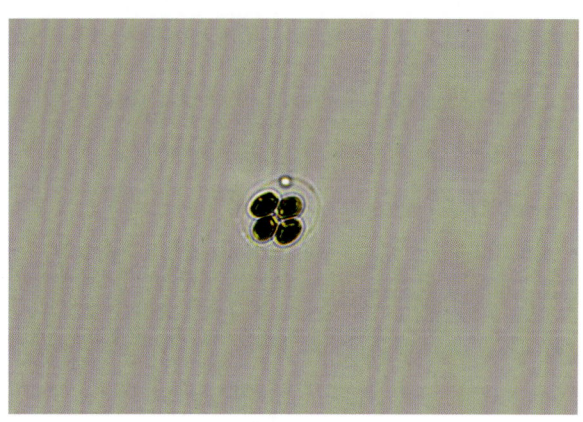

图 5-6-7　卵囊藻（Oocystis naegelii）

8. 单生卵囊藻（Oocystis solitaria）

绿球藻目，卵囊藻科，卵囊藻属。

群体由2个、4个、8个细胞包被在部分胶化膨大的母细胞壁内组成，或单细胞，浮游；细胞椭圆形，罕见为卵形，两端钝圆，细胞壁厚，细胞两端具明显的短圆锥状增厚，色素体多角块状、不规则盘状、多个，常为12~25个，各具1个蛋白核。细胞长7~35μm，宽3~20μm。

常见于浅水湖泊沿岸带和沼泽中。分布在典农河（银川市段）、宝湖湿地。

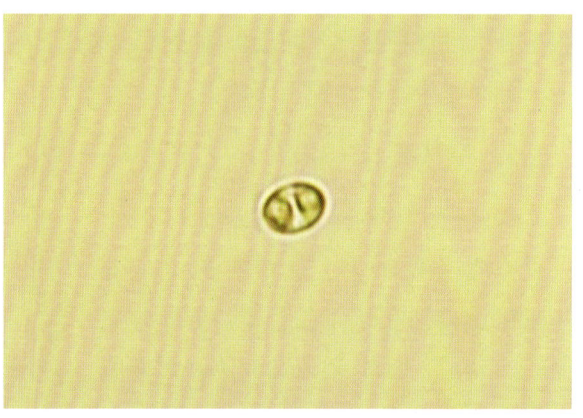

图 5-6-8　单生卵囊藻（Oocystis solitaria）

9. 小形卵囊藻（Oocystis parva）

绿球藻目，卵囊藻科，卵囊藻属。

由2个、4个、8个细胞组成的群体，单细胞的很少。细胞广纺锤形或椭圆形，两端渐尖，无圆锥形增厚部。色素体片状或盘状，1~3个，具蛋白核或无。细胞宽4~8μm，长6~16μm。

常见于浅水湖泊沿岸带和沼泽中。分布在银川阅海湿地。

图5-6-9 小形卵囊藻（Oocystis parva）

10. 四孢藻（Tetraspora sp.）

绿藻纲，四孢藻目，四孢藻科，四孢藻属。

植物体或很小，或可大到15cm，是一团无定形或略有定形、其中埋藏有多数细胞的胶团构成的无定形群体；附着于水中某些物体上，或漂浮于水面；细胞多以4个，罕以2个为一组，或分散而不成组，埋藏在胶团之内，胶团或较坚实，或成水样稀胶；每个细胞外面有1层胶鞘。每个细胞的结构似衣藻，内

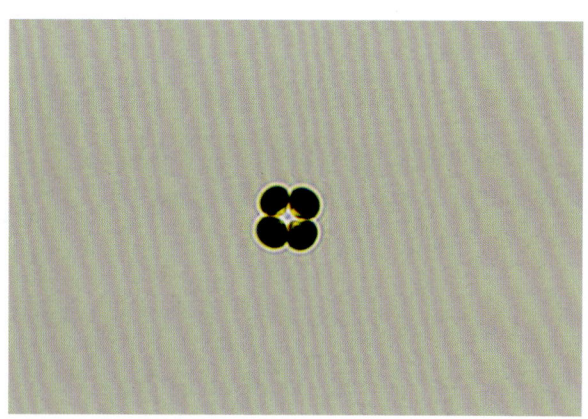

图5-6-10 四孢藻（Tetraspora sp.）

有1个细胞核、1个内含1到几个蛋白核的杯状色素体；细胞前端多朝向群体的表面，两根鞭毛在大多数种类都不伸出群体表面，这些鞭毛称为假鞭毛或假纤毛，不能运动。

分布于典农河（银川市段）。

11. 空球藻（Eudorina sp.）

绿藻门，团藻科，空球藻属。

空球藻由16个、32个或64个衣藻型的细胞排列在球面上组成，群体中央是一个空腔，其中充满着液体，无细胞分布，所以叫作空球藻。空球藻有雌、雄之分。群体有前后端的分化。无性生殖时，每个母细胞形成一个新群体。有

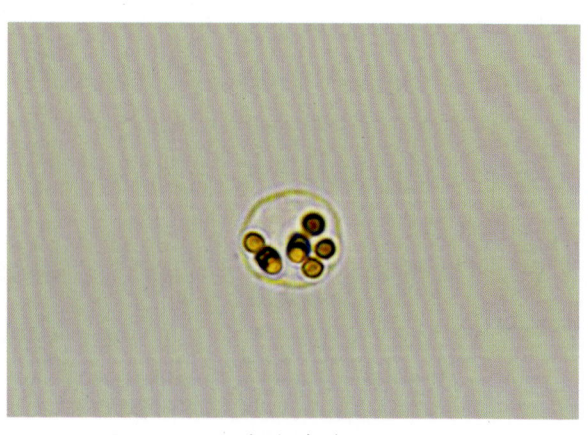

图5-6-11 空球藻（Eudorina sp.）

性生殖是异配生殖，两种配子都有鞭毛，但体积上的差别（与实球藻属相比）更大了。在生殖时，有时可以看到有一两个细胞失去分裂的能力，最后死去，这是营养细胞和生殖细胞分化的开始，说明空球藻发展到了群体的较高阶段。

分布于典农河（银川市段）、宝湖湿地公园以及鹤泉湖湿地公园。

12. 空星藻（Coelastrum sphaericum）

绿藻纲，栅藻科，空星藻属。

植物体为真性定形群体，由4个、8个、16个、32个、64个、128个细胞组成多孔的、中空的球体到多角形体，群体细胞以细胞壁或细胞壁上的凸起彼此连接；细胞球形、圆锥形、近六角形、截顶的角锥形，细胞壁平滑、部分增厚或具管状凸起，色素体周生，幼时杯状，具1个蛋白核，成熟后扩散，几乎充满整个细胞。

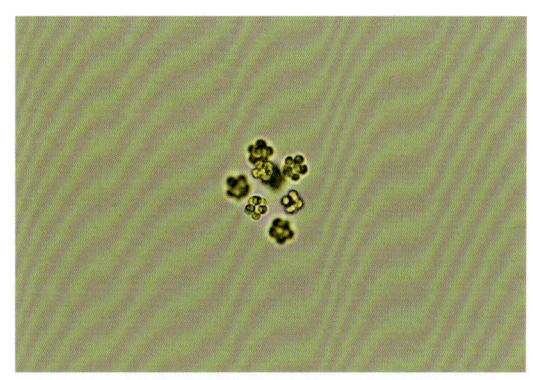

图 5-6-12 空星藻（Coelastrum sphaericum）

生长在各种静水水体中。分布于典农河（银川市段）以及阅海湿地公园。

13. 小空星藻（Ooelastrum microporum）

绿藻纲，绿球藻目，真集结亚目，栅藻科。

藻体为定形群体，常由8个、16个、32个或64个细胞组成。群体中空，球形至多角形。群体细胞球形、圆锥形或近六角形，细胞壁平滑或部分增厚。

分布于典农河（银川市段）以及宝湖湿地公园。

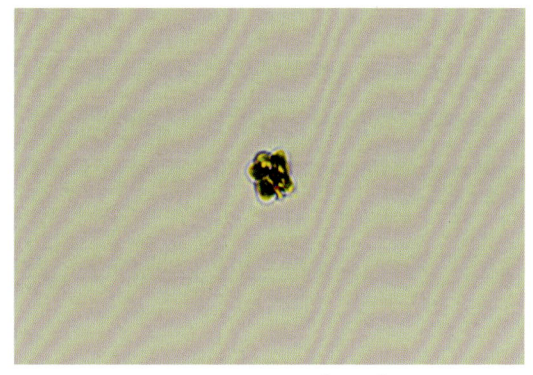

图 5-6-13 小空星藻（Ooelastrum microporum）

14. 集星藻（Actinastrum sp.）

绿藻纲，集星藻属。

真性定形群体，由4个、8个、16个细胞组成，群体中的各个细胞的一端在群体中心彼此连接，以细胞长轴从群体共同的中心向外放射状辐射出排列，细胞长圆柱状纺锤形，两端略狭和截圆形，色素体周生、长片

图 5-6-14 集星藻（Actinastrum sp.）

状，1个，具1个蛋白核。细胞长12~22μm，宽3~6μm。

生长在湖泊、池塘中，浮游。国内外普遍分布。分布于典农河（银川市段）。

15. 多芒藻（*Golenkinia radiata*）

绿藻纲，绿球藻科，多芒藻属。

单细胞，有时聚集成群；细胞球形，细胞壁表面具许多纤细长刺，色素体1个，充满整个细胞，蛋白核1个。细胞直径7~18μm，刺长20~45μm。

生长在各种富营养的小水体中。国内外广泛分布。分布于典农河（银川市段）。

图 5-6-15　多芒藻（*Golenkinia radiata*）

16. 蹄形藻（*Kirchneriella Schmidle*）

绿藻纲，小球藻科，蹄形藻属。

植物体为群体，常由4个或8个为一组，多数包被在胶质的群体胶被中，浮游；细胞新月形、半月形、蹄形、镰形或圆柱形，两端尖细或钝圆，色素体周生，片状，1个，除细胞凹侧中部外充满整个细胞，具1个蛋白核。无性生殖常产生4个，有时8个似亲孢子。在同一群体内常包含第二代产生的个体。

生长在湖泊、池塘、水库、沼泽中的浮游种类。分布于典农河（银川市段）以及宝湖湿地公园。

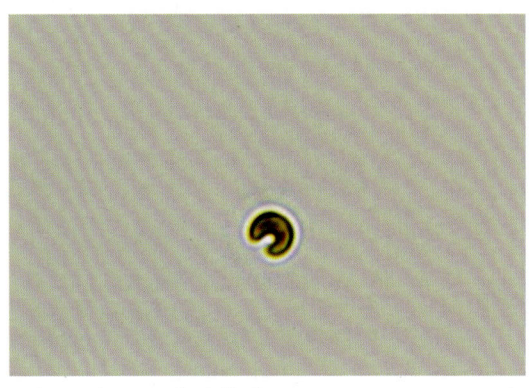

图 5-6-16　蹄形藻（*Kirchneriella Schmidle*）

17. 针形纤维藻（*Ankistrodesmus acicularis*）

绿藻纲，小球藻科，纤维藻属。

单细胞，针形，直或仅一端微弯或两端微弯，从中部到两端渐尖细，末端尖锐；色素体充满整个细胞。细胞长40~80μm，有时能达到210μm，细胞宽2.5~3.5μm。

分布于典农河（银川市段）、阅海湿地公园、宝湖湿地公园以及鹤泉湖湿地公园。

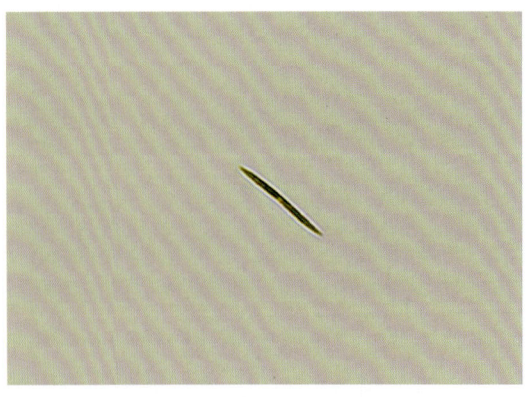

图 5-6-17　针形纤维藻（*Ankistrodesmus acicularis*）

18. 卷曲纤维藻（*Ankistrodesmus convolutus*）

绿藻纲，纤维藻科，纤维藻属。

单细胞，或2~4个细胞成群；细胞粗而短，形状不一，常弯曲呈弓形、月形或S形，自中部向两端逐渐狭窄，不延长成针形，末端尖锐或略钝圆，色素体片状，1个，具1个蛋白核。细胞长11~35μm，细胞宽3.5~5.0μm。

分布于典农河（银川市段）、阅海湿地公园、宝湖湿地公园以及鹤泉湖湿地公园。

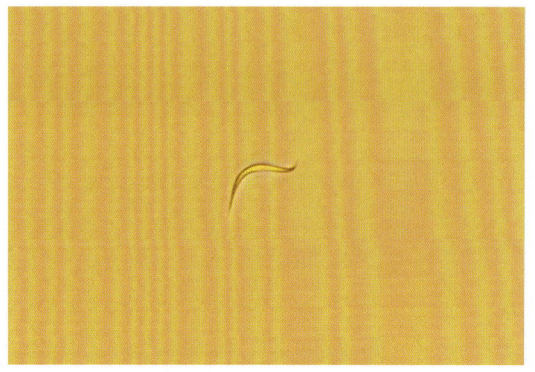

图 5-6-18 卷曲纤维藻
（*Ankistrodesmus convolutus*）

19. 镰形纤维藻（*Ankistrodesmus falcatus*）

绿藻纲，小球藻科，纤维藻属。

单细胞，或多由4个、8个、16个或更多细胞聚集成群，常在细胞中部略突出处相互贴靠，并以其长轴互相平行成为束状，有时略弯曲呈弓形或镰形，自中部向两端逐渐尖细，色素体片状，1个，具1个蛋白核。细胞长20~80μm，宽1.5~4.0μm。

分布于典农河（银川市段）、阅海湿地公园、宝湖湿地公园以及鹤泉湖湿地公园。

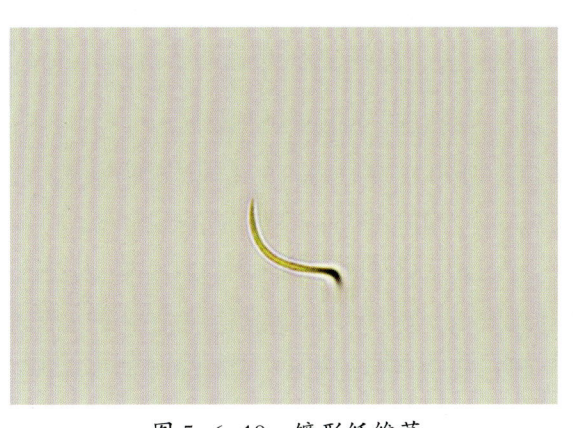

图 5-6-19 镰形纤维藻
（*Ankistrodesmus falcatus*）

20. 镰形纤维藻奇异变种（*Ankistrodesmus falcatus var. mirabilis*）

绿藻纲，小球藻科，纤维藻属。

常为单细胞，极细长，长度较原变种更长，呈各种各样的弯曲，常为S形或月形，末端极尖锐，色素体片状1个。

分布于典农河（银川市段）、阅海湿地公园以及宝湖湿地公园。

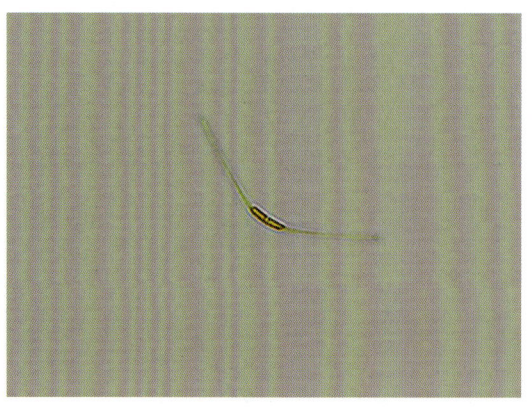

图 5-6-20 镰形纤维藻奇异变种
（*Ankistrodesmus falcatus var. mirabilis*）

21. 狭形纤维藻（Ankistrodesmus angustus）

绿藻纲，小球藻科，纤维藻属。

单细胞，罕为稀疏地聚积成群，螺旋状盘曲，多为1~2次旋转，先端极尖锐，宽1.5~2.5μm，长（24~）40~60μm。色素体单个，片状，在细胞中央凹入有缺口，两端几乎充满细胞内壁，无蛋白核。

较常见，为偶然性浮游种类。常生长在较肥沃的小水体中，为各种水体的常见类。分布在典农河（银川市段）、阅海湿地、宝湖湿地和鹤泉湖湿地。

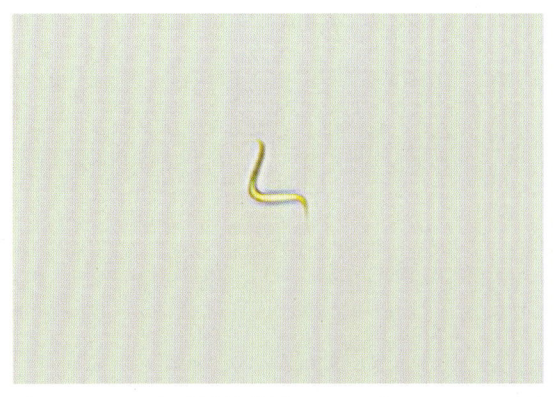

图 5-6-21　狭形纤维藻（Ankistrodesmus angustus）

22. 二形栅藻（Scenedesmus dimorphus）

绿藻纲，栅藻科，栅藻属。

群体扁平，由4个、8个细胞组成，常为4个细胞组成，群体细胞直线排列成一行或相互交错排列；中间细胞纺锤形，上下两端渐尖，直，两侧细胞绝少垂直，新月形或镰形，上下两端渐尖，细胞壁平滑。4个细胞的群体宽11~20μm，细胞长16~23μm，宽3~5μm。

分布于典农河（银川市段）、阅海湿地公园、宝湖湿地公园以及鹤泉湖湿地公园。

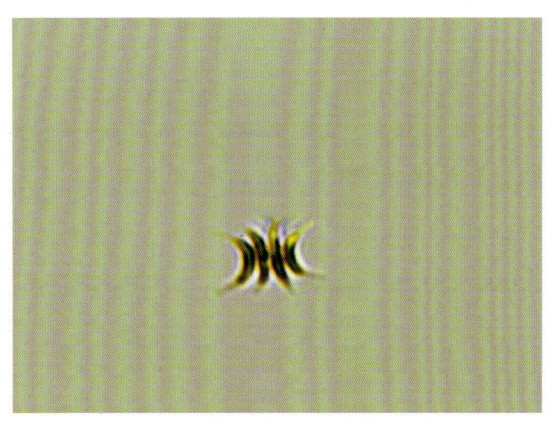

图 5-6-22　二形栅藻（Scenedesmus dimorphus）

23. 爪哇栅藻（Scenedesmus javaensis）

绿藻纲，栅藻科，栅藻属。

真性定形群体为屈曲状，由2个、4个、8个细胞组成，群体细胞以其尖细的顶端与邻近细胞中部的侧壁连接，形成曲尺状；群体两侧部分的细胞为镰形，中间细胞为纺锤形或新月形，上下两端渐尖细，细胞壁平滑。4个细胞的群体宽30~40μm，细胞长12.5~22.0μm，宽3~5μm。

分布于典农河（银川市段）。

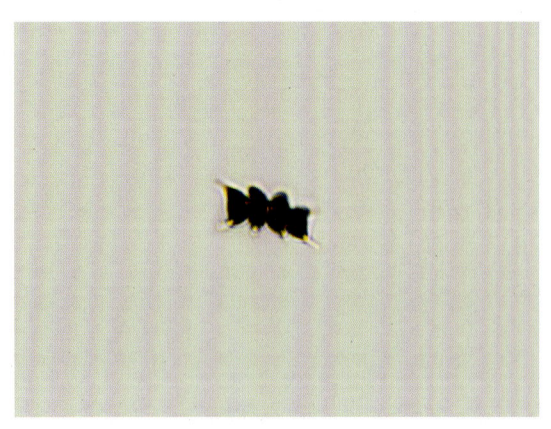

图 5-6-23　爪哇栅藻（Scenedesmus javaensis）

24. 双对栅藻（Scenedesmus bijuga）

绿藻纲，栅藻科，栅藻属。

真性定形群体扁平，由2个、4个、8个细胞组成，群体细胞直线排成一列，平齐或偶尔也有交错排列；细胞卵形或长椭圆形，两端宽圆，细胞壁滑。4个细胞的群体宽16~24μm，细胞长7~18μm，宽4~6μm。

主要生长于各种静水水体中。分布于典农河（银川市段）、阅海湿地公园、宝湖湿地公园以及鹤泉湖湿地公园。

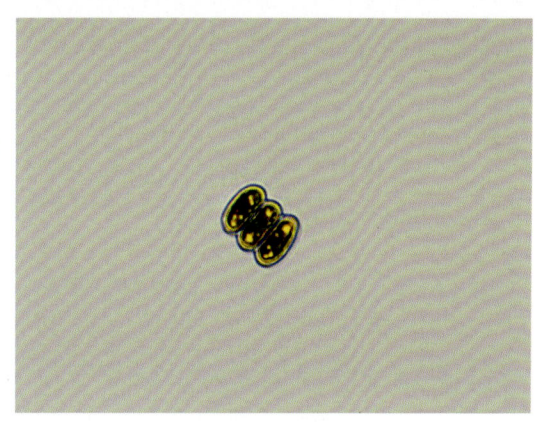

图5-6-24 双对栅藻（Scenedesmus bijuga）

25. 四尾栅藻小型变种（Scenedesmus quadricauda var. parvus）

绿藻纲，栅藻科，栅藻属。

定形群体扁平，由2个、4个、8个、16个细胞组成，常见的为4~8个细胞的群体，细胞长圆形或圆柱形，排列成一直线。群体两侧每个细胞的两端各具1长的、直或弯曲的刺。中间部分细胞的两端及两侧细胞的侧面游离部上，均无棘刺。与原变种相比体型更为细长。

图5-6-25 四尾栅藻小型变种（Scenedesmus quadricauda var. parvus）

富营养型水体中常见，夏秋季能大量繁殖。分布于典农河（银川市段）。

26. 隆顶栅藻（Scenedesmus protuberans）

绿藻纲，栅藻科，栅藻属。

真性定形群体，常由4个细胞组成，群体细胞并列直线排成一列，细胞长椭圆形或椭圆形，群体两侧细胞的上下两端，各具1长或直或略弯曲的刺，中间部分细胞的两端及两侧细胞均无棘刺。

国内外分布广泛，生长在各种静水水体。分布在典农河（银川市段）、宝湖湿地和鹤泉湖湿地。

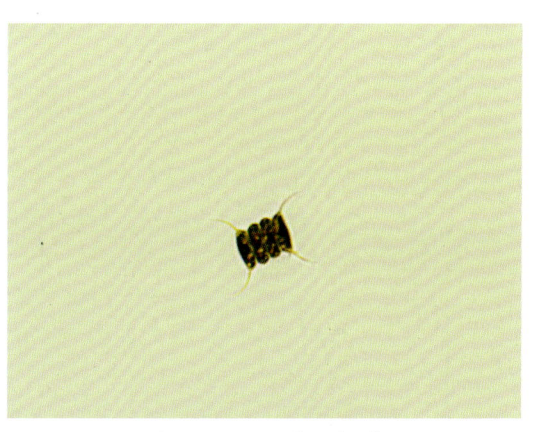

图5-6-26 隆顶栅藻（Scenedesmus protuberans）

27. 巴西栅藻（*Scenedesmus brasiliensis*）

绿藻纲，栅藻科，栅藻属。

真性定形群体扁平，由2个、4个、8个细胞组成，常为4个细胞组成，群体细胞并列成单列；细胞卵圆柱形、长椭圆形，细胞上下两端各具1~4个小齿状凸起，群体细胞游走面的中央线上各有一条自一端纵向伸至另一端的隆起线。4个细胞的群体宽度12~22μm，细胞长11~24μm，宽3.0~5.5μm。

国内外分布广泛，生长在各种静水水体。分布在典农河（银川市段）、鹤泉湖湿地。

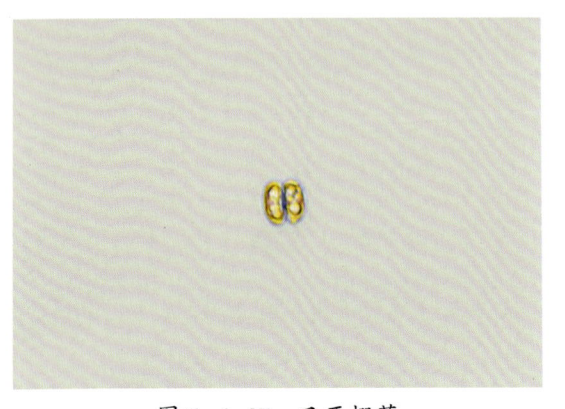

图 5-6-27 巴西栅藻
（*Scenedesmus brasiliensis*）

28. 多棘栅藻（*Scenedesmus spinosus*）

绿藻纲，栅藻科，栅藻属。

真性定形群体，由2个、4个、8个细胞组成，常由4个细胞组成，群体细胞并列直线排成一列，罕见交错排列的；细胞长椭圆形或椭圆形，群体外侧细胞上下两端各具一向外斜向的直或略弯曲部，其外侧壁具呈对角线的两刺，两中间细胞上下两端无刺或具很短的棘刺。4个细胞的群体宽14~24μm，细胞长8~16μm，宽3.5~6.0μm。

国内外分布广泛，生长在各种静水水体。分布在典农河（银川市段）和宝湖湿地。

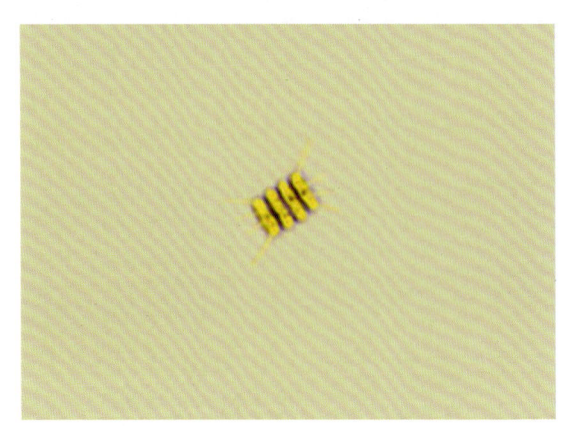

图 5-6-28 多棘栅藻（*Scenedesmus spinosus*）

29. 扁盘栅藻（*Scenedesmus platydiscus*）

绿藻纲，栅藻科，栅藻属。

排列成上下2列，上下2列细胞交互相嵌组合，有时形成极小的空隙，也有4个、16个细胞组成的；细胞长椭圆形、柱状长圆形，细胞壁平滑。8个细胞的群体宽17~30μm，细胞长8~20μm，宽3.5~10.0μm。

分布于典农河（银川市段）以及宝湖湿地公园。

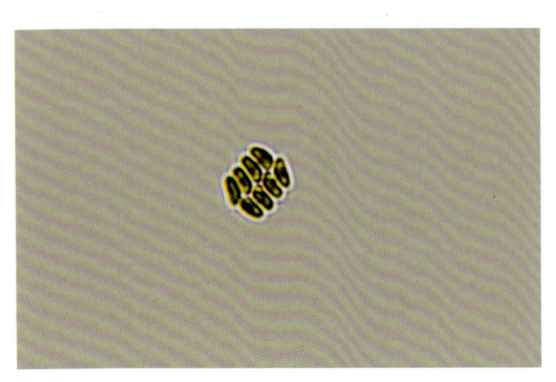

图 5-6-29 扁盘栅藻
（*Scenedesmus platydiscus*）

30. 四足十字藻（*Crucigenia tetrapedia*）

绿藻纲，栅藻科，十字藻属。

定形群体，由4个细胞排列成方形或长方形。群体常具不明显胶被，子群体粘连为板状复合真性定形群体。细胞三角形、梯形、半圆形或椭圆形。色素体1个，周生，片状，具1蛋白核，细胞三角形，细胞壁外侧平直。

出现于典农河（银川市段）、宝湖湿地公园以及鹤泉湖湿地公园。

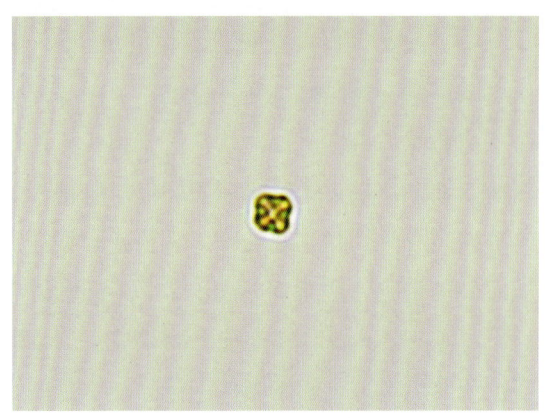

图 5-6-30 四足十字藻
（*Crucigenia tetrapedia*）

31. 四角十字藻（*Crucigenia quadrata*）

绿藻纲，栅藻科，十字藻属。

真性定形群体，由4个细胞组成，十字形排成圆形、板状，群体中心的细胞空隙较小，细胞三角形，细胞外壁游离面显著凸出，细胞壁有时具结状凸起，色素体多数，达4个，盘状，有或无蛋白核。细胞长2~6μm，宽1.5~6.0μm。

生长在湖泊、池塘、沟渠中。分布于典农河（银川市段）、阅海湿地公园、宝湖湿地公园以及鹤泉湖湿地公园。

图 5-6-31 四角十字藻
（*Crucigenia quadrata*）

32. 微小新月藻狭变种（*Closterium parvulum var. angustum*）

绿藻纲，鼓藻科，新月藻属。

单细胞，呈新月形；长为宽的6.5~15.0倍，明显的弯曲，背缘呈110°~170°弓形弧度，腹缘中部凹入或直，向顶部逐渐变狭，顶端尖圆；细胞壁平滑，无色或少数呈淡黄褐色。末端液泡具数个运动颗粒。

分布于典农河（银川市段）以及宝湖湿地公园。

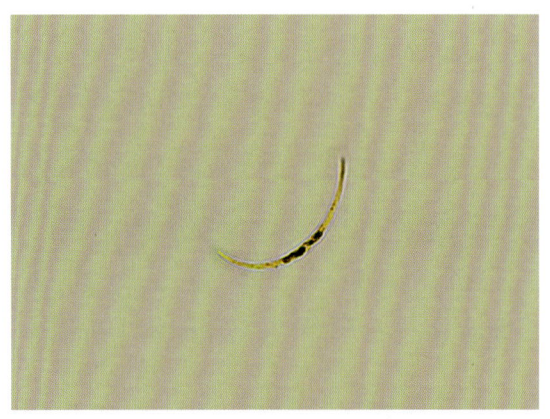

图 5-6-32 微小新月藻狭变种
（*Closterium parvulum var. angustum*）

33. 针状新月藻（Chodatella acicular）

绿藻纲，鼓藻科，新月藻属。

植物体为单细胞，形状平直、狭长，两端逐渐变细，顶端尖锐，横断面圆形。胞壁平滑或具纵向线纹、肋纹或点纹，无色或因铁盐沉积而呈黄褐色。色素体轴位，2个半细胞中各1个，具纵脊，蛋白核中轴一列或散生。细胞核位于两色素体之间细胞的中部。在细胞两端各具一大型液泡，其中含有1个或多个石膏晶粒（在活细胞中不断颤动）。细胞两端具有孔，向外分泌胶质致使细胞移动。

生长在水坑、池塘、湖泊、河流和沼泽等淡水水域，浮游或附着在近岸的沉水生植物上。分布在典农河（银川市段）。

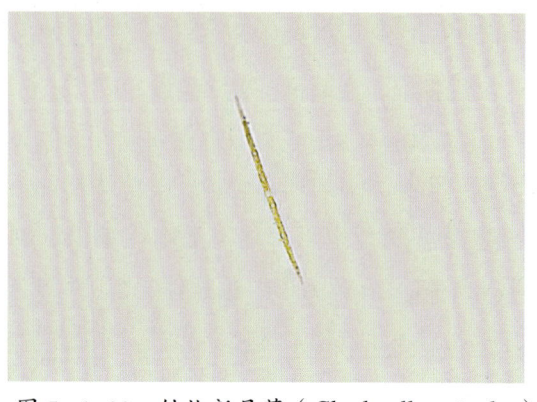

图 5-6-33 针状新月藻（Chodatella acicular）

34. 顶棘藻（Chodatella lemmermann）

绿藻纲，小球藻科，顶棘藻属。

植物体单细胞，浮游；细胞椭圆形、卵形、柱状长圆形或扁球形，细胞壁薄，细胞的两端或两端和中部具有对称排列的长刺，刺的基部具或不具结节，色素体周生，片状或盘状，1到数个，各具1个蛋白核或无。无性生殖产生2个、4个、8个似亲孢子，似亲孢子自母细胞壁开裂处逸出，细胞壁上的刺常在离开母细胞之后长出，罕见产生动孢子。有性生殖仅报道过1种，为卵配。

常见于小型淡水水体中，也有的生长在半咸水中。分布于典农河（银川市段）以及宝湖湿地公园。

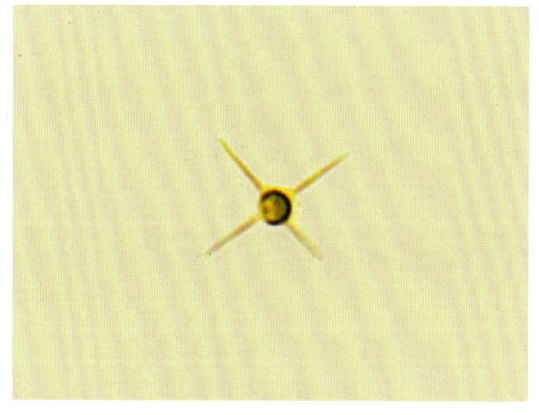

图 5-6-34 顶棘藻（Chodatella lemmermann）

35. 十字顶棘藻（Chodatella wratislaviensis）

绿藻纲，小球藻科，顶棘藻属。

细胞椭圆形、两端钝圆，常微尖，具1个色素体和1个蛋白核。细胞宽 4~9μm，长 7~14μm。细胞顶端中央和细胞中部两侧各具1条长刺，呈十字形排列在一平面上。刺的局部略膨大呈半球形。刺长 8~31μm。

图 5-6-35 十字顶棘藻（Chodatella wratislaviensis）

分布于较肥沃的池塘及其他小水体中。分布在典农河（银川市段）。

36. 三角四角藻（*Tetraedron trigonum*）

绿藻纲，小球藻科，四角藻属。

单细胞，扁平，三角形，侧面观椭圆形，细胞侧缘略凹入、近平直或略凸出，角顶具1条直或略弯的粗刺。细胞不含刺宽11~30μm，厚3~9μm，刺长2~10μm。

生长在池塘、湖泊中。国内外广泛分布。分布于典农河（银川市段）、阅海湿地公园以及宝湖湿地公园。

图 5-6-36　三角四角藻
（*Tetraedron trigonum*）

37. 细小四角藻（*Tetradron pusillum*）

绿藻纲，小球藻科，四角藻属。

单细胞，扁平，正面观长方的四角形，侧缘凹入，具4个角，角延长成较长的角状突起，其顶端具2个粗短刺，侧面观长椭圆形。细胞长28~33μm，宽25~27μm。

生长在池塘、湖泊、水库中。国内外普遍分布。分布于宝湖湿地公园。

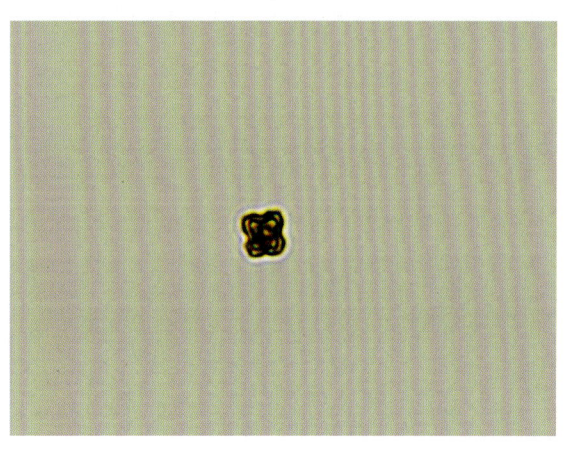

图 5-6-37　细小四角藻（*Tetradron pusillum*）

38. 微小四角藻（*Tetraedron minimum*）

绿藻纲，小球藻科，四角藻属。

单细胞，扁平，正面观四方形，侧缘凹入，有时一对缘边比另一对的更加内凹，角圆形，角顶罕具一小突起，侧面观椭圆形，细胞壁光滑或具颗粒，色素体片状，1个，具1个蛋白核。细胞宽6~20μm，厚3~7μm。

生长在池塘、湖泊中。分布于典农河（银川市段）、阅海湿地公园、宝湖湿地公园以及鹤泉湖湿地公园。

图 5-6-38　微小四角藻（*Tetraedron minimum*）

39. 旋转单针藻（Monoraphidium contortum）

绿藻纲，小桩藻科，单针藻属。

植物体单细胞；浮游；细胞长纺锤形，S形或螺旋状弯曲或扭曲，螺旋只有0.5~1.0圈，两端渐狭，各在顶端成为较长的细尖；色素体1个，片状、周生；不具蛋白核。细胞宽1~5μm，长25~40μm。生殖时产生4~8个似亲孢子。

分布于典农河（银川市段）、阅海湿地公园、宝湖湿地公园以及鹤泉湖湿地公园。

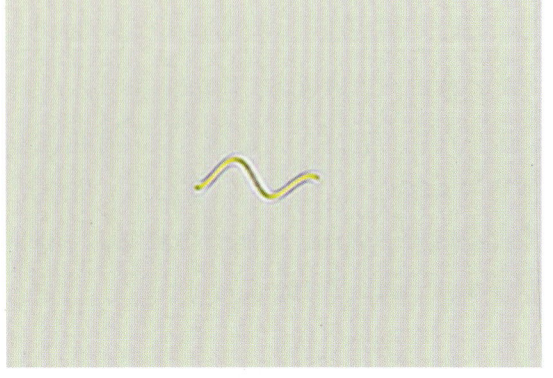

图 5-6-39　旋转单针藻（Monoraphidium contortum）

40. 并联藻（Quadrigula chodatii）

绿藻纲，卵囊藻科，并联藻属。

群体为宽纺锤形，浮游。细胞长纺锤形到近月形或弧曲形，两端尖细，有时略尖。色素体周生，片状，在细胞中部具凹入，具2个蛋白核。细胞宽3.5~7.0μm，长（18~）30~80μm。

为浅水湖泊、池塘中的浮游种类。分布在典农河（银川市段）、宝湖湿地。

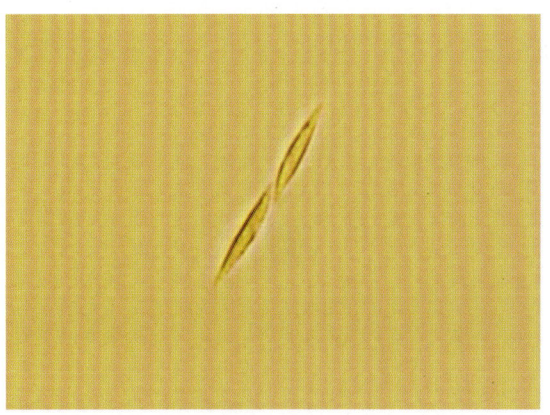

图 5-6-40　并联藻（Quadrigula chodatii）

41. 韦斯藻（Westella wildemann）

绿藻纲，栅藻科，韦斯藻属。

植物体为复合真性定形群体，各群体间以残存的母细胞壁相连，有时具胶被，群体由4个细胞四方形排列在一个平面上，各个细胞间以其细胞壁紧密相连；细胞球形，细胞壁平滑，色素体周生、杯状，1个，老细胞的色素体常略分散，具1个蛋白核无性生殖产生似亲孢子，每个母细胞的原生质体同时分裂成4个，有时为8个，产生8个似亲孢子时，则形成4个细胞的定形群体2个。

分布于鹤泉湖湿地公园。

图 5-6-41　韦斯藻（Westella wildemann）

42. 丝藻（*Ulothrix sp.*）

绿藻纲，丝藻科，丝藻属。

细胞内含有一个细胞核，叶绿体成横向不相接的环状，沿细胞一侧排列，大小超过细胞的半个圆周，上面有一个至数个造粉核。丝状体细胞除固着器外，都能分裂，并有营养和繁殖双重作用。

分布于典农河（银川市段）。

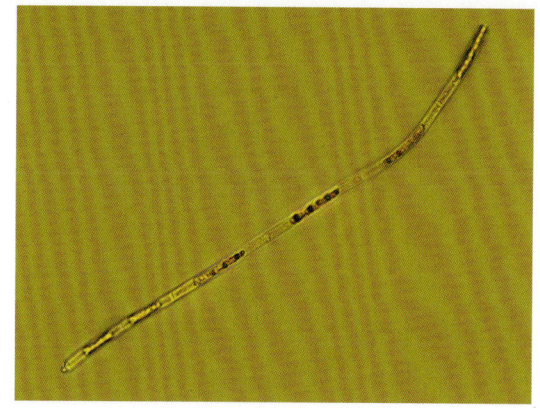

图 5-6-42　丝藻（*Ulothrix sp.*）

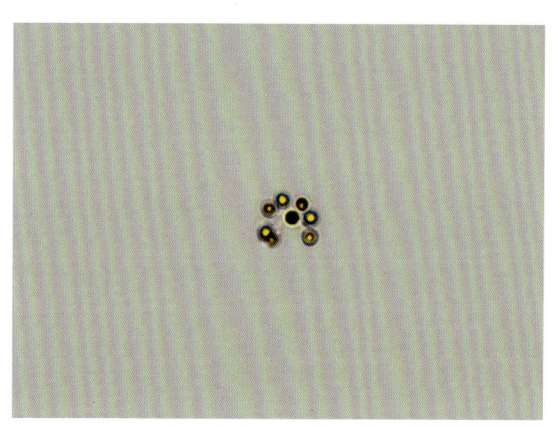

图 5-6-43　胶网藻（*Pectodictyon sp.*）

43. 胶网藻（*Pectodictyon sp.*）

绿藻纲，栅藻科，胶网球藻属。

定形群体，由4个、8个、16个细胞组成，或群体彼此相连形成复合群体，群体由胶质束或细胞每个角的凸起彼此相连形成角锥形或立方体形；细胞球形、三角锥形或四角形，壁平滑，色素体周生，杯状或片状，1个，具1个小蛋白核。无性生殖，产生似亲孢子。

分布于典农河（银川市段）以及宝湖湿地公园。

44. 螺旋弓形藻（*Schroederia spiralis*）

绿藻纲，小桩藻科，弓形藻属。

单细胞，弧曲形，两端渐细并延伸为无色细长的刺，细胞包括刺弯曲为螺旋状；色素体片状，1个，常充满整个细胞，具1个蛋白核。细胞长（包括刺）30~90μm，宽3~7μm，刺长8~16μm。

生长在湖泊、池塘中的普生浮游种类。分布于典农河（银川市段）、阅海湿地公园以及鹤泉湖湿地公园。

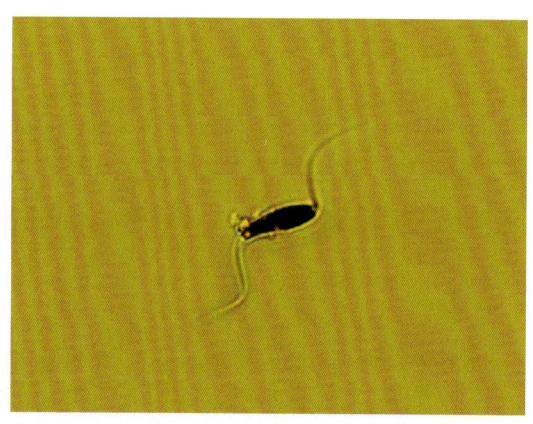

图 5-6-44　螺旋弓形藻（*Schroederia spiralis*）

45. 二角盘星藻（*Pediastrum duplex*）

绿藻纲，盘星藻科，盘星藻属。

植物体为真性定形群体，由8个、16个、32个、64个、128个细胞（常为16个、32个细胞）组成，群体细胞间具小的透镜状的穿孔，群体缘边细胞四边形，其外壁扩展成2个圆锥形的钝顶状的短突起，群体内层细胞或多或少呈四方形，侧壁中部略凹入，邻近细胞间细胞侧壁的中部彼此不相连接，细胞壁平滑。细胞长11~21μm，宽8~21μm。

分布于阅海湿地公园。

图 5-6-45　二角盘星藻（*Pediastrum duplex*）

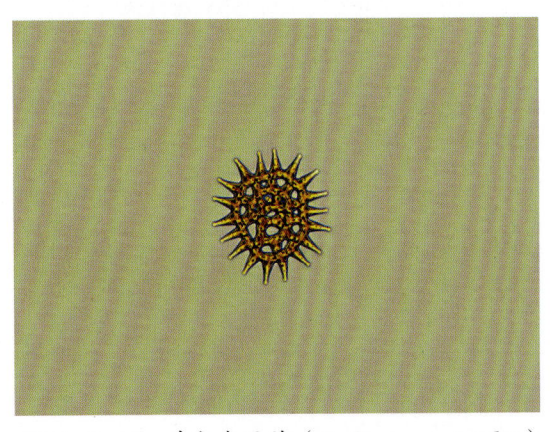

图 5-6-46　单角盘星藻（*Pediastrum simplex*）

46. 单角盘星藻（*Pediastrum simplex*）

绿藻纲，盘星藻科，盘星藻属。

真性定形群体，由16个、32个或64个细胞组成，群体细胞间无穿孔；群体缘边细胞常为五边形，外壁具1个圆锥形的角状突起，突起两侧凹入，群体内层细胞五边形或六边形，细胞壁常具颗粒。细胞（不具突起）长12~18μm，宽12~18μm。

分布于典农河（银川市段）。

47. 颤鼓藻（*Cosmarium vexatum*）

绿藻纲，鼓藻科，鼓藻属。

单细胞。细胞侧扁。半细胞侧面观大多呈圆形。垂直面观椭圆形、长方形。细胞壁不光滑。

在水坑、池塘、湖泊、水库、河流的沿岸带和沼泽等生境中存在，少数种类亚气生，适应各种变化的生态环境。分布在典农河（银川市段）。

图 5-6-47　颤鼓藻（*Cosmarium vexatum*）

48. 角星鼓藻（*Staurastrum Meyen*）

绿藻纲，鼓藻科，角星鼓藻属。

许多种类半细胞顶角或侧角向水平方向、略向上或向下延长形成长度不等的突起，边缘波形，具数轮齿，其顶端平或具2个到多个刺；垂直面观多数三角形到五角形，少数圆形、椭圆形、六角形；细胞壁平滑，具点纹、圆孔纹颗粒及各种类型的刺和瘤；半细胞一般具1个轴生的色素体，中央具1个蛋白核，大的细胞具数个蛋白核。

图 5-6-48　角星鼓藻（*Staurastrum Meyen*）

主要分布于湖泊、池塘中。分布于典农河（银川市段）。

49. 曼弗角星鼓藻（*Staurastrum manfeldtii*）

绿藻纲，鼓藻科，角星鼓藻属。

单细胞，绝大多数辐射对称，少数两侧对称侧扁。半细胞正面观（仅指不包括突出部分的"细胞体部"）的形状多种多样。许多种类半细胞的顶角或侧角向水平方向延长形成长度不等的突起，缘边一般波形，具数轴齿，顶端平或具刺。细胞壁平滑，具点纹、圆孔纹、颗粒和多种刺、瘤。半细胞一般具1个轴生色素体，具1到几个蛋白核；少数周生，具几个蛋白核。半细胞正面观角延长成粗突起。突起具数轮刺或齿，缘边波形，顶端具刺。半细胞不具副突起。细胞体部中间不具2个二叉

图 5-6-49　曼弗角星鼓藻
（*Staurastrum manfeldtii*）

型的刺。垂直面观二至四角形。半细胞具3~4个角。半细胞正面观平滑，具颗粒或齿，除半细胞顶部外不具明显的瘤。半细胞正面观顶缘中间不高出，具瘤。

分布于典农河（银川市段）。

50. 珍珠角星鼓藻（*Staurastrum margaritaceum*）

绿藻纲，鼓藻科，角星鼓藻属。

单细胞，绝大多数辐射对称，少数两侧对称侧扁。半细胞一般具1个轴生色素体，具1个到几个蛋白核；少数周生，具几个蛋白核。半细胞正面观角延长成粗突起。突起具数轮刺或齿，缘边波形，顶端具刺。半细胞不具副突起。细胞体部中间不具2个二叉形的刺。垂直面观二至四角形。半细胞具3~4个角。半细胞正面观平滑，具颗粒或齿，除半细胞顶部外不具明显的瘤。半细胞正面观顶部不具瘤。半细胞顶角延长形成短突起。半细胞顶角水平向或略向下延长形成短突起。半细胞正面观杯形、近圆形或近纺锤形，基部有时具1轮明显的颗粒。

分布于典农河（银川市段）。

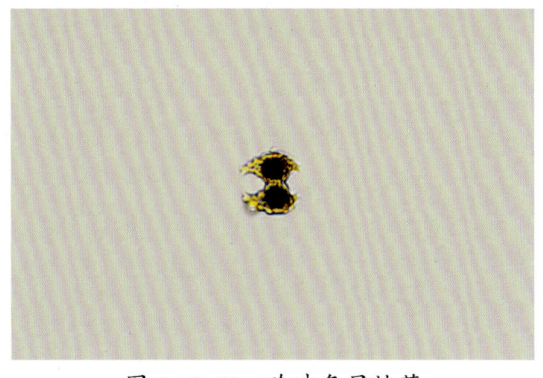

图5-6-50　珍珠角星鼓藻（*Staurastrum margaritaceum*）

51. 凹顶鼓藻（*Euastrum ansutum*）

绿藻纲，鼓藻科，凹顶鼓藻属。

单细胞。细胞侧扁，缢缝深凹。顶缘圆、平直或平直圆形。半细胞侧面观大多呈圆形。垂直面观椭圆形、长方形。半细胞中部有时有拱形隆起。半细胞具1个、2个或4个轴生色素体，每1色素体具1个或数个蛋白核；少数种类具6~8条带状色素体。

图5-6-51　凹顶鼓藻（*Euastrum ansutum*）

52. 模糊鼓藻（*Cosmarium obsoletum*）

绿藻纲，鼓藻科，鼓藻属。

单细胞。细胞侧扁，缢缝深凹。顶缘圆、平直或平直圆形。半细胞侧面观大多呈圆形。垂直面观椭圆形、长方形。半细胞中部有时有拱形隆起。半细胞具1个、2个或4个轴生色素体，每1色素体具1个或数个蛋白核；少数种类具6~8条带状色素体。细胞壁平滑，仅具点纹或圆孔纹。细胞长约等于或略大于或小于宽。半细胞正面观横半椭圆

图5-6-52　模糊鼓藻（*Cosmarium obsoletum*）

形到扁半椭圆形，基角略加厚具乳头状突起。

分布于典农河（银川市段）。

53. 光滑鼓藻北方变种（Cosmarium leave var. septentrionale）

绿藻纲，鼓藻科，鼓藻属。

单细胞。细胞侧扁。半细胞侧面观大多呈圆形。垂直面观椭圆形、长方形。半细胞中部有时有拱形隆起。半细胞具1个、2个或4个轴生色素体，每1色素体具1个或数个蛋白核；少数种类具6~8条带状色素体。细胞壁平滑，仅具点纹或圆孔纹。半细胞正面观半圆形或半椭圆形。细胞长约为宽的1.5~1.7倍，缢缝深。半细胞缘边不具波纹。细胞小，顶缘狭、平直或略凹入。与原变种相比，细胞长度稍长。

图 5-6-53 光滑鼓藻北方变种
（Cosmarium leave var. septentrionale）

在水坑、池塘、湖泊、水库、河流的沿岸带和沼泽等生境中存在。分布在典农河（银川市段）。

54. 光滑鼓藻（Cosmarium leave）

绿藻纲，鼓藻科，鼓藻属。

单细胞。细胞侧扁。半细胞侧面观大多呈圆形。垂直面观椭圆形、长方形。半细胞中部有时有拱形隆起。半细胞具1个、2个或4个轴生色素体，每1色素体具1个或数个蛋白核；少数种类具6~8条带状色素体。细胞壁平滑，仅具点纹或圆孔纹。半细胞正面观半圆形或半椭圆形。细胞长约为宽的1.5~1.7倍，缢缝深。半细胞缘边不具波纹。细胞小，顶缘狭、平直或略凹入。

图 5-6-54 光滑鼓藻（Cosmarium leave）

分布于典农河（银川市段）、阅海湿地公园以及宝湖湿地公园。

第六章
浮游动物

浮游动物是一类经常在水中浮游，本身不能制造有机物的异养型无脊椎动物和脊索动物幼体的总称，在水中营浮游性生活的动物类群。它们或者完全没有游泳能力，或者游泳能力微弱，不能进行远距离的移动，也不足以抵抗水的流动。

1. 盘状表壳虫（Arcella discoides）

肉足纲，表壳虫目，表壳科，表壳虫属。

壳淡黄色至深棕色。顶观或腹观时均呈圆形。侧观时很扁平，壳背光滑，较平坦地滑向两侧，没有翘出的基角。背面和腹面的连接的基角浑圆。壳口圆，周围没有微孔，下陷相当深，几乎及壳高的一半，有口管。

分布于典农河（银川市段）、宝湖湿地公园、鹤泉湖湿地公园以及阅海湿地公园。

图 6-0-1 盘状表壳虫（Arcella discoides）

2. 弯角长圆砂壳虫（Difflugia oblongia curvicaulis）

肉足纲，表壳虫目，砂壳科，砂壳虫属。

壳大，长圆形，后端浑圆，后端突出的一角与壳的主轴偏离，壳上覆有大小不均的砂砾，壳长 223μm，壳宽 120μm，壳口宽 57μm。

分布于银川的宝湖湿地公园和鹤泉湖湿地公园。

图 6-0-2 弯角长圆砂壳虫
（Difflugia oblongia curvicaulis）

3. 湖沼砂壳虫（*Difflugia limnetica*）

肉足纲，表壳虫目，砂壳科，砂壳虫属。

壳除了内层有几丁质膜外，其外还黏附着由它生质体如矿物屑、岩屑、硅藻空壳等颗粒构成的表层，而且颗粒很多，以致壳面粗糙而不透明，壳形状多变，梨状以致球状，有的还能延伸为颈。横切面大多呈圆形，口在壳体的一端，位于主轴正中，壳口的边缘有的光滑，有的呈齿状或片状。胞质占壳腔的大部分，常用原生质线固着于壳的内壁。核一般只有1个，伸缩泡1个至多个，伪足指状，2~6个。

分布于典农河（银川市段）、宝湖湿地公园、鹤泉湖湿地公园以及阅海湿地公园。

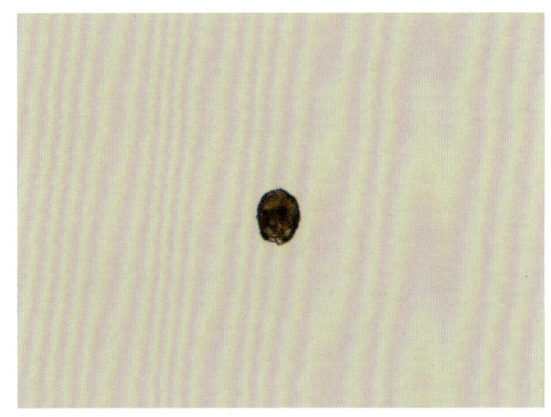

图 6-0-3　湖沼砂壳虫（*Difflugia limnetica*）

4. 尖顶砂壳虫（*Difflugia acuminata*）

原生动物门，肉足纲，表壳虫目，砂壳科，砂壳虫属。

壳圆筒形顶端尖削，后端延为一直的尖角，壳长为壳宽的3~4倍，壳面附有砂砾黏附，壳长（含刺）256~280μm，宽94~98μm，壳口42~45μm。

分布在淡水的池塘、湖泊、沼泽、水库以及森林土壤中。分布于典农河（银川市段）、宝湖湿地和鹤泉湖湿地。

图 6-0-4　尖顶砂壳虫（*Difflugia acuminata*）

5. 王氏拟铃虫（*Tintinnopsis wangi*）

原生动物门，肉足纲，旋毛目，铃壳科，拟铃壳虫属。

虫体外具壳，壳上沙粒较细小，排列整齐。砂壳较短，在壳前近1/2处可看到螺旋状的条纹。

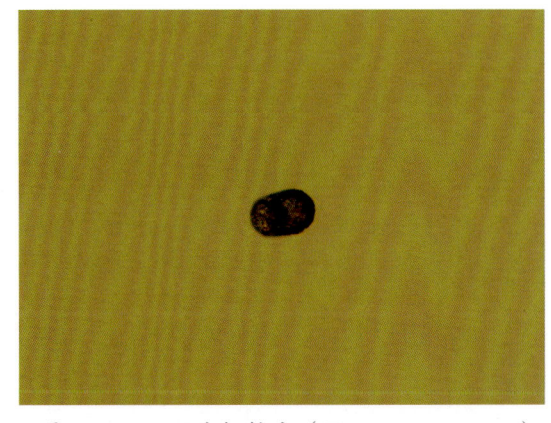

图 6-0-5　王氏拟铃虫（*Tintinnopsis wangi*）

分布于典农河（银川市段）、鹤泉湖湿地公园、阅海湿地公园。

6. 中华拟铃壳虫（Tintinnopsis stnensis）

原生动物门，肉足纲，旋毛目，铃壳科，拟铃壳虫属。

虫体外具壳，壳上沙粒较细小，排列整齐。砂壳较长。呈杯状，末端浑圆稍尖，壳的砂砾细密，一般有领，壳表面往往有细的螺纹。

分布在淡水的池塘、湖泊、沼泽、水库。分布于典农河（银川市段）、鹤泉湖湿地。

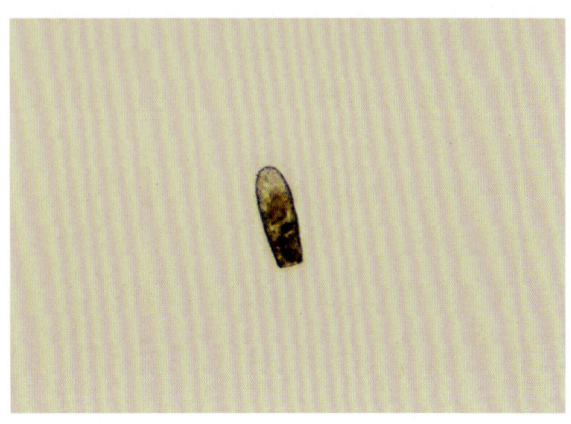

图 6-0-6　中华拟铃壳虫（Tintinnopsis stnensis）

7. 盘状匣壳虫（Centropyxis discoides）

原生动物门，肉足纲，表壳虫目，砂壳科，砂壳虫属。

壳口圆形或不规则形，略偏离中心，壳长 120~200μm，壳宽 115~186μm，壳口直径 50~70μm，壳刺长 11~25μm。

分布在淡水的池塘、湖泊、沼泽、水库。分布于典农河（银川市段）、宝湖湿地和鹤泉湖湿地。

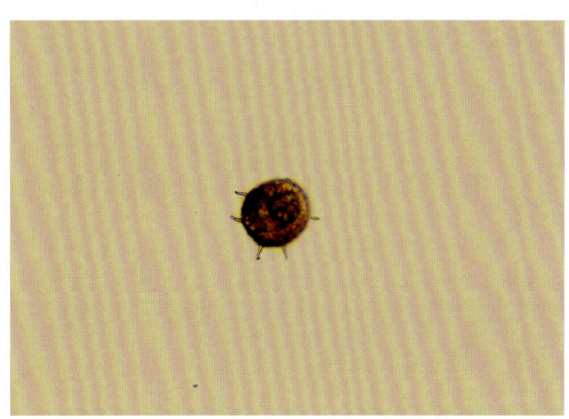

图 6-0-7　盘状匣壳虫（Centropyxis discoides）

8. 累枝虫（Epistylis sp.）

纤毛门，寡膜纲，固着目，累枝虫科，累枝虫属。

因其生长形态类似树枝状故名累枝虫。个体呈细长或近似圆筒形，其柄内因为没有肌丝轴鞘存在，根本不能收缩，体宽约在体长的 1/3~1/2。

分布于银川鹤泉湖湿地公园。

图 6-0-8　累枝虫（Epistylis sp.）

9. 短棘刺胞虫（*Acanthocystis brevicirrhis*）

肉足纲，太阳目，刺胞科，刺胞虫属。

外包球状。直径26~36μm。刺细而直，伪足细而长。伸缩泡1个，形大。

分布于典农河（银川市段）、宝湖湿地公园、鹤泉湖湿地公园以及阅海湿地公园。

10. 针棘刺胞虫（*Acanthocystis aculeata*）

原生动物门，肉足纲，太阳目，刺胞科，刺胞虫属。

由几层正切排列的鳞片组成外包的里层，相当厚实。其外有辐射伸出的刺，刺长不超过身体的1/2，刺的基部粗壮，向前削尖，末端很尖，直或微弯，整个刺呈鞋钉状，是本种虫的主要特征。鳞片铲形或杆形，原生质灰色，内、外质界限不明显，细胞核偏位。1个伸缩泡。轴丝由中心体伸出。伪足长而细，可达身体直径的4~5倍。

分布于典农河（银川市段）。

11. 月形刺胞虫（*Acanthocystis erinaceus*）

原生动物门，肉足纲，太阳目，刺胞科，刺胞属。

骨刺短而细软，故向各个方向弯曲，刺长不超过身体直径的1/3，正切的鳞片杆形或匙形，片层很薄，1个至数个伸缩泡。伪足长，可达身体直径的2.0~2.5倍，珠泡状。

分布在淡水的池塘、湖泊、沼泽。分布在银川宝湖湿地。

12. 小口钟虫（*Vorticella microstoma*）

原生动物门，纤毛纲，缘毛目，钟虫科。

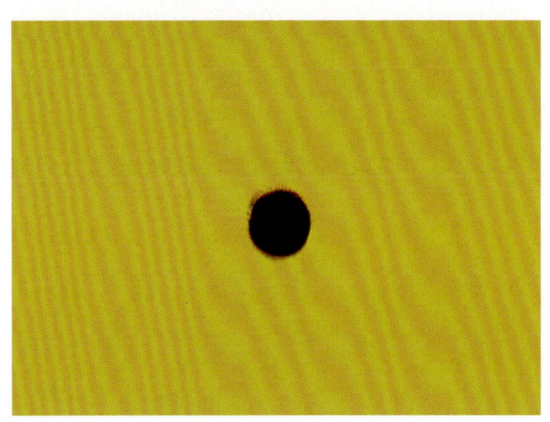

图 6-0-9　短棘刺胞虫（*Acanthocystis brevicirrhis*）

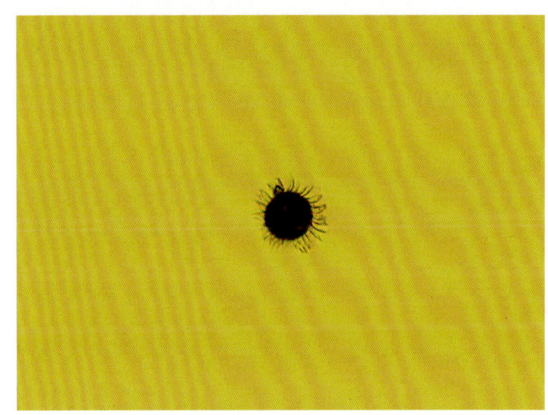

图 6-0-10　针棘刺胞虫（*Acanthocystis aculeata*）

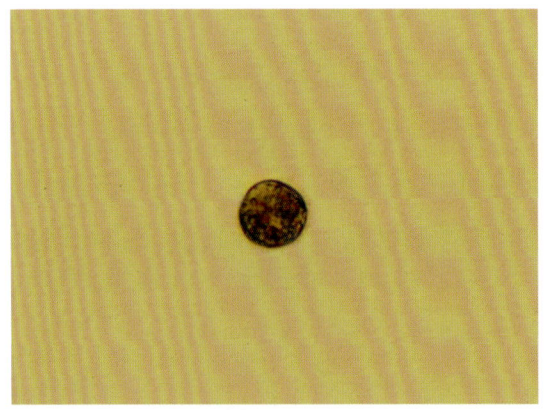

图 6-0-11　月形刺胞虫（*Acanthocystis erinaceus*）

体宽 22~48μm，口围直径 12~25μm，横纹不十分明显。伸缩泡大而显著。柄细而长。

分布广，腐烂有机质较多的静水或流水中亦可见到。分布于典农河（银川市段）。

13. 萼花臂尾轮虫（Brachionus calyciflorus）

轮虫动物门，单巢目，臂尾轮虫科，臂尾轮虫属。

体长为 0.3~0.35mm，宽约 0.2mm。被甲透明，其前端具 4 个长而发达的棘状突起，中间 1 对突起较两侧的两个稍大；被甲后端有一具环状沟纹的长足，能自由弯曲。在周期性变异中其被甲后半部膨大之处，还生出 1 对刺状侧突起。生活时，体表白色或淡棕色。适应能力强，能广泛生活于各种淡水水域。以单细胞动植物为食全年可繁殖，但以春季和夏季为高峰期。由于其繁殖量多，所以萼花臂尾轮虫是淡水鱼类良好的天然饵料，也是自然水体食物链的重要成员，在淡水鱼类养殖中具有重要的作用。该物种其所聚集的水体多为富营养型湖泊。

分布于典农河（银川市段）、鹤泉湖湿地公园、阅海湿地公园。

14. 矩形臂尾轮虫（Brachionus leydigicohn）

轮虫动物门，单巢目，臂尾轮虫科，臂尾轮虫属。

被甲有基板、背板和腹板。背板有皱褶和花纹。足孔有 3 个钝齿，整个披甲近似矩形。被甲长 210~240μm，宽 160~200μm。

分布于典农河（银川市段）、宝湖湿地公园、阅海湿地公园。

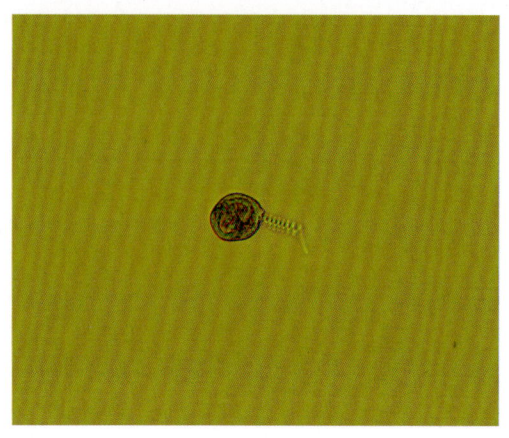

图 6-0-12　小口钟虫
（Vorticella microstoma）

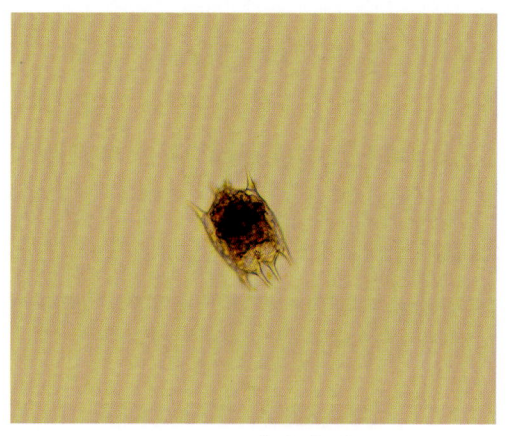

图 6-0-13　萼花臂尾轮虫
（Brachionus calyciflorus）

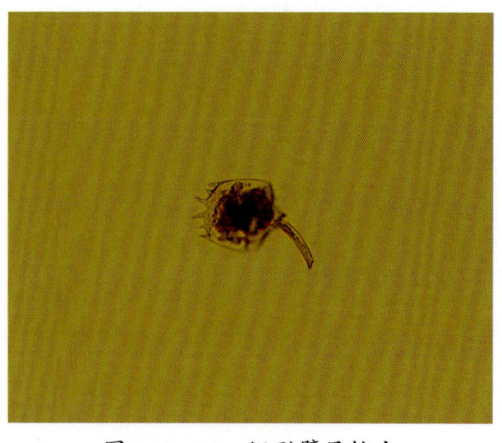

图 6-0-14　矩形臂尾轮虫
（Brachionus leydigicohn）

15. 裂足臂尾轮虫（*Brachionus diversicornis*）

轮虫动物门，单巢目，臂尾轮虫科，臂尾轮虫属。

被甲长大于宽，后端略尖削。后棘刺2个，左右不对称，右侧长。足后端约1/3处裂开呈叉形。有4趾。被甲光滑透明，长卵圆形，前半部较后半部为阔；前端边缘平稳，具有2对棘状突起。

多分布于浅水池塘和水库。分布于典农河（银川市段）、宝湖湿地公园、鹤泉湖湿地公园以及阅海湿地公园。

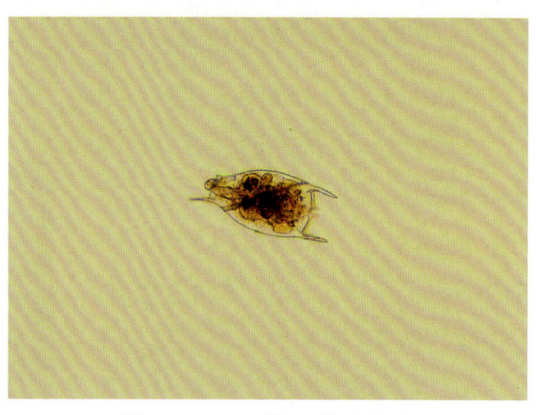

图 6-0-15　裂足臂尾轮虫
（*Brachionus diversicornis*）

16. 方形臂尾轮虫（*Quadridentatus brachionus*）

轮虫动物门，单巢目，臂尾轮虫科，臂尾轮虫属。

被甲宽阔，宽度超过长度。棘突有3对，足孔位于1个显著管状突出的上面，后棘刺有或无，长或短。被甲长135μm、宽150μm，后端棘状突起长63μm。

广布于各类水体内，该种能适应于碱性水体。分布于典农河（银川市段）、阅海湿地公园。

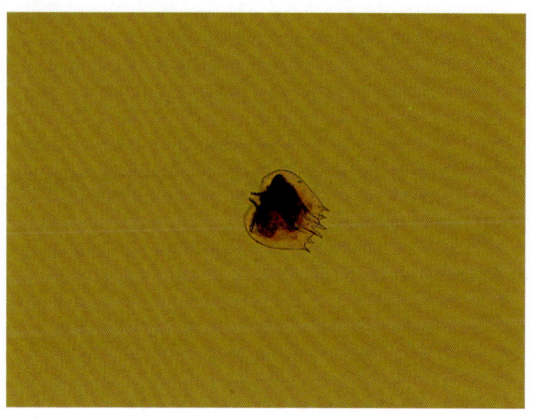

图 6-0-16　方形臂尾轮虫
（*Quadridentatus brachionus*）

17. 镰形臂尾轮虫（*Brachionus falcatus*）

轮虫动物门，单巢目，臂尾轮虫科，臂尾轮虫属。

被甲腹面扁平，最大特点是背面前缘有3对棘状突起，中间1对很长，尖端向外略形弯转。

生长在池塘、湖泊中，往往靠近岸的地方多于离岸的地方。分布于典农河（银川市段）。

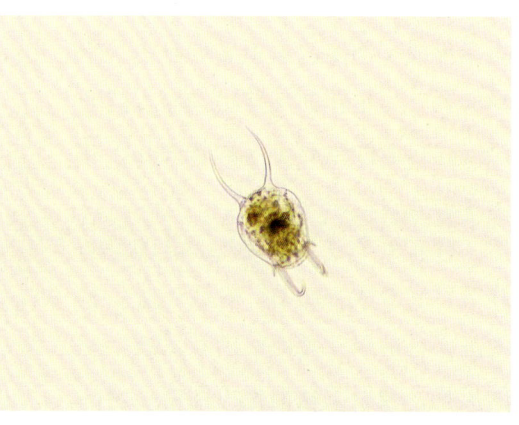

图 6-0-17　镰形臂尾轮虫
（*Brachionus falcatus*）

18. 剪形臂尾轮虫（*Brachionus forficula*）

轮虫动物门，单巢目，臂尾轮虫科，臂尾轮虫属。

被甲腹面扁平，最大特点是背面前缘有 2 对棘状突起，中间 1 对很短，两旁 1 对稍长。其后端有 1 对棘状突起，长而粗，并向内弯转，一般右边一个较左边一个稍长；突起内侧往往有一浮突。被甲一般长 105~120μm，被甲坚固并具有一定的形状，或被甲柔软但仍可保持一定的形状，一般有棘、疣、条纹、龙骨等，被甲背腹扁平，或不扁平，足长，疣环纹可伸缩，呈蠕虫样；宽约

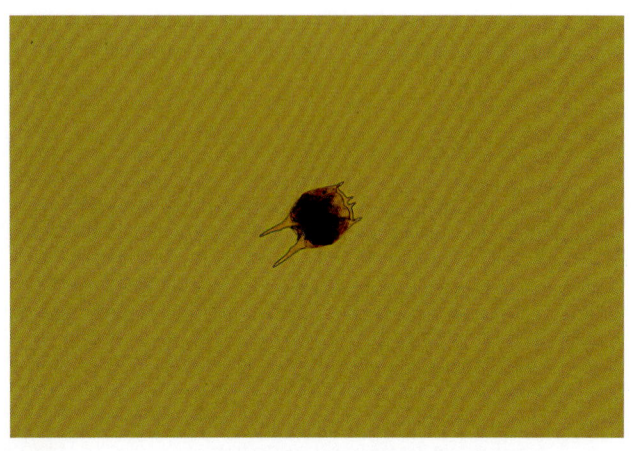

图 6-0-18　剪形臂尾轮虫（*Brachionus forficula*）

100~115μm；身体壮实，前端有 2 个、4 个、6 个棘，后端浑圆，角状或具 1~2 个棘，后端棘状突起长约 65~125μm，足孔有棘刺或无棘刺，被甲前端 2 对棘刺总是侧面的 2 个较长，被甲后端 1 对后棘刺粗壮。

在我国分布广泛，在沼泽，池塘及浅水湖泊中经常观察到有这一种类的存在，属于常见种。分布于典农河（银川市段）、宝湖湿地公园、鹤泉湖湿地公园以及阅海湿地公园。

19. 角突臂尾轮虫（*Brachionus angularis*）

轮虫动物门，单巢目，臂尾轮虫科，臂尾轮虫属。

背面前端边缘具有 1 对微小的棘状突起靠拢或相隔有相当距离。突起尖端向内略形弯转。腹面前缘自两侧渐渐浮起，到中央又形成一凹痕。被甲后端有一马蹄形的孔，为本体的足伸出或缩入的通路。孔口两旁也有 1 对棘状突起，其尖端也向内弯转。有足，足或长或短，且有 1 个或 2 个或几个能伸缩的环节，光滑或有假节，有或无趾。足有趾，有被甲，被甲坚固并具有一定的形状，被甲柔软但仍可保持一定的形状，一般有棘、疣、条纹、龙骨等，被甲背腹扁平或不扁平，足长，

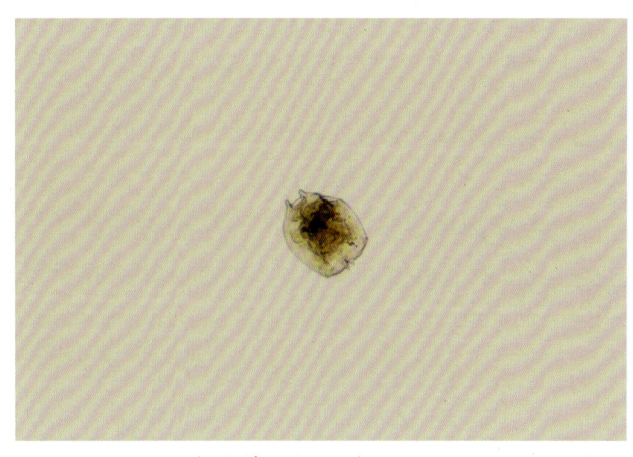

图 6-0-19　角突臂尾轮虫（*Brachionus angularis*）

疣环纹可伸缩，呈蠕虫样。被甲全长110~205μm；宽85~165μm。身体壮实，前端有2个、4个、6个棘，后端浑圆，角状或具1~2个棘，足孔有棘刺或无棘刺，被甲前端只有1对棘刺。角突臂尾轮虫是最普通种类之一，在我国分布非常广阔。

分布于典农河（银川市段）、宝湖湿地公园、鹤泉湖湿地公园以及阅海湿地公园。

20. 壶状臂尾轮虫（*Brachionus urceolaris linnaeus*）

轮虫动物门，单巢目，臂尾轮虫科，尾轮虫属。

被甲比较宽阔，有6个前棘刺，中间2个稍长，棘刺之间形成下沉的缺刻。足不分节而且很长，上面具有很密的环形沟纹。被甲透明光滑，比较短而阔，长度总是大于宽度。腹面扁平，被甲前端背面边缘有6个或3对棘刺。足孔近圆形，被甲前腹面仅有2个褶片，后端浑圆。被甲长196~240μm，宽152~202μm。

分布很广，自最浅的沼泽到深水湖泊的敞水带，都有它存在的可能。分布于典农河（银川市段）、阅海湿地公园。

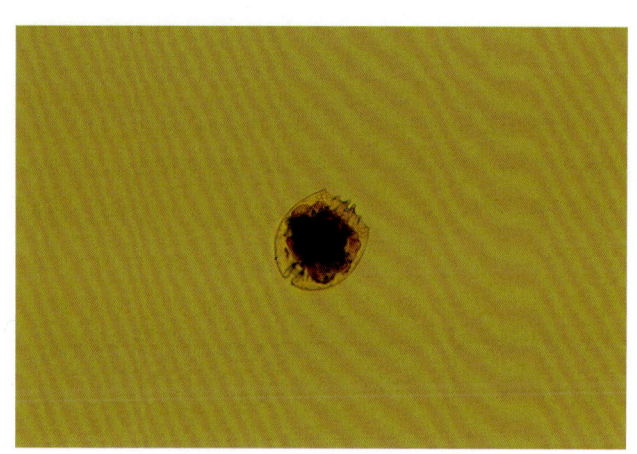

图6-0-20　壶状臂尾轮虫
（*Brachionus urceolaris linnaeus*）

21. 曲腿龟甲轮虫（*Keratella valga*）

轮虫动物门，单巢目，臂尾轮科，龟甲轮属。

曲腿龟甲轮虫，轮虫动物门，被甲从背面或腹面观，不包括后端棘状突起在内，呈长方形。被甲或多或少背腹扁平，被甲前缘具棘，后缘具细齿，足三节，仅部分能伸缩，趾短。被甲的最宽处在前端，后棘或仅有1个，甚至缺失。被甲的最宽处在前端，后棘刺通常不相等或仅有1个，甚至缺失。前端3对棘刺不仅向外或多或少弯曲，而且特别是中央1对

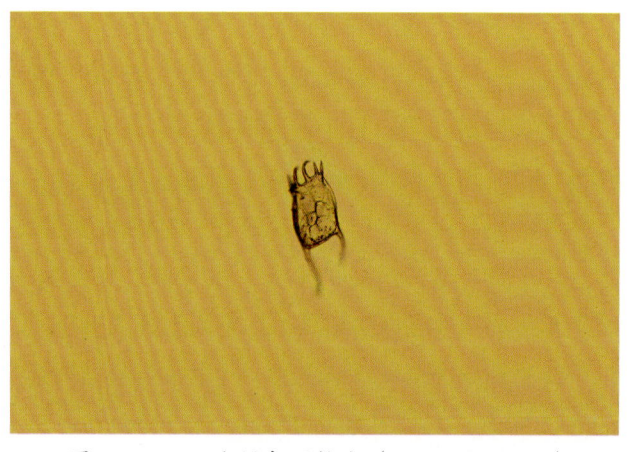

图6-0-21　曲腿龟甲轮虫（*Keratella valga*）

的末端，往往显著地向腹面做钩状弯曲；后端右侧一根长的棘刺或者左右两根棘刺总是一长一短，短的棘刺长度总是在长的棘刺长度的 1/5~1/2 之间。背腹甲上也有粒状的网纹。被甲长（不包括前后棘刺）102~120μm；宽 74~90μm；后端左侧棘刺长 11~37μm；右侧棘刺长 56~74μm。

分布广泛，在我国大小湖泊内的龟甲轮虫中以曲腿龟甲轮虫的个体为最多。分布于典农河（银川市段）、宝湖湿地公园、鹤泉湖湿地公园以及阅海湿地公园。

22. 矩形龟甲轮虫（Keratella quadratamüller）

轮虫动物门，单巢目，臂尾轮虫科，龟甲轮属。

被甲隆起，腹甲扁平，被甲上有线条纹，即龟纹。被甲较大而略长，两根后棘刺长而弯曲。被甲长 105~135μm，宽 75~90μm，长度约为宽度的 2 倍。完全封闭的上中龟板略呈六角形，下龟板末端具分叉线。

湖泊、池塘等水体均有分布。分布于银川阅海湿地公园。

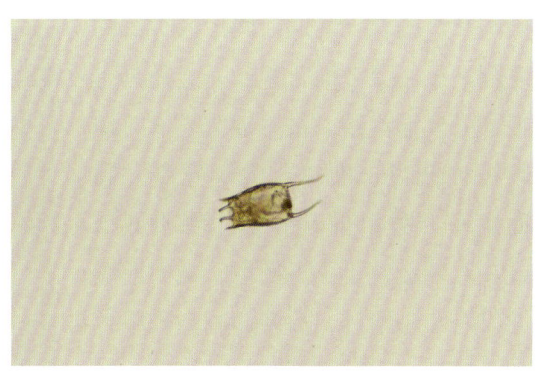

图 6-0-22　矩形龟甲轮虫
（Keratella quadratamüller）

23. 螺形龟甲轮虫（Keratella cohlearis）

轮虫动物门，单巢目，臂尾轮科，龟甲轮属。

螺形龟甲轮虫，轮虫动物门，足有趾，有被甲，被甲坚固并具有一定的形状，被甲柔软但仍可保持一定的形状，一般有棘、疣、条纹、龙骨等，背甲非常突出，腹甲扁平，或略形凹入。足短，1~4 节，无环纹，被甲或多或少背腹扁平，被甲前缘具棘，后缘具细齿，足三节，仅部分能伸缩，趾短。背甲

图 6-0-23　螺形龟甲轮虫
（Keratella cohlearis）

自两侧和前后向中央很显著地隆起；它的表面有线条凸出，把背甲隔成 11 块两边匀称的小片。片上都有细致的网状纹痕；背甲前端有棘状突起 3 对。背甲后端往往有一根棘状突起，由于季节周期性变异的结果，在不同个体的背甲上，不但这根棘状突起的长短不一，而且不少个体是没有这根棘状突起的。背甲（不包括前后突起）长 95μm，宽 65μm；前端中央 1 对凸起长 30μm；后端凸起长 55μm。

分布于典农河（银川市段）、阅海湿地公园。

24. 皱褶臂尾轮虫（Brachionus plicatilis）

轮虫动物门，单巢目，臂尾轮虫科，臂尾轮虫属。

被甲前缘的棘刺差不多一样长，基部宽阔，有波纹。腹甲前缘平直，分成四段。侧面观，被甲末端不是尖形。被甲长248~275μm，宽179~200μm。

咸水，半咸水、淡水中均有发现，是广盐性种类。分布于银川阅海湿地公园。

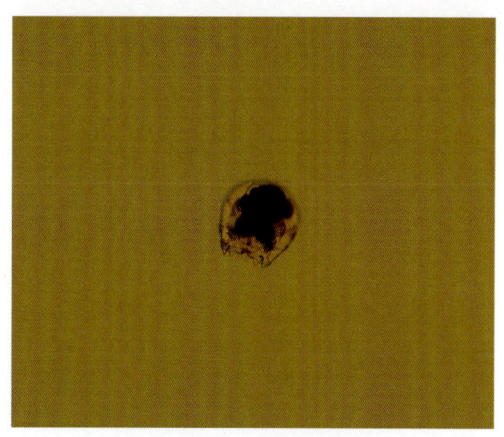

图 6-0-24　皱褶臂尾轮虫
（Brachionus plicatilis）

25. 十趾平甲轮虫（Plalyias militaris）

轮虫动物门，轮虫纲，单巢目，臂尾轮科，平甲轮属。

有足，足或长或短，且有1个或2个或几个能伸缩的环节，光滑或有假节，有或无趾。足有趾，有被甲，被甲坚固并具有一定的形状，被甲柔软但仍可保持一定的形状，一般有棘、疣、条纹、龙骨等，被甲背腹扁平或不扁平，足短，1~4节，无环纹，被甲或多，或少，被甲前缘具棘，后缘具细齿，足三节，仅部分能伸缩，趾短。被甲背面中间很显著隆起，而有一条线条状的凸出。被甲后端通常具1后棘刺，可长，可短，甚至缺乏。

分布于典农河（银川市段）、阅海湿地公园、宝湖湿地公园。

图 6-0-25　十趾平甲轮虫
（Plalyias militaris）

26. 囊形单趾轮虫（Monostyla bulla）

轮虫纲，单巢目，腔轮科，单趾轮虫属。

被甲前缘窄，呈长椭圆形，趾长，相当于被甲全长的1/3。被甲长132~180μm，宽100~152μm，趾长64~112μm。

世界性种类，分布广，除大型深水湖泊外均有出现。分布于典农河（银川市段）、宝湖湿地公园、鹤泉湖湿地公园以及阅海湿地公园。

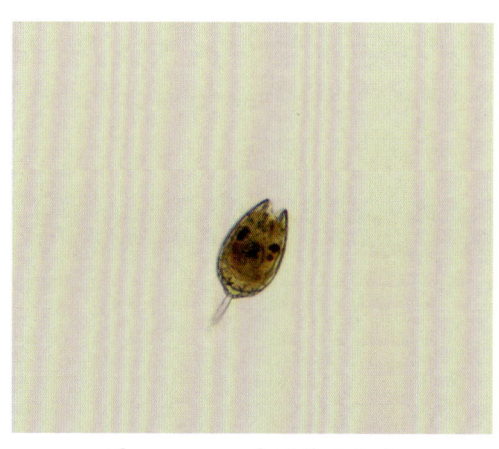

图 6-0-26　囊形单趾轮虫
（Monostyla bulla）

27. 单趾轮虫（*Monostyla sp.*）

轮虫纲，单巢目，腔轮科。

被甲卵圆形。趾仅一个，其他构造基本与腔轮属相同。

分布于银川鹤泉湖湿地公园、阅海湿地公园。

图 6-0-27　单趾轮虫（*Monostyla sp.*）

28. 月形单趾轮虫（*Monostyla lunaris*）

轮虫纲，单巢目，腔轮科，单趾轮虫属。

被甲轮廓是宽阔的卵圆形；它的宽度约当长度的 3/4。背甲前端边缘显著地较腹甲为狭，整个边缘形成半月形或 V 形的下沉痕，痕底部浑圆。腹甲前端边缘很阔，它的 V 形痕下沉的程度较背甲深，痕两旁在离边缘最前面侧角不很远的处所，往往有一少许突出的尖头，尖头与被甲边缘最前端的侧角相对而符合一起。背甲是很阔的卵圆形或接近圆形，后端浑圆。腹甲亦系阔的卵圆形，但除前端外，都比背甲狭。背甲表面相当光滑，只有在它的凹痕下有一平行的折痕，几乎横贯于前端。腹甲表面也相当光滑，只有在足的前面有一个或多或少呈波状起伏的横的折痕。腹沟相当深。甲后节很发达，后端浑圆，大部分突出于被甲之后。足的第 1 节比较短，两侧几乎平行不容易观察清楚，第 2 节相当粗壮，呈菱形或接近四方形。趾细而很长，它的长度超过身体全长的 1/3；笔直而两侧平行，往往有两处非常明显或不大明显的环状构造，把趾隔成差不多同样长短的三部分。

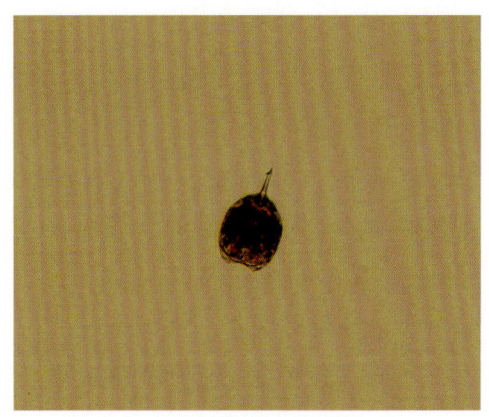

图 6-0-28　月形单趾轮虫
（*Monostyla lunaris*）

分布于典农河（银川市段）、宝湖湿地公园、鹤泉湖湿地公园以及阅海湿地公园。

29. 史氏单趾轮虫（*Monostyla stenroosi*）

轮虫纲，单巢目，腔轮科，单趾轮虫属。

被甲长卵圆形，趾长。虫体全长约 156μm，宽 84μm，趾长 44μm。

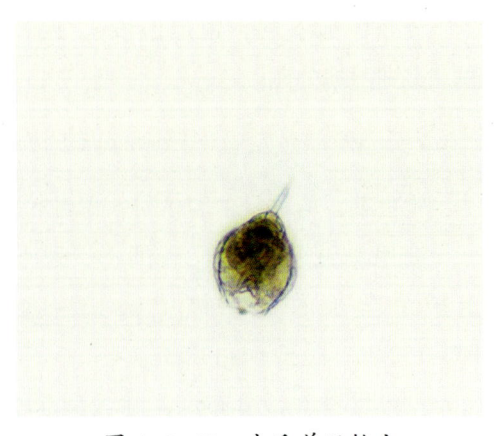

图 6-0-29　史氏单趾轮虫
（*Monostyla stenroosi*）

经常分布于沼泽、天然池塘、养鱼池塘及浅水湖泊。分布在典农河（银川市段）。

30. 精致单趾轮虫（Monostyla elachis）

轮虫纲，单巢目，腔轮科，单趾轮虫属。

被甲近圆形，宽度略小于长度。被甲和腹甲前端边缘并不符合一致。趾长接近全长的1/3。被甲长72μm，趾长21μm，爪长6.0μm。

经常分布于沼泽、天然池塘、养鱼池塘及浅水湖泊。分布在典农河（银川市段）和鹤泉湖湿地。

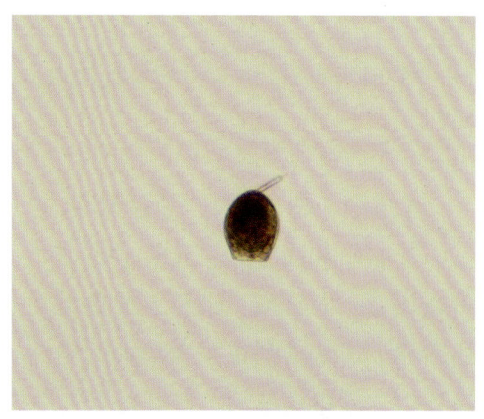

图6-0-30　精致单趾轮虫
（Monostyla elachis）

31. 四齿单趾轮虫（Monostyla quadridentata）

轮虫纲，单巢目，腔轮科，单趾轮虫属。

被甲呈很宽的卵圆形，宽度少许超过或等于全长的3/4。被甲腹背两面相当压缩，前端很狭；背甲比腹甲宽，其最宽处位于甲的后半部。背甲前端两侧向上有很尖锐的突出，形成1对侧刺，侧刺的尖头有时少许向内弯转；2个侧齿之间有1对镰刀状的长刺；长刺显著向外弯转。2个长刺中间有一下沉的凹痕。腹甲前端边缘的凹痕略呈三角形，比背甲前端的凹痕更深和宽。趾尖笔形，很长，大约等于身体全长的1/3。爪相当长，其基部有1对很细弱的针状体。被甲长（不包括趾）175μm，宽125μm；趾（连爪在内）65μm。

分布在典农河（银川市段）。

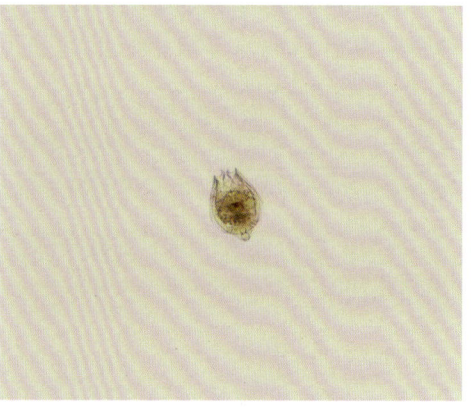

图6-0-31　四齿单趾轮虫
（Monostyla quadridentata）

32. 尖爪单趾轮虫（Monostyla cornuta）

轮虫纲，单巢目，腔轮科，单趾轮虫属。

被甲接近圆形，有时或少许呈椭圆形，不包括趾在内，宽度小于长度一些。背甲和腹甲的前端边缘完全符合一致，从两侧有规则地下沉，形成一月牙形的凹痕。被甲圆形。侧沟很深。足的第1节短而宽，不容易观察清楚；第2节很宽，

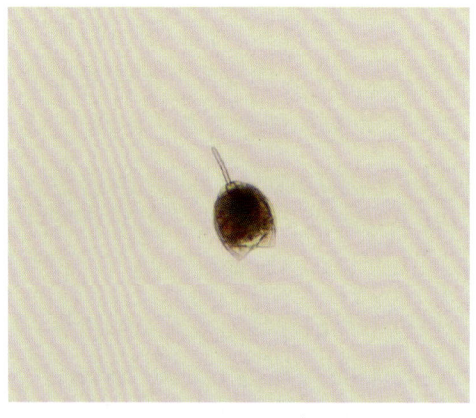

图6-0-32　尖爪单趾轮虫
（Monostyla cornuta）

呈心脏形。趾粗壮而短，它的长度约为全长的 1/4，爪大而尖锐，中央有明显沟痕。被甲全长（包括趾在内）140μm，趾长（包括爪在内）28μm。

分布广泛，往往与尖趾单趾轮虫分布在一起。分布在典农河（银川市段）和宝湖湿地。

33. 晶囊轮虫（*Asplanchna sp.*）

轮虫纲，晶囊轮科，晶囊轮属。

身体非常透明而呈囊袋形，或多或少像一电灯泡。咀嚼器系典型的砧型；通常横列在相当膨大的咀嚼囊内，静置而不动；碰到外界有可食而大的其他浮游动植物时，咀嚼器突然作 90°~180° 的转动伸出口外取食物后随即入。消化管道后部和肛阴都已消失，胃则相当发达。胃内如有不能消化的残渣，再自口内吐出。后端薄圆而无足，种类都是胎生。

图 6-0-33 晶囊轮虫（*Asplanchna sp.*）

典型的浮游种类，决不会营底栖生活。有的能生存在深水湖泊的敞水带。分布于典农河（银川市段）。

34. 前节晶囊轮虫（*Asplanchna priodonta*）

轮虫动物门，晶囊轮科，晶囊轮属。

小型个体，身体透明呈囊袋形，很像电灯泡；长大于宽，但一般长度很少超过宽度的一倍；前后两端宽阔相差不大，中部或后半部或多或少比较宽；后端浑圆，并无足的存在，也无肛门存在。头冠面向身体的最前端，盘顶大而发达，口位于盘顶，为三叉形裂缝状，只有一圈纤毛环围绕盘顶周围。雌体长 670~1200μm；雄体长 300~500μm。咀嚼板系典型的砧型；砧基比较短，

图 6-0-34 前节晶囊轮虫（*Asplanchna priodonta*）

砧枝发达，每一砧枝前半部的内侧具有 4~16 个参差不齐的锯齿。卵巢和卵黄腺呈圆球形。生活时体呈淡粉或白色。

分布于典农河（银川市段）、宝湖湿地公园、鹤泉湖湿地公园。

35. 卜氏晶囊轮虫（*Asplanchna brightwel*）

轮虫纲，单巢目，晶囊轮科，晶囊轮属。

无足，身体无刺，亦无针样或肢样突起物，无肠和肛门，胃不扩张，亦无污秽胞，体大透明如灯泡，卵胎生，身体两侧和腹面无瘤状或翼状的突出物。

分布于典农河（银川市段）、宝湖湿地公园、鹤泉湖湿地公园。

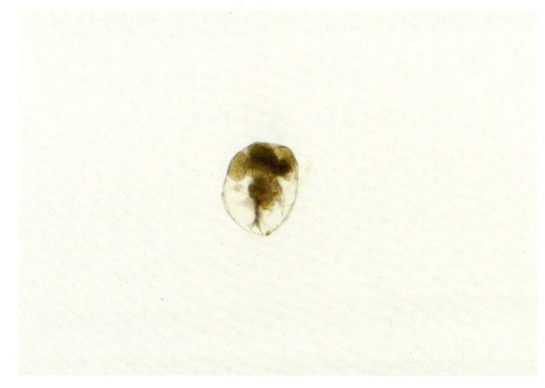

图 6-0-35　卜氏晶囊轮虫
（*Asplanchna brightwel*）

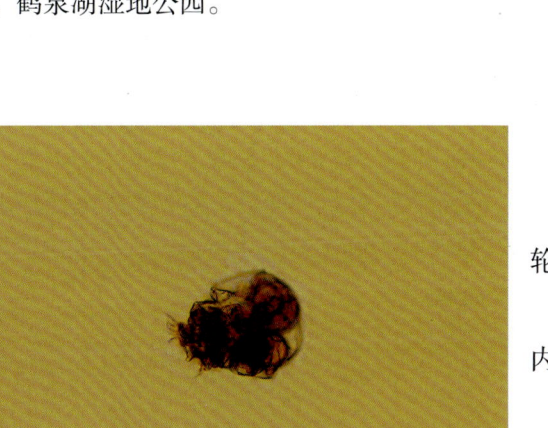

图 6-0-36　盖氏晶囊轮虫（*Asplanchna girodi*）

36. 盖氏晶囊轮虫（*Asplanchna girodi*）

轮虫纲，单巢目，晶囊轮科，晶囊轮属。

卵巢和卵黄腺为马蹄形或腊肠形，砧枝内缘光滑无小齿。体长 200μm（收缩）。

分布于典农河（银川市段）、宝湖湿地公园、鹤泉湖湿地公园以及阅海湿地公园。

37. 疣毛轮虫（*Synchaeta sp.*）

轮虫纲，单巢目，疣毛轮科。

虫体呈圆锥形或钟形。头冠宽，有 4 根长且粗的刚毛。头冠左右两侧各具 1 凸出的耳。耳上纤毛发达。足不分节。趾 1 对，小而短。

分布于典农河（银川市段）、宝湖湿地公园、鹤泉湖湿地公园以及阅海湿地公园。

图 6-0-37　疣毛轮虫（*Synchaeta sp.*）

38. 鞍甲轮虫（*Lepadella sp.*）

轮虫纲，单巢目，臂尾轮科。

被甲背腹面扁平，前端的背腹面有显著的颈圈。头部前端有1钩状甲片，游动时遮盖头冠。足3节，趾1对。

分布于典农河（银川市段）。

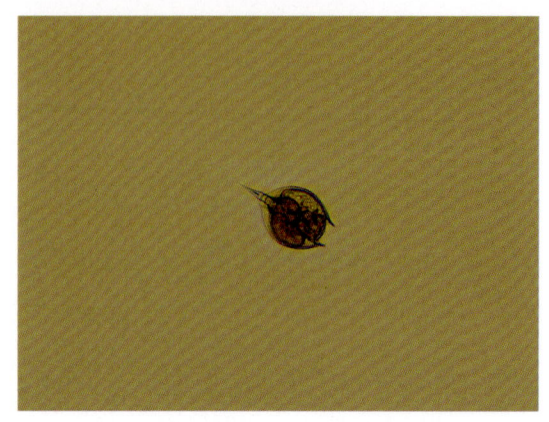

图 6-0-38　鞍甲轮虫（*Lepadella sp.*）

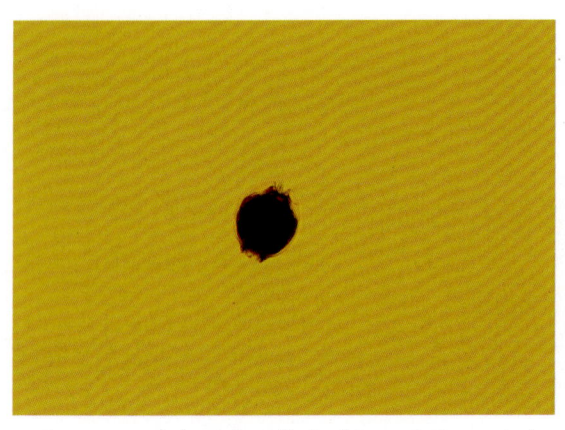

图 6-0-39　卵形鞍甲轮虫（*Lepadella ovalis*）

39. 卵形鞍甲轮虫（*Lepadella ovalis*）

单巢目，狭甲轮科，鞍甲轮属。

被甲1块，呈卵圆形、梨形，有或无龙骨及侧突出，被甲前端开口狭，半圆形，足孔很深，足有3~4节，但仅末端和趾伸出被甲之外，趾2个，或短或长，尖角状，2个侧眼。

分布于典农河（银川市段）、宝湖湿地公园。

40. 盘状鞍甲轮虫（*Lepadella patella*）

轮虫纲，单巢目，狭甲轮科，鞍甲轮属。

被甲轮廓的变异很大，从接近圆形至卵圆形或长卵圆形；宽度等于长度的2/3~4/5。被甲显著地隆起突出，它的两侧边缘伸出在近乎扁平的腹甲的下面。身体全长125~140μm；被甲长98~110μm。

分布于典农河（银川市段）、阅海湿地、宝湖湿地。

图 6-0-40　盘状鞍甲轮虫（*Lepadella patella*）

41. 方尖削叶轮虫（*Notholca acuminata quadrata var. nov*）

轮虫纲，单巢目，臂尾轮科，叶轮属。

被甲呈纵长的卵圆形，自最宽的中部起，虽然也向后少许细削，但最后部分不但没有尖削，反而形成一相当宽阔的、后端平直的"方片"。方片的宽度一般等于或少于超过中间最宽之处宽度的 1/2，但有一定程度的变异。被甲长 220~273μm，宽 92~110μm。

分布于典农河（银川市段）、阅海湿地、宝湖湿地。

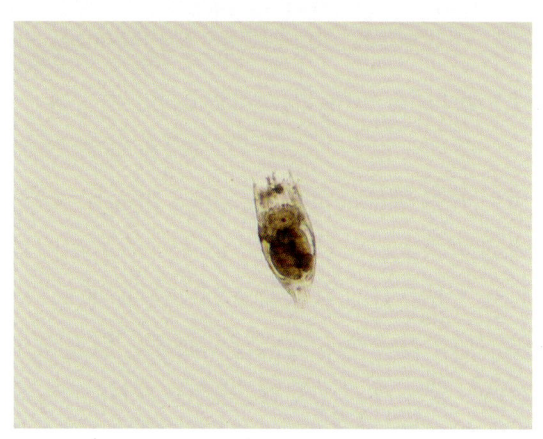

图 6-0-42　方尖削叶轮虫
（*Notholca acuminata quadrata var. nov*）

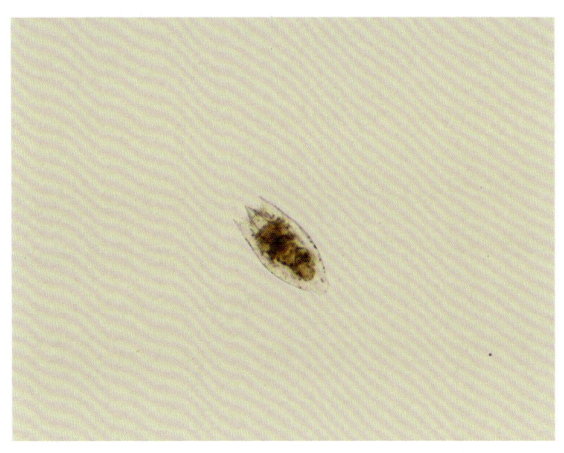

图 6-0-41　叶轮属（*Notholca sp.*）

42. 叶轮属（*Notholca sp.*）

轮虫纲，单巢目，臂尾轮科，叶轮属。

被甲或多或少倾向腹背扁平；背甲往往隆起而凸出，腹甲有的凹入，有的少许凸出。整个被甲薄而非常透明；表面光滑，但多数具有纵长的条纹。背甲前端总有 3~6 个比较短的棘刺；后端或浑圆，或瘦削，或形成一突的短柄。本体没有足。

分布广泛。分布于典农河（银川市段）、阅海湿地。

43. 浮尖削叶轮虫（*Notholca acuminata var. limnetica*）

轮虫纲，单巢目，臂尾轮科，叶轮属。

被甲呈纵长的卵圆形或近似纺锤形，自最宽的中部逐渐或急剧地向后尖削，尖削的后端再向后展长，显著形成一比较长的柄状的突出；柄状突出的长度变异范围很大，但最短不会短于被甲全长的 1/5，最长的不超过被甲全长的 1/3。被甲长 204~290μm，宽 88~105μm。

在我国各种类型水体广泛分布，特别在华东和华中的池塘与中小型浅水湖泊内。分布在银川宝湖湿地。

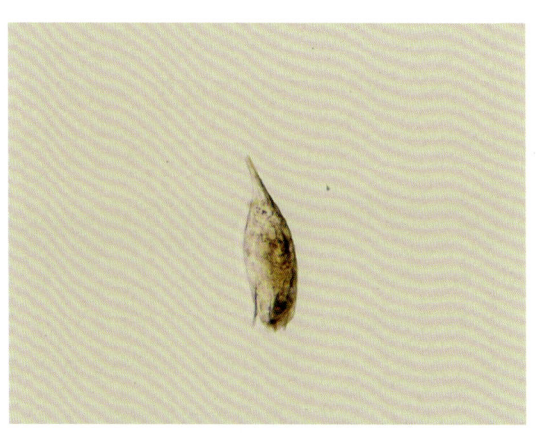

图 6-0-43　浮尖削叶轮虫
（*Notholca acuminata var. limnetica*）

44. 椎尾水轮虫（*Epiphanes senta*）

轮虫纲，单巢目，须足轮科，水轮属。

身体长圆锥形，长度约为宽度的 3 倍或 3.5 倍；最宽部分位于躯干中部。头部比较宽而长，腹面观或多或少呈方形，由于它的后端内部括约肌很发达，外面和腹部交接处紧缩而形成一颈。躯干后半部尖削，足比较宽而短，紧连在躯干部后端。趾 1 对，比较短，锥形。口位于头冠腹面即输毛带内圈的下面。咀嚼器内的咀嚼板是少许变态的槌形，砧基比较长，前端细而后端很宽。身体全长 570μm，宽 170μm。

椎尾水轮虫是最普通种类之一，分布很广泛，适宜沼泽及浅水池塘。分布于银川宝湖湿地。

图 6-0-44　椎尾水轮虫（*Epiphanes senta*）

45. 椎轮虫属（*Notommata sp.*）

轮虫纲，单巢目，椎轮科，椎轮属。

身体呈很长的纺锤形。头、颈、躯干及足四部一般很明显。躯干后端背面除了个别种类外，都有腹尾的突出。头冠面向腹面，中央有一狭长的凹沟，口后端向下延伸，形成一细削的锥圆形的颈。头冠两侧有能伸缩的耳，耳末端又有比较长而发达的纤毛，作为游泳的工具。咀嚼器是杖形，左右或多或少很不匀称。脑后囊和脑侧腺一般很发达。

分布于典农河（银川市段）、阅海湿地、宝湖湿地。

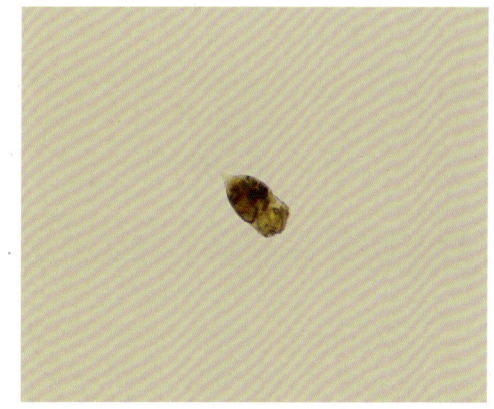

图 6-0-45　椎轮虫属（*Notommata sp.*）

46. 柱头轮虫（*Eosphora sp.*）

轮虫纲，单巢目，椎轮科，柱头轮属。

头冠盘顶两旁各有柱头状的突起。身体比较粗壮。咀嚼器是变态的杖形。行动非常迅速。是浮游的种类，但经常出没于水草丛中。

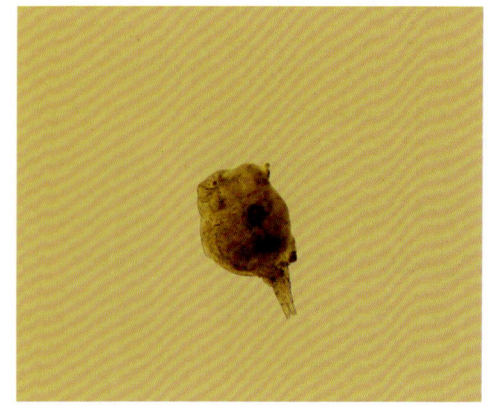

图 6-0-46　柱头轮虫（*Eosphora sp.*）

栖息在沉水植物及有机碎屑比较多的沼泽、湖泊及池塘。分布于银川宝湖湿地和鹤泉湖湿地。

47. 巨头轮虫（*Cephalodella sp.*）

轮虫纲，单巢目。

身体呈圆筒形、纺锤形。躯干部一般为薄而光滑的皮甲所包围。头和躯干之间有紧缩的颈圈；躯干和足之间界限不十分明确，头冠除了一圈普通的围顶纤毛外，在两侧各有一束密而长的纤毛。咀嚼器为杖形，一半左右对称，有很发达的活塞存在。足短而不分节，趾一般细而长。

大部分分布于沼泽、池塘及湖泊的沿岸带。分布于典农河（银川市段）、宝湖湿地。

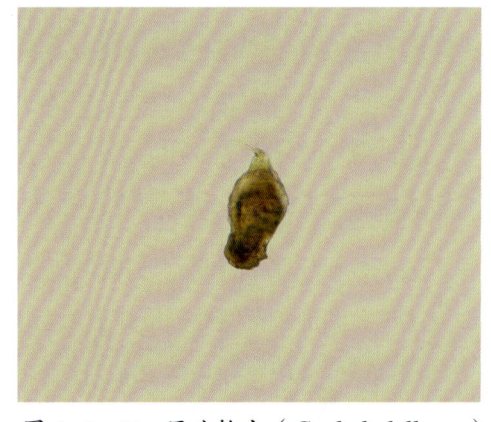

图 6-0-47　巨头轮虫（*Cephalodella sp.*）

48. 泡轮虫属（*Pompholyx sp.*）

轮虫纲，单巢目，镜轮科，泡轮虫属。

被甲很薄且非常透明；它的后端有足孔的通路，但无足的存在。体内有一单囊状的足腺，往往分泌一个黏液管子，从被甲足孔伸出，将已经排出的成熟的卵联系在一起。这一黏液管子可能是已经退化的足的痕迹。

分布广泛，主要生存在池塘和中小型浅水湖泊内。分布于典农河（银川市段）、宝湖湿地和鹤泉湖湿地。

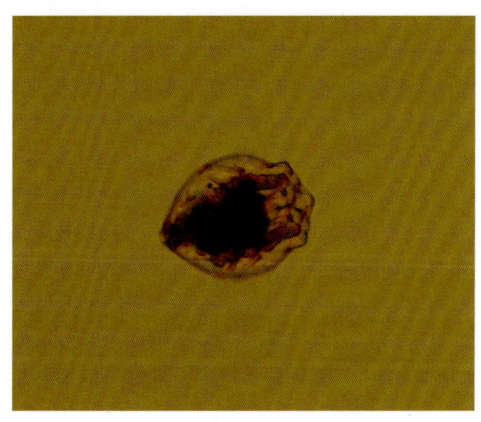

图 6-0-48　泡轮虫属（*Pompholyx sp.*）

49. 微凸镜轮虫（*Testudinella mucronata*）

轮虫纲，单巢目，镜轮科，镜轮虫属。

被甲很明显，背甲和腹甲在两侧和后端的边缘愈合在一起而形成。从背面和腹面观被甲呈宽阔的卵圆形或接近圆形；背甲稍下沉凹入，腹甲或多或少凸出。被甲前端头冠伸出的孔口，是一个横的裂缝；裂缝的背面边缘总是显著凸出，形成1个三角形的尖端；裂缝的腹面形成一很宽阔的V形缺刻，V形的底部钝圆或很尖锐。头和足

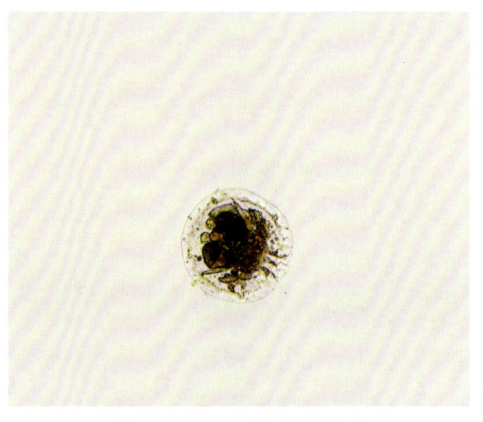

图 6-0-49　微凸镜轮虫（*Testudinella mucronata*）

可完全深入甲内,当完全伸长的时候足呈圆筒形。咀嚼器为槌杖形。被甲长140~170μm。

往往分布于沉水植物多的沼泽、池塘、浅水湖泊及大型或深水湖泊的沿岸带。分布于典农河（银川市段）、阅海湿地、宝湖湿地和鹤泉湖湿地。

50. 扁平泡轮虫（*Pompholyx complanata*）

轮虫纲,单巢目,镜轮科,泡轮虫属。

被甲很薄且非常透明；自背面或腹面观轮廓近似宽阔的卵圆形,背腹面高度压缩而且扁平,因此从前面或侧面观呈饼状。被甲前端背面中央边缘向上突出,形成一迟钝的尖端；前端腹面中央边缘总是下沉形成一V形的凹痕,凹痕两边的边缘向上浮起与背面边缘相连接。本体头冠发达,口位于围顶环带腹面的中央,咀嚼器很大,呈宽阔的心形。咀嚼器槌枝形。被甲长70~90μm,宽60~75μm,休眠卵长56~65μm,宽35μm。

分布广泛,主要生存在池塘和中小型浅水湖泊内。分布于银川宝湖湿地和鹤泉湖湿地。

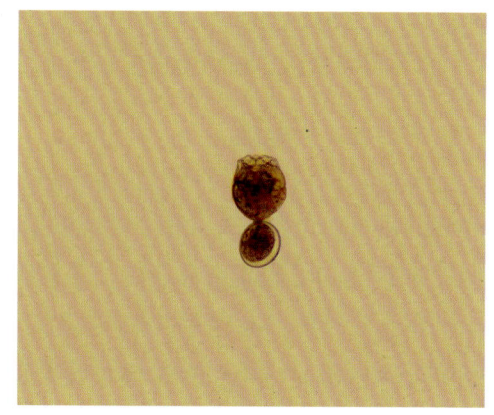

图 6-0-50　扁平泡轮虫（*Pompholyx complanata*）

51. 同尾轮虫（*Diurella sp.*）

轮虫纲,单巢目,鼠轮科。

体呈圆锥形、纺锤形或圆筒形。多少弯曲而扭转,左右不对称。趾2个,长度不超过体长一半。

分布于典农河（银川市段）、宝湖湿地公园、鹤泉湖湿地公园以及阅海湿地公园。

图 6-0-51　同尾轮虫（*Diurella sp.*）

52. 长刺异尾轮虫（*Trichocerca longiseta*）

轮虫纲,单巢目,鼠轮科。

被甲纵长,呈纺锤形,最宽之处位于中部或略中部的前方；前半部分比较宽,后半部逐渐向后瘦削。被甲头部的背面具有2根很发达的棘状的长刺,右边一根比左边一根长很多,二者向上伸出都略向腹面弯转。还有4~7根很微小的尖端,突出于两侧和腹面。左趾很长,长度约为身

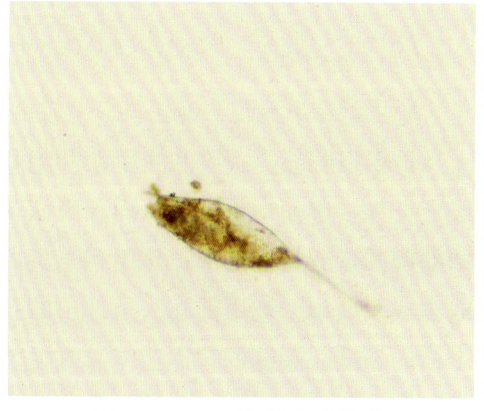

图 6-0-52　长刺异尾轮虫（*Trichocerca longiseta*）

体全长的 2/3；右趾很短。咀嚼板发达，很不对称。身体全长 560μm，左趾长 192μm；前端右刺长 55μm，左刺长 24μm。

分布广泛，最浅的沼泽至深水的沿岸带，沉水植物较多的地方分布很多。分布于典农河（银川市段）、阅海湿地、宝湖湿地和鹤泉湖湿地。

53. 舞跃无柄轮虫（*Ascomorpha saltans*）

轮虫纲，单巢目，腹尾轮科，无柄轮属。

无足，体部十分侧扁，呈囊状。虫体长 132~150μm。

分布于典农河（银川市段）、宝湖湿地公园、鹤泉湖湿地公园以及阅海湿地公园。

54. 须足轮虫（*Euchlanis sp.*）

轮虫动物门，轮虫纲，单巢目，臂尾轮科，须足轮属。

被甲是由一片背甲和一片腹甲愈合而成。被甲或多或少隆起突出，并显著地大于腹甲。腹甲扁平或接近扁平，它的周围都小于背甲。除个别种类外，背甲和腹甲在两旁和后端为一层薄而比较柔弱的皮层连在一起，形成纵长的侧沟和后侧沟。趾 1 对，在有的种类趾很长，有的比较短。

主要分布在湖泊的沿岸带，出没在沉睡植物之间。分布广，对酸性、碱性水适应力强。分布于典农河（银川市段）、阅海湿地、宝湖湿地和鹤泉湖湿地。

55. 透明须足轮虫（*Euchlanis pellucida*）

轮虫动物门，轮虫纲，单巢目，臂尾轮科，须足轮属。

背甲十分隆起，在中央形成一薄的"龙

图 6-0-53 舞跃无柄轮虫
（*Ascomorpha saltans*）

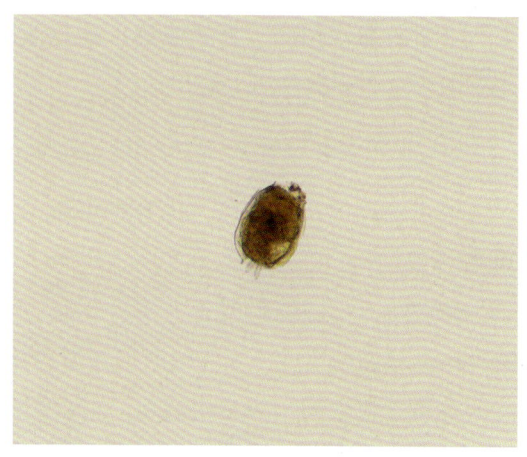

图 6-0-54 须足轮虫（*Euchlanis sp.*）

图 6-0-55 透明须足轮虫
（*Euchlanis pellucida*）

骨片"，两侧边缘向外伸展成一薄的翼膜，横切面呈三辐射形。背甲长224~304μm，宽300~320μm，趾长64μm。

分布广，对酸性、碱性水适应力强。分布于典农河（银川市段）、宝湖湿地。

56. 猪吻轮属（*Dicranophorus sp.*）

轮虫纲，猪吻轮科，猪吻轮属。

身体纵长，或多或少呈纺锤形；皮层硬化，有一显著的颈连接头和躯干两部；躯干后端向后尖削而形成一很小的倒圆锥形的足。足的末端具有一对相当长的趾。绝大多数种类头冠是完全面向腹面的。咀嚼器是正常的锥型。

经常分布于沼泽、天然池塘、养鱼池塘及浅水湖泊。分布于典农河（银川市段）、宝湖湿地。

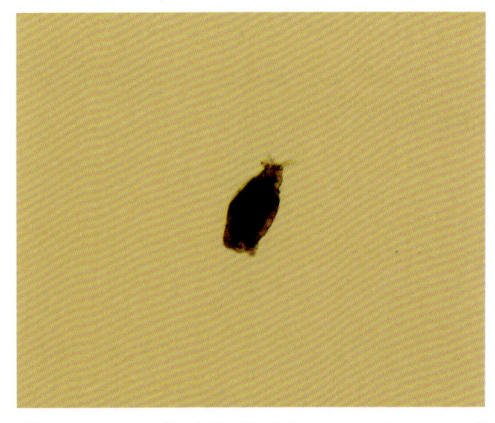

图6-0-56 猪吻轮属（*Dicranophorus sp.*）

57. 长肢多肢轮虫（*Polyarthra dolichoptera*）

轮虫动物门，单巢目，疣毛轮虫科，多肢轮虫属。

体较小，呈圆筒形或长方形；无足。体两旁有许多针状的附属肢，专为跳跃或浮游之用。

分布于典农河（银川市段）、宝湖湿地公园、鹤泉湖湿地公园以及阅海湿地公园。

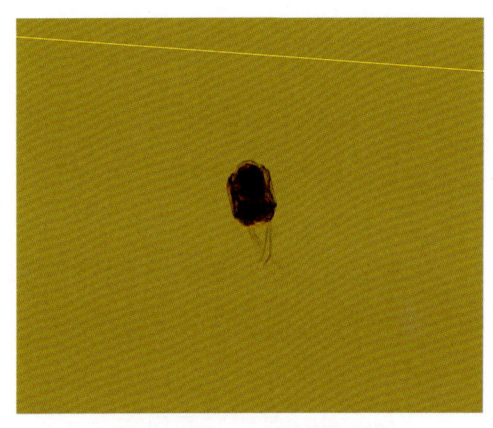

图6-0-57 长肢多肢轮虫
（*Polyarthra dolichoptera*）

58. 针簇多肢轮虫（*Polyarthra trigla*）

轮虫动物门，单巢目，疣毛轮虫科，多肢轮虫属。

身体透明呈长方形或长圆形，背腹面少许扁平；分成头和躯干两部，头和躯干之间有相当明显的紧缩折痕，头的前端和躯干的后端都平直或接近平直；没有足的存在。在头与躯干之间，背面或腹面各有2束粗针状的肢，分别自两侧肩部射出；每1束共有肢3条，呈剑状或细长的针叶片状，每个肢或略短于本体，或超过本体的长度。本体长120~165μm，宽85~114μm；肢长

图6-0-58 针簇多肢轮虫
（*Polyarthra trigla*）

100~170μm。

属于常见种之一，分布极广，从最浅的沼泽到深水湖泊的敞水带都有它们的踪迹，其所聚集的水体多呈富营养型。分布于典农河（银川市段）、宝湖湿地公园、鹤泉湖湿地公园以及阅海湿地公园。

59. 长三肢轮虫（*Filinia longiseta*）

轮虫动物门，轮虫纲，镜轮科，三肢轮虫属。

无被甲，体卵圆形。身体前后端共着生附肢3根，下唇无突出物；前肢较长，为体长的2倍或2倍以上。

分布广泛。自最浅的沼泽至深水湖泊的敞水带，都会有它的踪迹。分布于典农河（银川市段）、宝湖湿地公园、阅海湿地公园。

60. 尾三肢轮虫（*Filinia major*）

轮虫动物门，轮虫纲，单巢目，三肢轮科，三肢轮属。

无足，身体具刺或具针样或肢样突出物，角质层薄，十分透明，身体易弯曲，但固定或死亡后仍能保持一定的形状，身体具3条长或短能动的棘或刚毛，2条在前端，1条在后端，从尾部向外伸出。下唇无突出物，前肢较长，约为体长的2倍或2倍以上。

它们生长在池塘、湖泊中。分布于银川宝湖湿地和鹤泉湖湿地。

61. 迈氏三肢轮虫（*Alomaguttata sars*）

轮虫纲，镜轮科，三肢轮虫属。

无被甲，体卵圆形。具有3根鞭状或粗刚毛状很长的肢，1根不能动的后肢自躯干最后段射出；2根能动的前肢，每1根长度为体长

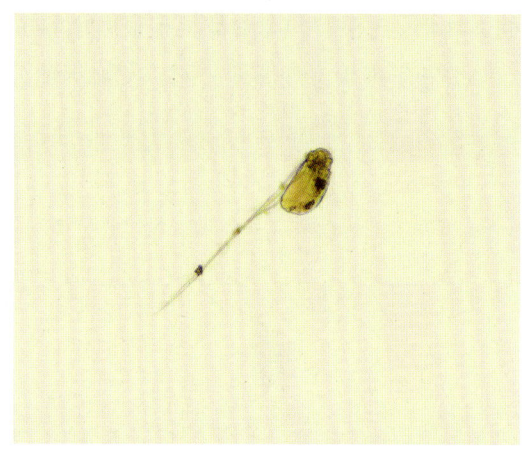

图 6-0-59　长三肢轮虫（*Filinia longiseta*）

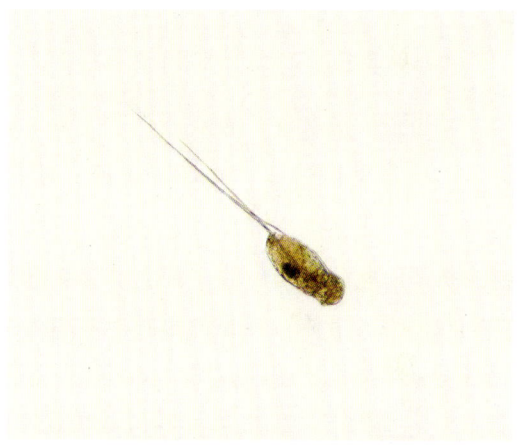

图 6-0-60　尾三肢轮虫（*Filinia major*）

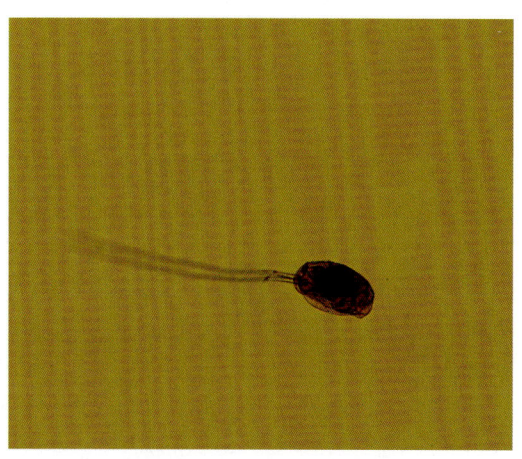

图 6-0-61　迈氏三肢轮虫
（*Alomaguttata sars*）

的2~4倍。3根肢的周围都具有很微小的短刺。

分布于银川宝湖湿地公园、阅海湿地公园。

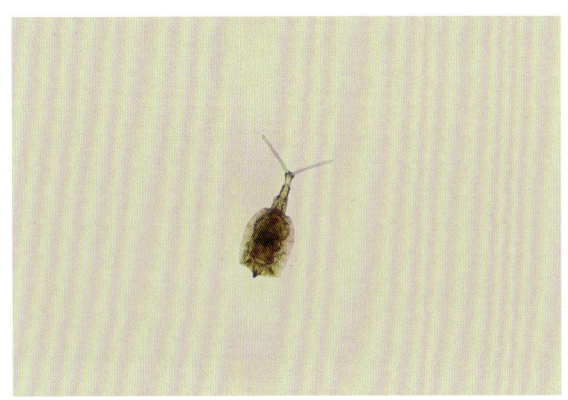

图 6-0-62　方块鬼轮虫（*Trichotria letractis*）

62. 方块鬼轮虫（*Trichotria letractis*）

轮虫纲，单巢目，鬼轮科，鬼轮属。

具有槌形的咀嚼器和须足轮虫形的头冠。身体为被甲所围裹，被甲纵长，躯干背面没有棘刺存在，足比较短。

分布于典农河（银川市段）、宝湖湿地公园、鹤泉湖湿地公园以及阅海湿地公园。

63. 奇异巨腕轮虫（*Pedalia mira*）

轮虫纲，单巢目，镜轮科。

虫体呈倒圆锥形，较短而粗壮，尖削的后端钝圆。虫体前半部具有6个能动的腕状凸出，每个腕状凸出的后端，着生了7~9根发达的羽状刚毛。虫体后半部背面靠近末端有一堆具备纤毛的拇指状的附属器。头冠围顶带腹面有1个下垂的下唇。虫体（不包括腕状凸出）长145~180μm，宽100~120μm。

分布于典农河（银川市段）、宝湖湿地公园、阅海湿地公园。

图 6-0-63　奇异巨腕轮虫（*Pedalia mira*）

64. 月形腔轮虫（*Lecane buna*）

单巢目，腔轮科，腔轮属。

有足，足有趾，有被甲，被甲背腹面均扁平，有2个板或1个板，被甲卵圆形、梨形、盾形，有背板和腹板。被甲前端开口宽而浅，侧缘突出呈角形或短棘，后端浑圆，或延伸呈突起，足短，1~2节，趾长，2个或融合成1个，或部分融合，1个眼。

分布于典农河（银川市段）、鹤泉湖湿地公园、阅海湿地公园。

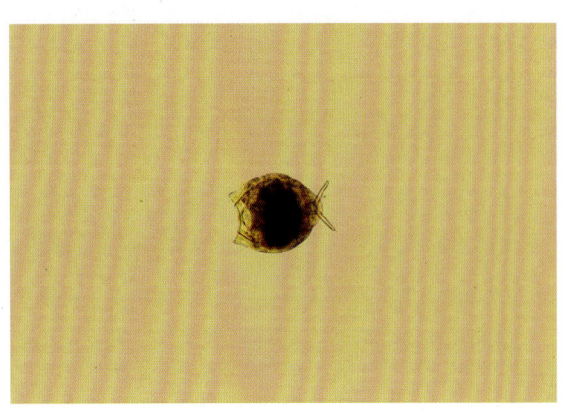

图 6-0-64　月形腔轮虫（*Lecane buna*）

65. 蹄形腔轮虫（*Lecane ungulata*）

轮虫动物门，单巢目，腔轮科，腔轮属。

被甲呈宽阔卵圆形，前缘平直，前边缘微凹。趾较长，爪亦发达而长，基部明显有一基刺。被甲长（不含趾）210~270μm，趾长（含爪）96~112μm。

经常分布于沼泽、天然池塘、养鱼池塘及浅水湖泊。分布于典农河（银川市段）、宝湖湿地。

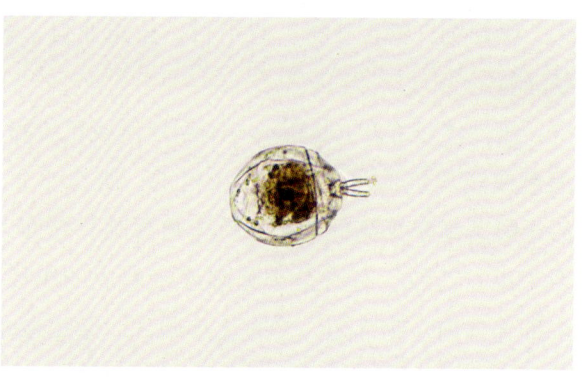

图 6-0-65 蹄形腔轮虫（*Lecane ungulata*）

66. 短尾秀体溞（*Diaphanosoma brachyurum*）

甲壳纲，鳃足亚纲，双甲目，枝角亚目，仙达溞科。

雌性体长 0.85~1.20mm。体近长椭圆形。透明或呈浅黄色。壳瓣的腹缘没有褶片，沿缘具 17~25 根棘齿和许多细刺，还有 10~17 根长刚毛。棘齿与长刚毛重叠排列。头部大，额顶较平，头背面无吸附器。具颈沟。无吻。复眼顶位而偏于腹侧。第 1 触角能动，不分节，末端一根触毛的长度为触角长的 2 倍以上。第 2 触角强大，但向后伸展时，外肢的末端达不到壳瓣的后缘。外肢 2 节，内肢 3 节；游泳刚毛序式 4-8/0-1-4。后腹部向末端趋窄，背缘无

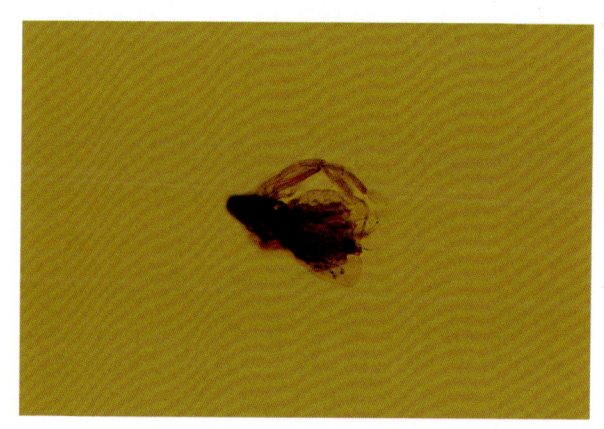

图 6-0-66 短尾秀体溞（*Diaphanosoma brachyurum*）

肛刺，仅在靠近肛门处有若干簇栉毛。尾爪长大，具 3 个爪刺，还有一列栉毛。雄性体长 0.68~0.84mm。壳瓣腹缘的长刚毛一般为 8~10 根，比雌性的略少。第 1 触角呈鞭状，列生细小的刺毛。刺毛列约占触角全长的 3/5。第一胸肢具钩。交媾器一对，较细长，侧面观呈研杆状。

一般分布于湖泊的敞水区；沿岸区的水草丛中亦有，池塘和沼地则少见。没有显著的垂直移动。初夏和中秋季节繁殖旺盛。分布于典农河（银川市段）、阅海湿地公园。

67. 点滴尖额溞（*Alonaguttata sars*）

甲壳纲，鳃足亚纲，双甲目，枝角亚目，盘肠溞科。

雌性体长 0.38~0.45mm。体近方形或长方形。无色或淡黄色透明。壳瓣背缘稍拱；腹缘平直；后缘显著高于壳高的一半。后腹角浑圆。壳面大多为纵行花纹，有时呈小圆圈连接而成的纵纹。头部伸向前。吻部短。复眼比单眼大。第1触角不超过吻尖。第2触角内、外肢各分3节，总共8根游泳刚毛。肠管盘曲，末部有一盲囊。后腹部短而宽，末背角呈三角形，背缘具 7~9 个粗壮的肛刺，侧面无栉毛簇。尾爪基部具一爪刺。雄性体长 0.30~0.43mm。壳瓣背缘平直；腹缘中部凹入。第1触角的前后侧均具触毛。第1胸肢具强钩。后腹部向爪尖削窄，无肛刺而仅在侧面有少数栉毛，无爪刺。

图 6-0-67　点滴尖额溞
（*Alonaguttata sars*）

栖居于湖泊沿岸草丛中，池塘或水潭里也有。分布于典农河（银川市段）、鹤泉湖湿地公园、阅海湿地公园。

68. 长额象鼻溞（*Bosmina sp.*）

甲壳纲，双甲目，象鼻溞科。

体形变化甚大。头部与躯干部之间无颈沟。壳瓣后腹角向后延伸成1壳刺，其前方有1根刺毛，称为库尔茨毛。第1触角与吻愈合。背侧有许多细齿列，基端部与末端部之间有1个三棘齿和1束嗅毛。在复眼与吻端中间的前侧生出1根触毛称为额毛。第2触角短小，外肢4节，内肢3节。胸肢6对，前2对变为执握肢，最后1对十分退化。后腹部侧扁，末端呈横截状。末腹角延伸成一圆柱形突起，突起上着生尾爪；末背角有细小的肛刺。尾刚毛短。尾爪有细刺。雄体小而长；壳瓣背缘平直；第1触角不与吻愈合，能动，基部通常有2根触毛；第1胸肢有钩和长鞭。

图 6-0-68　长额象鼻溞（*Bosmina sp.*）

分布于典农河（银川市段）、鹤泉湖湿地公园、阅海湿地公园。

69. 简弧象鼻溞（*Bosmina coregoni*）

甲壳纲，双甲目，象鼻溞科。

雌性体长 0.34~1.20mm。外形与长额象鼻溞相似。无色透明或带黄褐色。壳瓣背缘隆起，比长额象鼻溞要高。后腹角的壳刺很长。壳面大多光滑无纹。额毛非常靠近吻部末端。壳弧为一条隆线，亦不分叉。复眼较小。第1触角大多很长，末端决不会弯曲呈钩状。三角形的棘齿列细而尖，从侧面观察，不凸出于触角背侧之外。后腹部末端内凹，末背角比长额象鼻溞更加凸出，有 4~8 个细小的肛刺，侧面有很多簇刚毛。尾爪均匀弯曲，只在基部有一列栉状刺，约计 5~10 个，往后有一列刚毛，约 25~40 根。雄性体长 0.30~0.70mm。壳刺非常退化或完全消失。第1触角特别长。后腹部末端削尖，其他特征与长额象鼻溞的相似。

分布于典农河（银川市段）、鹤泉湖湿地公园。

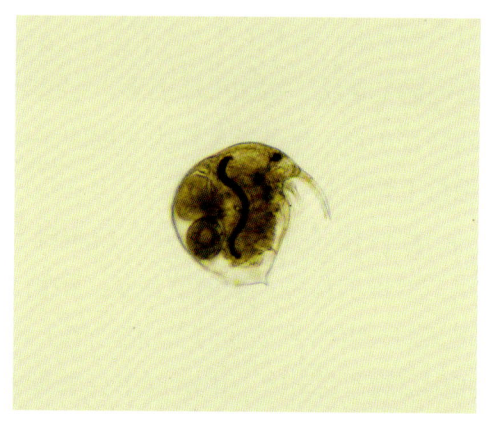

图 6-0-69 简弧象鼻溞（*Bosmina coregoni*）

70. 桡足幼体（*Copepodid larva*）

桡足类。

桡足幼体是甲壳动物桡足类的后无节幼体经最后一次蜕皮后变成的幼体。第1桡足幼体期的头胸部分5节，第2桡足幼体期直至成体两性皆为6节组成。第1、2桡足幼体期腹部仅一节，第3期腹部分2节，第4期分3节，第5期腹部已有明显的两性分化，雄性为4节；雌性为3节，生殖节粗壮，为第4桡足幼体期的第1、2腹节愈合而成，第1腹节两侧后端的短刺仍保存于生殖节的上半部。尾叉具有背刚毛1对，末刚毛4对；在第1桡足幼体期呈羽状者仅2对，第2期为4对，自第3期后均为5对。体色和前端的眼点与无节幼体期相似。从第6无节幼体期蜕皮进入第1桡足幼体期的变态最为显著。此期身体已分成头胸部与腹部（附有尾叉），各部都已分节，腹面各对附肢逐渐完全，与成体的外形基本相同。在第5桡足幼体期，从第1触角与第5胸节上可以看出雌雄两性的不同。

分布于典农河（银川市段）、宝湖湿地公园、鹤泉湖湿地公园以及阅海湿地公园。

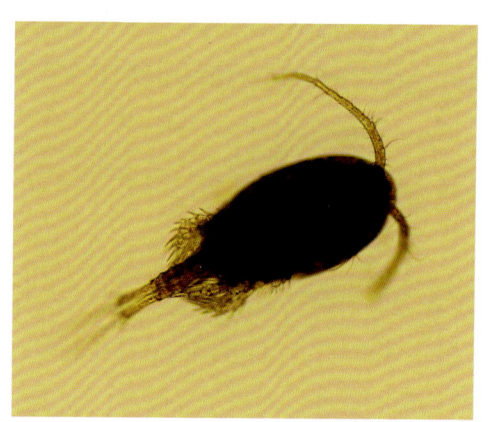

图 6-0-70 桡足幼体（*Copepodid larva*）

71. 广布中剑水蚤（*Mesocyclops leuckarti*）

颚足纲，剑水蚤目，剑水蚤科，中剑水蚤属。

体呈锥状，头胸甲卵圆形。生殖节瘦长，纳精囊呈 T 形。尾叉长度约为宽度的 3~4 倍，侧尾毛位于外缘近末端的 1/3 处。

雌性体长 0.88~1.20mm。头胸部呈卵圆形，头节的中部最宽。生殖节瘦长，纳精囊呈 T 形。尾叉的长度约当宽度的 3.2 倍。第 1 触角末端约抵第 2 胸节的末缘，共分 17 节，末两节上具透明膜，第 16 节透明膜的边缘具锯齿，第 17 节的除锯齿外，接近末端 1/3 处具一钩状缺刻。第 1~4 胸足外肢第 3 节的刺式为 2、3、3、3。第 4 胸足连接板的后缘两侧各具一齿；内肢第 3 节的长度约当宽度的 3.9 倍，末端的内刺稍短于外刺，两刺均短于节本部。第 5 胸足第 1 节的外末角具一根羽状刚毛；第 2 节窄长，内缘具一长刺，末端具一根长刚毛。雄性体长 0.64~0.83mm。第 6 胸足具一根短内刺及两根外刚毛。

生活于池塘、水库和温泉澡堂排水池中，为浮游性、暖水性与肉食性种类，能侵袭鱼苗。分布于典农河（银川市段）、宝湖湿地公园。

图 6-0-71　广布中剑水蚤
（*Mesocyclops leuckarti*）

72. 无节幼体（*Nauplius*）

节肢动物门，甲壳纲。

无节幼体是低等甲壳类孵化后最初的幼体，但高等甲壳类在更高的发育阶段才开始出现（十足目、糠虾目）。甲壳纲的幼体中，身体尚不分为头胸部和腹部，呈扁平椭圆形，在正中线前方有无节幼体眼 1 个，其后方有口和消化管（肛门尚未开启），左右具第 1 触角、第 2 触角和大颚等 3 对附肢，这一阶段称为无节幼体。第 2 触角和大颚为双叉型，其原肢上均有朝向内方，即朝向口的突起（颚基，gnathobase），有捕食和咀嚼的功能。附肢均由数个关节构成，具游泳刚毛。继无节幼体期为后无节幼虫期。

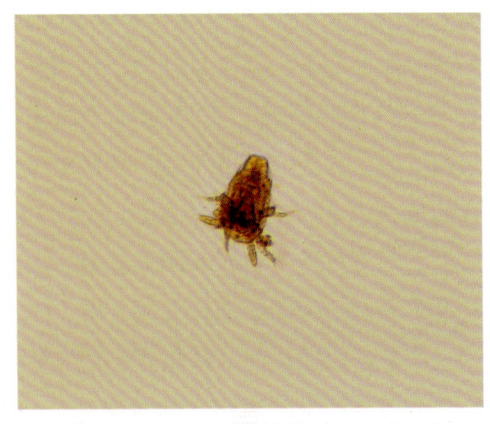

图 6-0-72　无节幼体（*Nauplius*）

分布于典农河（银川市段）、宝湖湿地公园、鹤泉湖湿地公园以及阅海湿地公园。

73. 汤匙华哲水蚤（*Sinocalanus dorrii*）

胸刺水蚤科，华哲水蚤属。

雌性体长 1.44~1.73mm。尾叉窄长，其长约为宽的 6 倍，内外缘均有细刚毛。第 1 触角分 25 节。第 5 对胸足左右对称，内外肢均分 3 节。雄性体长 1.30~1.69mm，执握肢 23 节。第 5 右胸足第 2 基节内缘基部伸出一匙状突，外肢分 2 节，第 1 节的外末角有一短刺，第 2 节基部内侧面有数个突起，末端延伸成钩刺状。外肢第 1 节内缘有一小隆起，外末角有一根短刺。内肢分 3 节，第 2 节的内缘基半部显著突出，内缘末半部附一根长刚毛，第 3 节有 6 根长羽状刚毛。

主要分布在亚热带和温带的湖泊、池塘和河流中。分布于典农河（银川市段）。

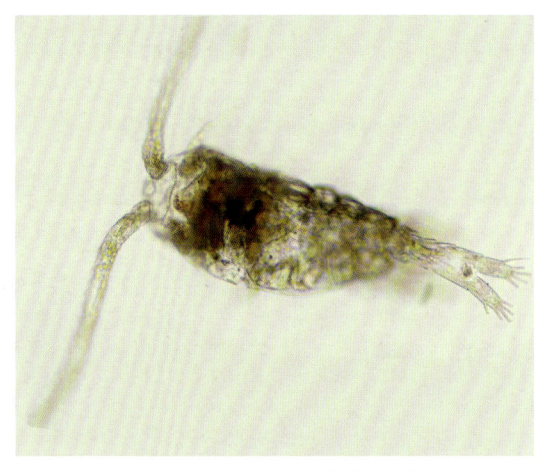

图 6-0-73　汤匙华哲水蚤
（*Sinocalanus dorrii*）

图 6-0-74　台湾温剑水蚤
（*Thermocyclops taihokuensis*）

74. 台湾温剑水蚤（*Thermocyclops taihokuensis*）

甲壳纲，剑水蚤目，剑水蚤科，温剑水蚤属。

第 4 胸足内肢末节的内刺长于节本部，内刺约为外刺长的 3.5 倍以上。

分布于典农河（银川市段）、阅海湿地公园。

第七章

底栖动物

底栖动物是指栖息于海洋或内陆水域底内或底表的生物，其全部或大部分时间生活于水体底部，是水生生物中的一个重要生态类型。

1. 泉膀胱螺（*Physa foncinalis*）

软体动物门，腹足纲，基眼目，膀胱螺科，膀胱螺属。

贝壳中等大小，呈卵圆形，左旋，壳质薄，易碎，半透明，壳高 10mm，宽 6mm，螺层 3~4 层，螺旋部低，体螺层极膨胀，几乎占贝壳全部，壳面光滑，黄褐色或红褐色，具有金属光泽，壳口呈长椭圆形，上方有一锐角，外缘薄而简单，轴缘略形成皱褶。

常见于沼泽、水洼、池塘、稻田以及沟渠及小溪沿岸带等静水水体中。分布于典农河（银川市段）以及鹤泉湖湿地公园。

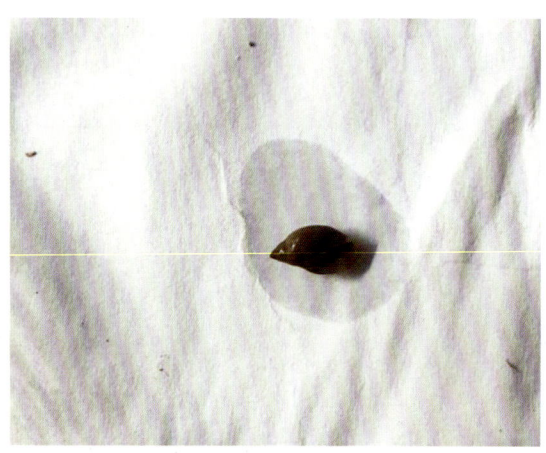

图 7-0-1　泉膀胱螺（*Physa foncinalis*）

2. 大脐圆扁螺（*Hippeutis umbilicalis benson*）

腹足纲，基眼目，椎实螺科。

贝壳小型，极端右旋，直径约为 8mm，壳高为 2mm 左右，个体大者壳直径可达 9mm 以上。壳质薄，略透明，在贝壳上部可以看到全部螺层，壳面黄褐色，壳口斜，呈宽弯月形，贝壳内无隔板。

全国各地均有分布，是中国特有种。常见于沼泽、水洼、池塘、稻田以及沟渠及小溪沿岸带等静水水体中，一般生活区域河岸带伴有大片树林。分布于银川鹤泉湖湿地公园。

图 7-0-2　大脐圆扁螺
（*Hippeutis umbilicalis benson*）

3. 旋螺属（*Gyraulus convexiusculus*）

软体动物门，腹足纲，新腹足目，旋螺科。

贝壳中、大型，坚固，螺塔高而前水管沟长。壳表有轴肋和螺旋雕刻，通常有柔软光滑的壳皮覆盖。壳口卵形。外唇没有增厚，在内壁有螺旋纹。口盖叶状，核在下方。软体部位红色。齿舌的中央齿狭窄有3齿尖。侧齿宽有许多栉状齿尖。肉食性。

栖于浅海岩礁或砂底。分布在典农河（银川市段）、阅海湿地、宝湖湿地和鹤泉湖湿地。

图 7-0-3　旋螺属（*Gyraulus convexiusculus*）

4. 凸旋螺（*Gyraulus convexiusculus*）

软体动物门，腹足纲，肺螺亚纲，基眼目，扁蜷螺科。

壳质薄，外形呈扁圆盘状。有4~5个螺层。各螺层缓慢均匀增长，外围新形成的螺层逐渐包裹里边的螺层，贝壳上、下两面皆可看到同样的螺层，两面中央皆凹入。体螺层周缘具有或者缺少周缘龙骨。但其不影响壳口外缘形状，外缘仍呈弧形。缝合线明显。壳口略呈斜卵圆形。壳内无内隔板。壳面灰色、灰黄色或淡褐色。常覆有黑色的壳皮。

图 7-0-4　凸旋螺（*Gyraulus convexiusculus*）

常见于沼泽、水洼、池塘、稻田以及沟渠及小溪沿岸带等静水水体中。分布于典农河（银川市段）、阅海湿地公园以及鹤泉湖湿地公园。

5. 卵萝卜螺（Radix ovata）

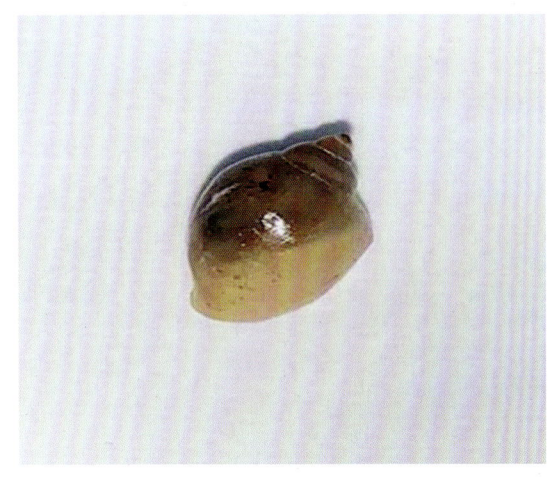

图 7-0-5　卵萝卜螺（Radix ovata）

软体动物门，腹足纲，肺螺亚纲，基眼目，椎实螺科。

贝壳小，一般壳高 15mm，壳宽 9mm 左右。壳质薄，外形呈卵圆形。有 4~5 个螺层，螺旋部短、尖锐，其高度小于壳高的 1/4，螺层膨胀，呈梯状排列，壳顶钝，体螺层正常地膨胀，上部明显地膨大。壳面呈灰白色或褐色。壳口呈椭圆形，外缘薄，易碎，内圆上方贴覆于体螺层上，皱褶不明显。脐孔不明显或呈缝状。

常见于淡水、静水的稻田、池塘、湖泊沿岸、缓流的小溪、沟渠、沼泽、咸水中。分布于典农河（银川市段）以及鹤泉湖湿地公园。

6. 耳萝卜螺（Radix auricularia）

软体动物门，肺螺亚纲，基眼目，椎实螺科，萝卜螺属。

耳萝卜螺的壳大，高达 32mm。壳宽可达 29mm，有 4 个螺层，螺旋部极短、尖锐，体螺层膨大，形成贝壳的绝大部分；壳面呈黄褐色或茶褐色，具有明显的生长纹，或者具有"锤击"的凹痕。壳口很大，向外扩张，呈耳形，外缘薄，呈半圆形，内缘贴覆盖于体螺层上，轴缘略扭成 S 形。脐孔位于皱褶的后边。卵生，除冬季外皆可产卵。卵产出后包裹于卵袋内，卵的数目随卵袋大小而不同，一般上、下重叠排列，有 70 余个。

图 7-0-6　耳萝卜螺（Radix auricularia）

其为肝片吸虫的中间宿主，也是引起人类皮炎的土耳其斯坦鸟毕吸虫、包氏毛毕吸虫的中间宿主。本种形态变异较大，幼体时期，体螺层不十分膨胀，螺旋部较高，因此外形多不呈耳状，在生长过程中比例逐渐变化。

栖息于沼泽、小水洼、池塘、湖泊、水库到小溪的沿岸带，以及咸水湖、温泉等水域。分布于典农河（银川市段）及宝湖湿地。

7. 狭萝卜螺（*Radix lagotis schrank*）

软体动物门，腹足纲，基眼目，椎实螺科，萝卜螺属。

贝壳中等大小，壳高 20mm，壳宽 155mm。壳质薄，略坚固，外形略呈长椭圆形。具有 4~5 个螺层，螺旋部的螺层较高，略尖锐，缓慢均匀增长，其高度约为全部壳高的 1/3；壳顶尖锐；体螺层略膨胀，常常是斜的，形成一大的壳口，呈椭圆形，周缘完整。外缘锋锐，内缘螺轴处有略扭转的皱褶。脐孔呈缝状。壳面呈灰白色或淡黄褐色。具有细致的生长纹。齿舌：中央齿具有 1 个小齿。第一侧齿具有 3 个小齿。

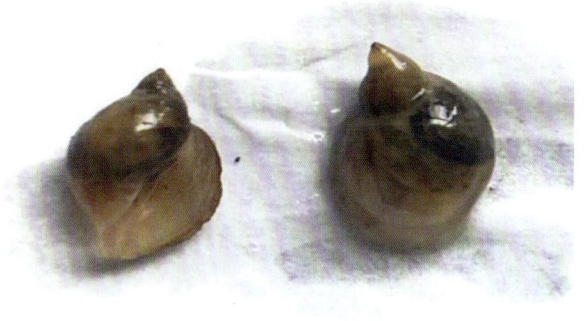

图 7-0-7　狭萝卜螺（*Radix lagotis schrank*）

分布于典农河（银川市段）以及鹤泉湖湿地公园。

8. 椭圆萝卜螺（*Radix swinhoei*）

软体动物门，腹足纲，基眼目，椎实螺科，萝卜螺属。

有 3~4 个螺层，各层缓慢均匀地增长，螺旋部长，并逐渐地削尖，体螺层也较长，上部缩小形成削肩状，中、下部扩大。壳面呈淡褐色或褐色。具有明显的生长纹。壳面呈椭圆形。不向外扩张，上方狭小，向下逐渐扩大，下方最宽大。内缘肥厚，上方贴覆于体螺层上，下方形成皱褶。有时皱褶强烈的扭转。外缘锋锐，易碎。脐孔呈缝状或不明显。齿舌中央齿稍不对称。第一个侧齿具有 3 个小齿。

图 7-0-8　椭圆萝卜螺（*Radix swinhoei*）

主要分布在鹤泉湖湿地公园以及典农河（银川市段），同时在阅海湿地公园以及鹤泉湖湿地公园也有分布。

9. 萝卜螺属（Radix swinhoei）

软体动物门，腹足纲，基眼目，椎实螺科。

壳质薄，呈耳形或卵圆形。有4~5个螺层，螺旋部短而尖，体螺层大。生长线明显。壳口大，无厣。生活于水流缓慢、水草茂盛的小河、沟渠、池塘、湖泊、水田或沼泽中。常在水面下悬体游动。种类多，多为吸虫中间宿主。中国分布较广的为耳萝卜螺，壳高约2cm，体螺层极膨大，壳口向外扩张，壳面黄褐或茶褐色。可作禽类、鱼类食料，为肝片吸虫、土耳其斯坦东毕吸虫等的中间宿主。

分布于典农河（银川市段）。

图 7-0-9　萝卜螺属（Radix swinhoei）

10. 沼螺属（Parafossarulus）

软体动物门、腹足纲、前鳃亚纲、中腹足目、豆螺科。

壳高一般10mm以上。壳坚厚。壳面具有螺旋纹或螺棱；壳口周缘厚，有深色框边。厣为石灰质薄片，与壳口同大小。沼螺雌雄异体，其中雄性沼螺的交接器位于颈部背侧。

分布于宝湖湿地公园。

图 7-0-10　沼螺属（Parafossarulus）

11. 赤豆螺（Bithynia fuchsiana）

软体动物门、腹足纲、中腹足目、豆螺科。

贝壳成体壳高10mm左右，壳宽7mm左右。与沼螺属种类比较，壳质较薄，易碎，外形呈宽卵圆锥形。有5个螺层，皆外凸，各螺层均匀迅速增长。壳顶钝，有时被损坏。螺旋部呈短圆锥形，略等于或大于全部壳高的1/2，体螺层膨大、缝合线深。壳面呈灰褐色、淡褐色，光滑，具有不明显的生长纹。壳口呈卵圆形，周缘完整，不增厚，易破损，也具有黑色框边，内唇上缘呈斜直线状，贴覆于体螺层上。与较垂直的轴缘相交形成一个略大于90°的角

图 7-0-11　赤豆螺（Bithynia fuchsiana）

度。厣为石灰质的薄片，与壳口同样大小。紧紧封闭着壳口，不能拉入壳内。具有同心圆的生长纹，无脐孔。

主要分布在典农河（银川市段），同时在宝湖湿地公园以及鹤泉湖湿地公园均有分布。

12. 豆螺属（*Bythinella chinensis*）

软体动物门、腹足纲、中腹足目、觿螺科。

壳高约 10mm，薄而坚固，右旋，有厣封口，触角一对，细长，栖息于水渠、小溪、池塘、湖泊中。本属的赤豆螺为肝吸虫的第一中间宿主。

分布于典农河（银川市段）。

13. 檞豆螺（*Bithynia misella*）

软体动物门，腹足纲，中腹足目，豆螺科，豆螺属。

贝壳小型，成体壳高不超过 7mm，壳宽 4mm。壳质薄，外形呈长圆锥形，高度约占全部壳高的 2/3，体螺层略膨大。缝合线深。壳面呈淡褐色或淡灰色，光滑，具有明显的生长线。壳口呈宽卵圆形，周缘完整，锋锐，不扩张。厣为石灰质薄片，呈卵圆形，与壳口同样大小，不能落入壳口内，具有同心的生长纹。脐孔明显。

栖息在运河、溪流、河流、沟渠、稻田及池塘内，附生在水草上或者匍匐在泥底。出现于典农河（银川市段）。

14. 球圆田螺（*Cipangopaludina ampulliformis*）

软体动物门，腹足纲，中腹足目，田螺科，圆田螺属。

贝壳比中国圆田螺小，成体壳高一般在 35mm 左右，壳宽 29mm 左右。壳质坚固，外形呈卵圆锥形，有 6 个螺层，各层膨大，螺层在宽度上增长迅速；螺旋部较短，体螺层特别膨大，但上部不呈肩状；壳顶钝，经常被腐蚀，缝合线深。壳面

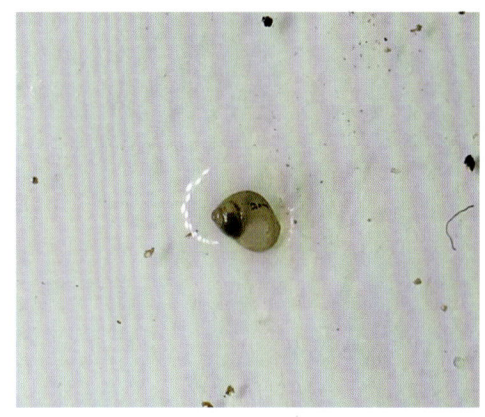

图 7-0-12　豆螺属（*Bythinella chinensis*）

图 7-0-13　檞豆螺（*Bithynia misella*）

图 7-0-14　球圆田螺
（*Cipangopaludina ampulliformis*）

呈绿褐色或黄褐色。壳呈卵圆形，周缘常具黑色框边，外唇简单，内唇肥厚。脐孔深呈缝状。厣角质，为一黄色卵圆形薄片。核靠近内唇中央。

分布于典农河（银川市段）。

15. 环棱螺属（*Bellamya*）

软体动物门，腹足纲，中腹足目，田螺科。

螺壳圆锥形。螺环面近于平。体环大，具旋棱。壳口卵圆形，口缘薄，上端角状。脐小。

侏罗纪至现代，在亚洲及非洲均有出现。中国在侏罗纪、白垩纪及更新统均有化石产出。可以适应非常多样的生存环境，从花园、森林、沙漠到山区，从沟渠、河流到

图 7-0-15　环棱螺属（*Bellamya*）

湖泊，从河口、泥滩、布满岩石的潮间带、沙底的潮下带到深海，还有些营寄生。分布于典农河（银川市段）、阅海湿地公园、宝湖湿地公园以及鹤泉湖湿地公园。

16. 梨形环棱螺（*Bellamya purificata*）

软体动物门，腹足纲，中腹足目，田螺科，环棱螺属。

梨形环棱螺是一种大型环棱螺，全体呈梨形。壳质坚实而厚。壳高可达39mm，壳宽一般为24~26mm。螺层6~7层，自上而下缓慢增长，缝合线明显。壳塔呈宽圆锥形，壳顶尖，各螺层膨胀，体螺层尤为膨胀。壳表面黄绿色或黄褐色，略光滑。在体螺层及次体螺层上常具3~4条螺棱，最下端的一条螺棱特别明显，幼螺的螺棱上长有许

图 7-0-16　梨形环棱螺（*Bellamya purificata*）

多细毛。壳口呈卵圆形，常具有黑色框边。外唇简单，内唇肥厚，上方外折贴覆于体螺层上。厣为一角质薄片，卵圆形，黄褐色。脐孔明显。齿式为：3-1-3；2-1-2；2-12；3-1-3。

喜栖于淡水的湖泊、江河、池塘、沟渠或水田中。以宽大的腹足匍匐于水草上或爬行于水底，或附着在岸边岩石上。对环境的适应性强，具有耐旱、耐寒、耐氧的能力。出现于宝湖湿地公园。

17. 铜锈环棱螺（*Bellamya aeruginosa*）

软体动物门，腹足纲，中腹足目，田螺科，环棱螺属。

铜锈环棱螺是环棱螺属中较瘦小的一种，全体呈长圆锥形。壳质厚而坚硬。螺层6~7层，自上而下缓慢增长。缝合线浅而明显。壳塔呈尖圆锥形，体螺层稍膨大。壳表面铜锈色或绿褐色，较光滑，生长纹明显。壳口卵圆形，上方有一锐角，周缘完整。脐孔明显，呈狭缝状。厣为角质的薄片。

图 7-0-17　铜锈环棱螺
（*Bellamya aeruginosa*）

内部结构：铜锈环棱螺肝脏位于螺尾端，呈螺旋状，黄褐色，光亮度高，富弹性，外覆一层薄浆膜，最外面有一层环肌层，可使肝脏与周围的性腺等器官分开。为复管泡状腺，由许多球形或近球形的肝小叶构成。横切面管腔呈星射状裂隙，内有分泌物。纵切面可见上皮细胞呈柱状，有规则地排列构成腺管壁。核靠近基膜，圆形，1~2个核仁，上皮细胞极性明显，基底面有基膜，游离面有刷状缘。肝小叶之间有结缔组织填充，其间可观察到不规则圆形的网状细胞。腺上皮主要由3种细胞构成，即消化细胞、排泄细胞、钙细胞。相邻细胞间常通过细胞间产生的突出物相互交错连接。

分布于典农河（银川市段）。

18. 方形环棱螺（*Bellamya quadrata*）

软体动物门，腹足纲，中腹足目，田螺科，田螺属。

方形环棱螺的贝壳中等大小，成体壳高28mm，壳宽15mm。壳质厚、坚固，外形呈长圆锥形。有7个螺层，各螺层高、宽度缓慢均匀增长，壳面不外凸。缝合线明显。螺旋部高，呈长圆锥形，其高度约等于全部壳高的2/3；体螺层不膨胀。壳面呈绿褐色或黄褐色，具有细密而明显的生长纹及螺棱，在体螺层上的螺棱显著。壳口呈宽卵圆形，上方有一锐角，周缘完整，脐孔不明显。厣为角质的薄片。中央齿上缘有11个

图 7-0-18　方形环棱螺
（*Bellamya quadrata*）

尖齿，侧齿上缘有10个尖齿，内缘齿有9个，外缘齿有12个尖齿，齿式为5-1-5；5-1-4；4-1-4；12。雄性右触角短、粗、弯曲，形成交配器官。

栖息于河流、湖泊、沟渠或池塘内，水田内亦偶有发现。出现于典农河（银川市段）。

19. 方格短沟蜷（*Semisulcospira cancellata*）

软体动物门，腹足纲，中腹足目，短沟蜷属。

常见物种方格短沟蜷，贝壳塔形。壳面具纵肋，壳顶常被腐蚀。壳口卵形，上、下两端均呈角状。厣为角质。黄褐色卵圆形的薄片。

常栖息于淡水河溪、池塘、湖泊及稻田等地方。分布于典农河（银川市段）以及宝湖湿地公园。

图 7-0-19　方格短沟蜷
（*Semisulcospira cancellata*）

20. 光滑狭口螺（*Stenothyra glabra*）

软体动物门，腹足纲，中腹足目，狭口螺科。

贝壳极小，两端较细，中间粗大，近圆桶状，贝壳较坚实，多少透明，壳高 3.2mm，壳宽 1.8mm。有 5 个螺层，缝合线明显，各层外凸。螺旋部各层缓慢均匀增长。体螺层增长迅速。壳顶钝，体螺层腹面稍压扁而平。壳面呈淡黄色，光滑，仅现丝状生长纹。壳口小，呈圆形。周缘完整，简单。

栖息于有淡水注入的海湾泥土上。以微小生物为食料。淡水、稻田、沟渠、湖泊、池塘、缓流小河的沿岸带均有发现，淡水水域或咸淡水水域中，水底为沙底、泥沙底或淤泥底。分布于典农河（银川市段）。

图 7-0-20　光滑狭口螺
（*Stenothyra glabra*）

21. 钉螺属（*Oncomelania hupensis*）

软体动物门，腹足纲，中腹足目，盖螺科。

个体中等大小，壳高 7~10mm。外形多呈长圆锥形。有 6~9 个螺层，各层缓慢增长，壳顶尖，螺旋部高。壳面光滑或有纵肋；壳口卵圆形，外唇背侧多有一唇嵴；齿舌中央齿两侧各有 2~3 个基底齿。厣为角质，黄褐色。

栖息于江河、湖泊、沟渠、池塘、稻田内或沿岸草丛中，为两栖性生活，幼螺喜栖息于水

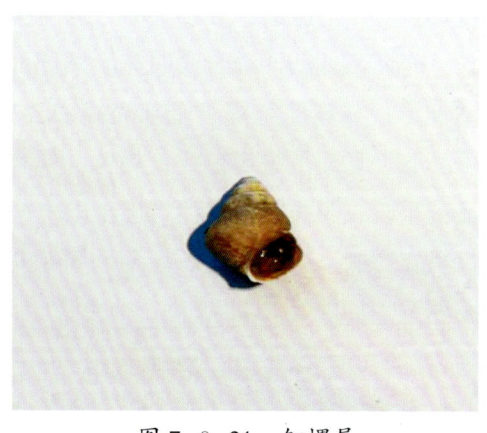

图 7-0-21　钉螺属
（*Oncomelania hupensis*）

内，成螺喜栖息于潮湿地带的草丛中。分布于阅海湿地公园。

22. 钉螺指名亚种（Oncomelania hupensis）

软体动物门，腹足纲，中腹足目，螺科，钉螺属。

贝壳较小，成体高 7~10mm，宽 3~4mm，尖圆锥形，有 6~9 个螺层。

分布于淡水地势低洼的平原地区，以及湖泊沿岸带、湖汊、湖滩、缓流小河、灌溉沟渠、池塘、稻田中。分布于典农河（银川市段）。

图 7-0-22 钉螺指名亚种
（Oncomelania hupensis）

23. 河蚬（Corbicula fluminea）

软体动物门，瓣鳃纲，真瓣鳃目，蚬科，蚬属。

河蚬贝壳中等大小，呈圆底三角形，壳高与壳长近似，两壳膨胀常呈棕黄色，壳面有粗糙的环肋。

这类动物生活环境与底质关系密切，主要栖息于泥底或泥沙底水流急的深水河流及湖泊内。分布于典农河（银川市段）。

图 7-0-23 河蚬（Corbicula fluminea）

24. 背角无齿蚌（Anodonta woodianawoodiana）

软体动物门，双壳纲，蚌目，蚌科，无齿蚌属。

背角无齿蚌的壳长达 20cm，呈有角突的卵圆形，前端圆，后端略呈斜截形，壳薄，微膨胀，壳面平滑，生长线细，3 条肋脉，无铰合齿，肉可食，也可作鱼类、禽类的饵料和家禽、家畜的饲料。其珍珠的质量次于三角帆蚌及褶纹冠蚌所育的珍珠，壳可入药。

背角无齿蚌多栖息于淤泥底质、水流略缓或静水水域内，是一种常见的种类。在我国江南地

图 7-0-24 背角无齿蚌
（Anodonta woodianawoodiana）

区，性腺一般在 3 月左右成熟。钩介幼虫在 4—5 月排出体外，寄生在鱼体上，逐渐发育成幼蚌而脱离鱼体，沉入水底营底栖生活。分布于典农河（银川市段）。

25. 石蛭属（*Heropbdella*）

环节动物门，石蛭纲，石蛭科。

身体呈长钉形，前 1/4 削尖，后 3/4 宽度不变。背面隆起，腹面平坦。体长 20~52mm；头宽 0.7~2.5mm；最大体宽 3~9mm；尾盘直径 2.4~9.0mm，精管膨腔有矮胖的角，其长和宽几乎相等，不裂开。两条管状卵囊分开并同时折回。

常见于流水中生活，多出现在河川、湖泊与池塘的浪击带以及通常附着在石块下。分布于典农河（银川市段）。

图 7-0-25　石蛭属（*Heropbdella*）

26. 尾鳃蚓属（*Branchiura*）

环节动物门，寡毛纲，单向蚓目，颤蚓科。

体长 40~450mm，体节 10~250 节。个体很大，从身体约为 2/3 处开始直至尾端每个体节均有鳃一对。前端背刚毛针状，每束 5~10 条。同时有少量发状刚毛。腹刚毛钩状，每束 5~8 条，远叉短小。输精管短，精管膨胀长筒形，上裹分散的前列腺细胞。有副膨部与膨部相连后由共同管道接交配腔。交配腔可翻转成假阴茎。

喜河流和温暖型水域。活动范围大，中污染水体多见。分布于典农河（银川市段）。

图 7-0-26　尾鳃蚓属（*Branchiura*）

27. 水丝蚓属（*Limnodrilus hoffmeisteri*）

环节动物门，寡毛纲，近孔寡毛目，颤蚓科。

体节 85~110 节。生活在淡水水域中。新鲜的水蚯蚓为鲜红色或深红色。常集积成团。为喂养金鱼的最好饲料之一，大小鱼均喜摄取。冬

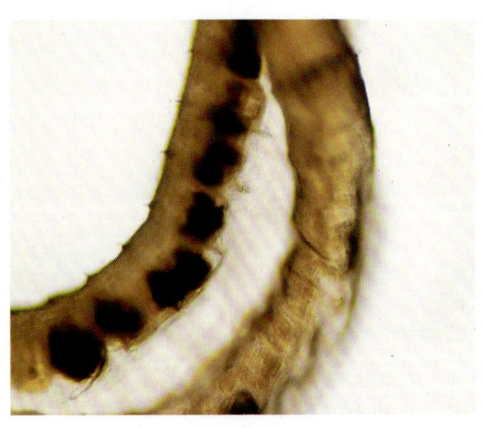

图 7-0-27　水丝蚓属（*Limnodrilus hoffmeisteri*）

季，天然水域中的鱼虫极少，可弥补饵料的不足。营养价值近似于桡足类。已经死亡的不能喂鱼。它们多生活在江河沟渠流域的岸边或河底的污泥中，密集于污泥表层，一端固定在污泥中，一端伸出污泥在水中颤动，一遇到惊动，立刻缩回污泥中。繁殖能力随着气温升高而增强。

分布于典农河（银川市段）以及鹤泉湖湿地公园。

28. 金线蛭属（*Whitmania pigra*）

环节动物门，蛭纲，颚蛭目，医蛭科，金线蛭属。

前吸盘小。颚小，无齿或通常二列钝齿，或系一几丁质薄板。不能割破宿主皮肤，不吸血，而取食螺类及其他无脊椎动物。后吸盘直径不超过体宽的 1/2。无嗉囊，或仅有最后一对侧育囊。

图 7-0-28　金线蛭属（*Whitmania pigra*）

栖息于水田、河流、湖泊中。分布在典农河（银川市段）。

29. 摇蚊属（*Gavanus type*）

节肢动物门，昆虫纲，双翅目，摇蚊科。

微小至中型。体色多样，白色、黄色、淡绿色、黑色不等，可有鲜明的色斑。体不具鳞片。头部相对较小，复眼发达，小眼面之间可生有小毛。无单眼。口器退化：上唇及下唇均成简单的肉质叶，下唇两侧可见由一节组成的肥厚的下唇须，上颚完全消失，下颚可见退化的叶节和发达的下颚须，下颚须 4~5 节，是口器中最为显著的构造。翅多数透明一色，少数种类可有由色素或密集的小毛组成的花斑。翅无鳞片，但翅面及翅缘可有毛。少数种类的翅变形：较为短宽，C 脉与 R 脉愈合成宽大的翅痣状构造。个别种类的雌虫翅退化。足细长，前足常长于中足和后足，并常举起摆动。跗节 5 节。腹部狭长，雄虫第 9 腹节背板端部中央常向后伸出成一

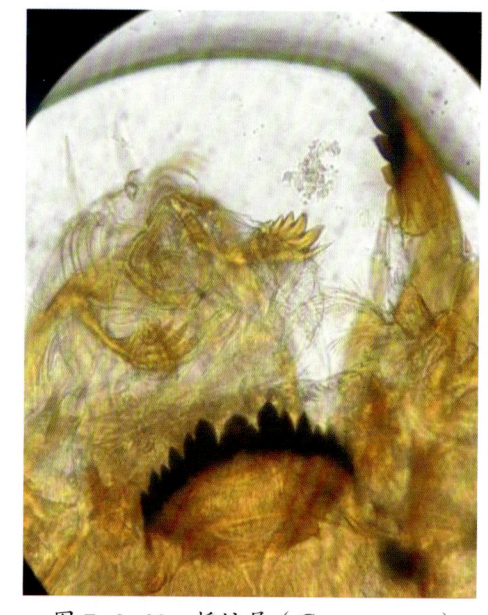

图 7-0-29　摇蚊属（*Gavanus type*）

肛尖，第 10 腹节具一对分为 2 节的尾器。

多数种类在水底的泥沙中生活，以唾腺分泌物黏附淤泥或砂粒等，部分种类钻入水生植物组织中建巢。分布于典农河（银川市段）。

30. 若西摇蚊（*Chironomus yoshimatusi*）

节肢动物门，昆虫纲，双翅目，摇蚊科，摇蚊属。

若西摇蚊，体长 7mm，主颏齿和两侧小齿分化不明显。

本属幼虫喜欢软淤泥底质，分布于各种静水水体和流水中。数种幼虫生活于低溶解氧的腐殖质丰富的黑色淤泥中，在富营养化水域中常有众多的数量。分布于鹤泉湖湿地公园。

图 7-0-30 若西摇蚊
（*Chironomus yoshimatusi*）

31. 猛摇蚊（*Chironomus acerbiphilus*）

节肢动物门，昆虫纲，双翅目，摇蚊科，摇蚊属。

幼虫体长 7mm，活体红色，头壳黑褐色，后头缘黑色。触角 5 节，触角比 1∶3。触角叶超过鞭节。上唇 SI 刚毛两侧羽状，SII 刚毛单一。内唇栉为 3 个独立的缨毛状鳞片。前上颚二分叉，具前上颚刷。上颚具 1 端齿，两个内齿。上颚刷 4 根，刷的一侧羽毛状。颏具 1 个中齿和 6 对侧齿。中齿明显高于侧齿，两侧具缺刻。肛管 2 对。幼虫在河流的缓流处及湖沼等静水水体中生活。分布于阅海湿地公园。

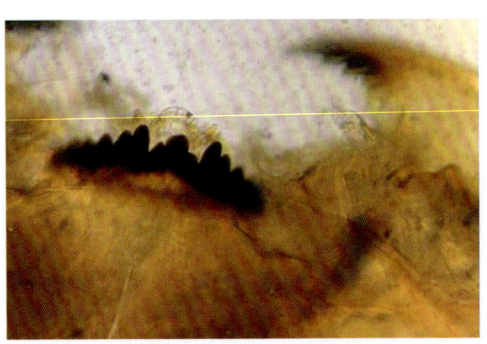

图 7-0-31 猛摇蚊
（*Chironomus acerbiphilus*）

32. 黄色羽摇蚊（*Chironomus flaviplumus*）

节肢动物门，昆虫纲，双翅目，摇蚊科，摇蚊属。

幼虫体长 18~28mm，红色，后颏黑色。额唇基板后端颜色加深。触角 5 节，触角比 1∶7。触角叶达第 5 节基部。上唇 SI 刚毛羽状，SII 刚

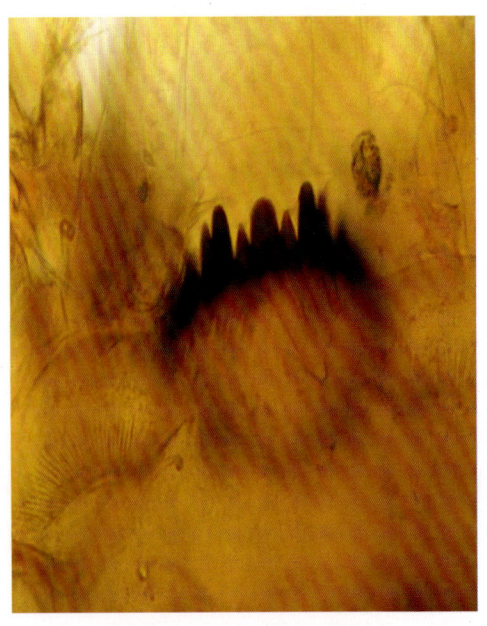

图 7-0-32 黄色羽摇蚊
（*Chironomus flaviplumus*）

毛单一。内唇栉具 14~16 个齿。前上颚二分叉。上颚具 1 背齿、1 端齿和 3 内齿。颏中齿分 3 叉，6 对侧齿。腹部第 7 节具 1 对侧腹管，第 8 节具 2 对侧腹管，长度大约是其着生体节的 2 倍，前面一对长于身体后端。

幼虫喜软淤泥底质，生活在各种静水水体和流水中。栖息地水质污染偏重。分布于典农河（银川市段）、阅海湿地公园以及鹤泉湖湿地公园。

33. 苍白摇蚊（*Chinonomus pallidivittatus*）

节肢动物门，昆虫纲，双翅目，摇蚊科，摇蚊属。

中至大型幼虫，触角 5 节。颏中齿三分叶，侧齿 6 对。体长 12mm，颏齿尖，主颏齿呈乳突状，体长 7mm，主颏齿和两侧小齿分化不明显。

分布于各种静水水体和流水中。数种幼虫生活于低溶解氧的腐殖质丰富的黑色淤泥中，在富营养化水域中常有众多的数量。分布于阅海湿地公园以及鹤泉湖湿地公园。

34. 溪流摇蚊（*Chironomus riparius*）

节肢动物门，昆虫纲，双翅目，摇蚊科，摇蚊属。

中至大型幼虫，触角 5 节。颏中齿三分叶，侧齿 6 对。幼虫红色，体长 10mm，主颏齿与侧齿分化明显，上颚内齿为 4 个。

分布于各种静水水体和流水中。分布于阅海湿地公园。

35. 花翅摇蚊（*Procladius choreus*）

节肢动物门，昆虫纲，双翅目，摇蚊科，摇蚊属。

幼虫体长 8mm。头壳黄色，唇舌和上颚黑色，后头缘棕色。触角第 2 节长约为宽的 1.7 倍。背颏齿 6~9

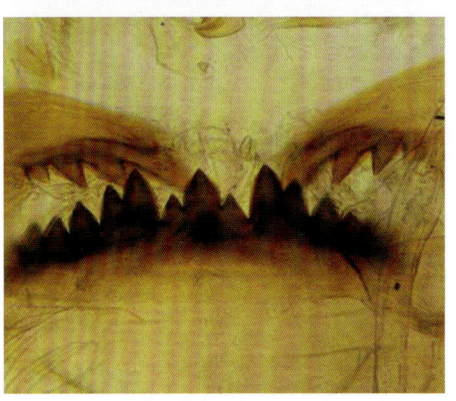

图 7-0-33　苍白摇蚊
（*Chinonomus pallidivittatus*）

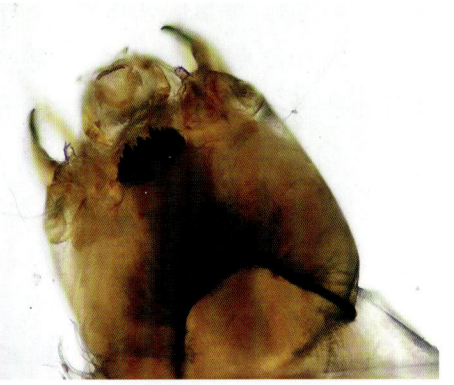

图 7-0-34　溪流摇蚊
（*Chironomus riparius*）

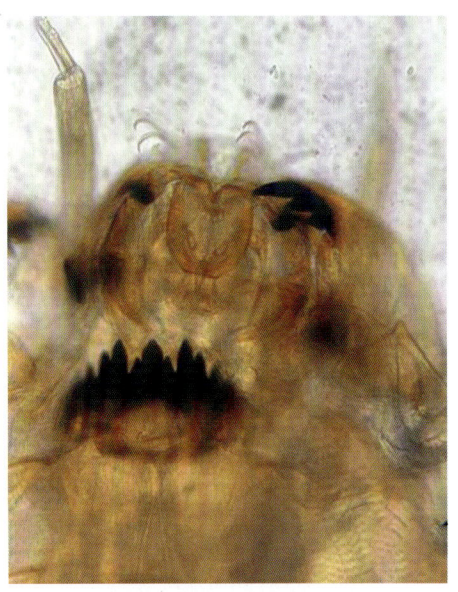

图 7-0-35　花翅摇蚊
（*Procladius choreus*）

对。侧唇舌外侧具 5~6 个齿，内缘几乎 2~5 个齿。舌栉毛 9~12 个齿。腹部尾刚毛台顶端具 14 根尾毛。

幼虫生活在水库、池塘及河流缓流处软沉积物底质中。常见于较重污染的水体中。分布于典农河（银川市段）。

36. 摇蚊属（*Chironomus*）

节肢动物门，昆虫纲，双翅目，摇蚊科。

微小至中型。体形大体与蚊虫相似，体不具鳞片。头部相对较小，复眼发达，小眼面之间可生有小毛。无单眼。触角柄节退化几不可见；梗节发达，球状；鞭节丝状，雌雄二型，雌触角短，鞭节 5~8 节，无轮毛；雄触角鞭节长，1~15 节，多数在 10 节以上，各节具若干轮状排列的长毛。口器退化。

多数种类在水底的泥沙中生活，以唾腺分泌物黏附淤泥或砂粒等，建一软薄的管状巢筒，栖居其中，头部伸出取食，食料包括沉积物中的有机物碎屑、藻类、细菌、水生动植物残体等。部分种类钻入水生植物组织中建巢。分布于典农河（银川市段）。

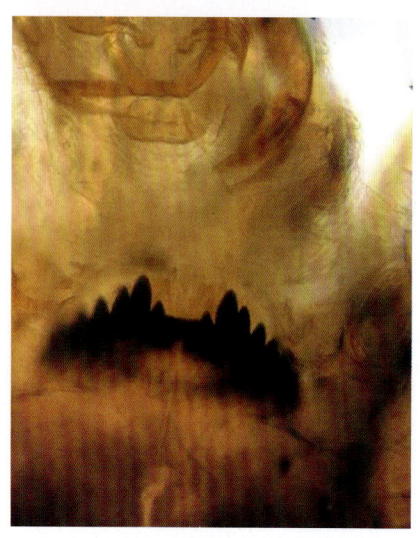

图 7-0-36　摇蚊属（*Chironomus*）

37. 红裸须摇蚊（*Propsilocerus akamusi*）

节肢动物门，昆虫纲，双翅目，摇蚊科，裸须摇蚊属。

中型幼体，体长 8mm，头部背面具额唇基。颏侧齿 10 对，腹颏板极度发达，端半部向上膨出。

主要生活在湖泊及其他静水和海滨区域的半咸水中。分布于典农河（银川市段）。

图 7-0-37　红裸须摇蚊（*Propsilocerus akamusi*）

38. 德永雕翅摇蚊（*Glyptotendipes tokunagai*）

节肢动物门，昆虫纲，双翅目，摇蚊科，雕翅摇蚊属。

中至大型幼虫，体长 7mm，幼体红色。眼点 2 对，头部背面的额光滑。腹部无侧腹管，触角 5 节，第 3 节长至少是宽的 3 倍。颏中齿比第 1 侧齿稍低，

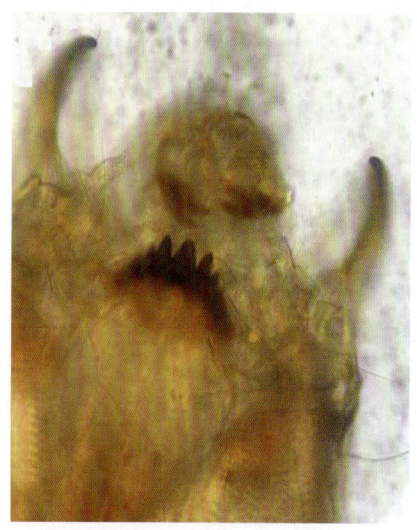

图 7-0-38　德永雕翅摇蚊（*Glyptotendipes tokunagai*）

第 4 侧齿很小。颏板中间分开的距离约为颏中齿宽的 1.1 倍。

生活于湖泊、池塘及各种小型水体和流水富含碎屑的沿岸地带。分布于典农河（银川市段）、阅海湿地公园以及鹤泉湖湿地公园。

39. 恩非摇蚊属（*Einfeldia*）

节肢动物门，昆虫纲，双翅目，摇蚊科。

中型幼虫，体长 10~13mm，红色。眼点 2 对，头部背面具上唇骨片 2。部分种类的额的前部具 1 个大的心形凹陷，前端被颗粒状区包绕。触角 5 节，第 1 节基部近 1/2 处具环器。上颚具 1 淡色背齿，内面附加的小齿。颏中齿两侧具缺刻或无。腹部无或仅有 1 对腹管。

本属幼虫分布在湖泊及各种小水体的边缘地区，倾向于富营养化水体。分布于典农河（银川市段）。

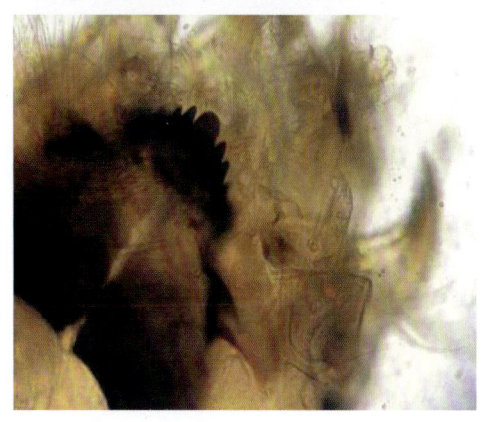

图 7-0-39　恩非摇蚊属（*Einfeldia*）

40. 浅白雕翅摇蚊（*Glyptotendipes pallens*）

节肢动物门，昆虫纲，双翅目，摇蚊科，雕翅摇蚊属。

中至大型幼虫，幼体体长 10mm，颏中齿不比第 1 侧齿低，第 4 侧齿稍比邻齿小。颏板中间分开的距离约为颏中齿宽的 1.25 倍。

生活于湖泊、池塘及各种小型水体和流水富含碎屑的沿岸地带。分布于阅海湿地公园。

图 7-0-40　浅白雕翅摇蚊（*Glyptotendipes pallens*）

41. 叶二叉摇蚊（*Dicrotendipus lobifer*）

节肢动物门，昆虫纲，双翅目，摇蚊亚科，二叉摇蚊属。

中型幼虫，体长 8~11mm，淡红至深红色。眼点 2~3 对，头部背面、额通常与唇基上唇区分离，上唇骨片 1 和 2 明显分离。颏的第 1、第 2 侧齿完全分开。腹颏板长尾宽的 0.6 倍，腹颏板

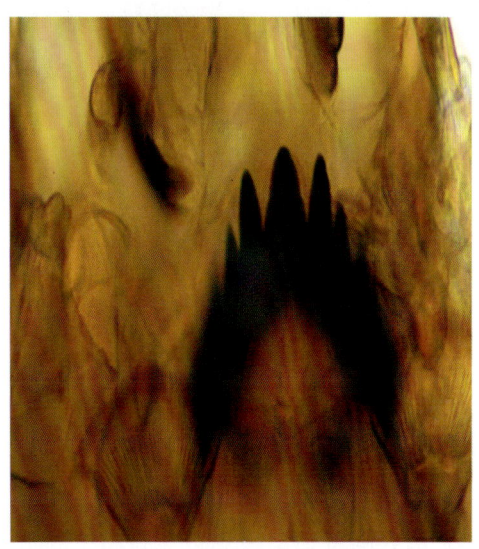

图 7-0-41　叶二叉摇蚊（*Dicrotendipus lobifer*）

影线完整。额唇基前中部具1条形深凹。亚颏毛端部分叉。

生活在静水水体和流水的沉积物中。分布于典农河（银川市段）。

42. 云集多足摇蚊（*Polypedilum nubifer*）

节肢动物门，昆虫纲，双翅目，摇蚊亚科，多足摇蚊属。

幼虫体长5~14mm，淡橘红色至深红色。具2对分离的眼点，头部背面的额前缘增宽形成侧突，前缘直。无上唇骨片1，具上唇骨片2。劳氏器互生，上颚具背齿、端齿和2个内齿。颏齿16个，第2对中齿小。腹颏板长约与颏的宽度相等。

国内广布。幼虫采自河流上游的流水中。分布于典农河（银川市段）。

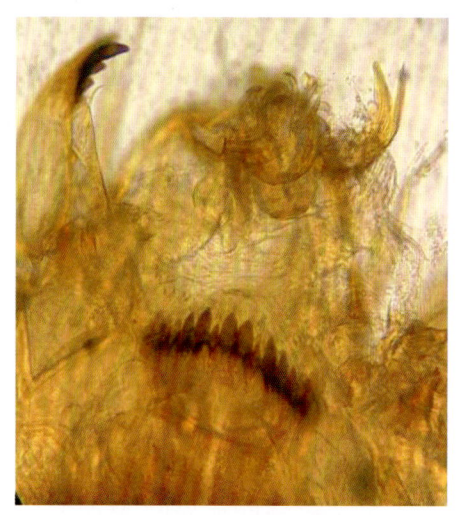

图7-0-42　云集多足摇蚊
（*Polypedilum nubifer*）

43. 梯形多足摇蚊（*Polypedilum scalaenum* group）

节肢动物门，昆虫纲，双翅目，摇蚊亚科，多足摇蚊属。

幼虫体长6mm，淡橘红色至深红色。具2对分离的眼点，头部背面的额前缘增宽形成侧突，前缘直。无上唇骨片1，具上唇骨片2。触角叶超过触角末节，第3节和第5节特别短。颏齿16个。尾刚毛台具7根刚毛。

分布于典农河（银川市段）。

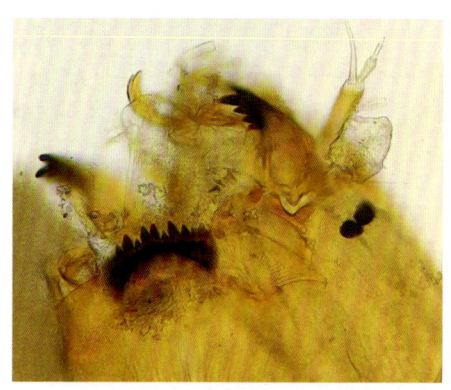

图7-0-43　梯形多足摇蚊
（*Polypedilum scalaenum* group）

44. 软铗小摇蚊（*Microchironomus tener*）

节肢动物门，昆虫纲，双翅目，摇蚊亚科。

幼虫体长8mm，触角5节，触角叶超过触角末节。上颚齿比2个扁平的内齿长，前上颚顶部2分叉，前上颚刷发达。颏中齿3分叶，侧齿6对，第4、第6侧齿小。腹颏板比较窄，腹颏板影线后缘明显。尾刚毛短。

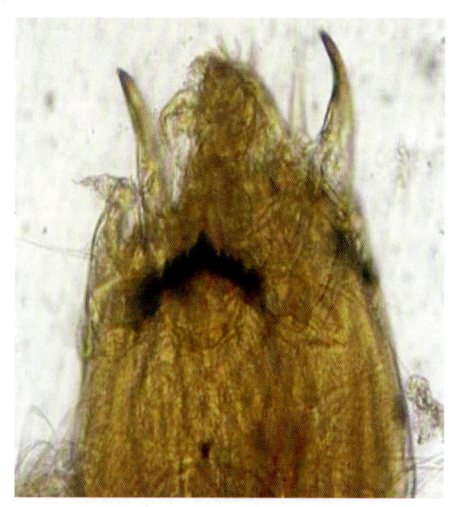

图7-0-44　软铗小摇蚊
（*Microchironomus tener*）

生活在湖泊或河流中，包括半咸的水体中。分布于典农河（银川市段）。

45. 黑足弯铗摇蚊（*Cryptotemdipes nigronitens*）

节肢动物门，昆虫纲，双翅目，摇蚊亚科，弯铗摇蚊属。

中型幼虫，体长 5mm，上颚具 1 端齿和 2 个内齿。触角 5 节，第 1 节稍长于鞭节，环器位于基部近 1/3 处。触角叶和副叶约等长。无触角芒和劳氏器。

生活在沙质和泥质的湖泊和河流中。分布于典农河（银川市段）。

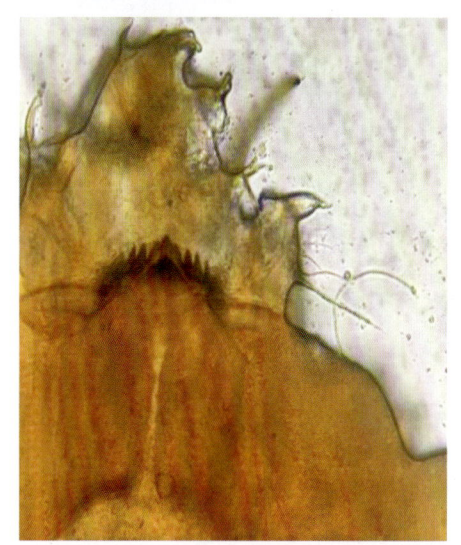

图 7-0-45　黑足弯铗摇蚊
（*Cryptotemdipes nigronitens*）

46. 拟踵突多足摇蚊（*Polypedilum parauiceps*）

节肢动物门，昆虫纲，双翅目，摇蚊亚科，多足摇蚊属。

幼虫体长 5~14mm，淡橘红色至深红色。具 2 对分离的眼点，头部背面的额前缘增宽形成侧突，前缘直。无上唇骨片 1，具上唇骨片 2。颏的第 2 对中齿小，上颚内缘具 3 个刺。劳氏器对生。腹颏板中间的距离约为颏宽的 0.5 倍，腹颏板影线粗壮，前缘具钝凸。

除北极及高山地区外，各种流水及静水水域皆有分布。分布于典农河（银川市段）。

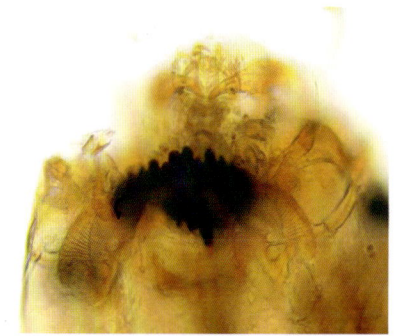

图 7-0-46　拟踵突多足摇蚊
（*Polypedilum parauiceps*）

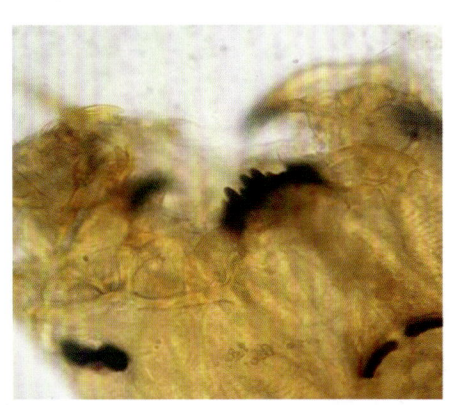

图 7-0-47　白角多足摇蚊
（*Polypedilum albicorne*）

47. 白角多足摇蚊（*Polypedilum albicorne*）

节肢动物门，昆虫纲，双翅目，摇蚊亚科，多足摇蚊属。

幼虫体长 5~14mm，淡橘红色至深红色。具 2 对分离的眼点，头部背面的额前缘增宽形成侧突，前缘直。无上唇骨片 1，具上唇骨片 2。触角叶不超过触角末节，第 3 节和第 5 节不特别短。触角叶达第 4 节顶端。颏齿 16 个，第 2 对中齿稍比第 1 侧齿小。腹颏板中间的距离约为颏宽的 0.4 倍。

分布于典农河（银川市段）。

48. 前突摇蚊属（*Procladius skuse*）

节肢动物门，昆虫纲，双翅目，长足摇蚊亚科。

中至大型幼虫，体长6~11mm，色微红。头椭圆形，头壳指数0.8~0.35，触角约与上颚等长，上颚细长、逐渐弯曲。下颚须第1节长约为宽的2.5倍，中部具环器。侧唇舌的主齿短，长度最多为次齿长的2倍。次齿大小相等。外侧齿的数量为内侧齿的2倍。舌栉毛少于10个齿且排列疏松。

本属幼虫在世界上广泛分布，幼虫生活在静水或缓流水水体底部的淤泥中，分布于典农河（银川市段）。

图 7-0-48　前突摇蚊属
（*Procladius skuse*）

49. 长跗摇蚊属 A 种（*Tanytarsus sp.A*）

节肢动物门，昆虫纲，双翅目，摇蚊亚科。

中至大型幼虫，体长达9mm，头部背面唇基刚毛简单或羽状。劳氏器柄长超过触角托，无刺突。触角末节，额唇基毛2分叉或简单，触角第1节长约为宽的7.6倍。劳氏器柄长约为最后3节长的2.3倍，颏中齿两侧具缺刻。

分布于典农河（银川市段）以及鹤泉湖湿地公园。

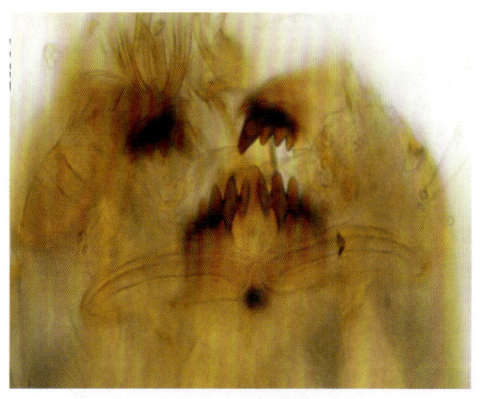

图 7-0-49　长跗摇蚊属 A 种
（*Tanytarsus sp.A*）

50. 枝长跗摇蚊属（*Cladotanytarsus*）

节肢动物门，昆虫纲，双翅目，摇蚊亚科。

小至中型幼虫，体长达5mm。触角5节，触角托短、无刺突。上颚背齿色淡、端齿和3个内齿褐色。齿下毛长，弯曲。颏中齿宽，侧面具缺刻，侧齿5对，向侧面逐渐缩小或第2侧齿比邻齿小。后原足的一些爪内缘具细的锯齿。

本属幼虫适应性广。栖息在河流、大川、湖

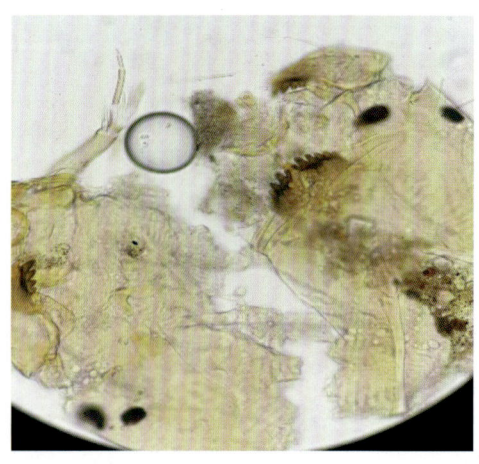

图 7-0-50　枝长跗摇蚊属
（*Cladotanytarsus*）

泊及池塘以及温水溪流中。分布于典农河（银川市段）。

51. 枝角摇蚊属（Cladopelma）

节肢动物门，昆虫纲，双翅目，摇蚊亚科。

中型幼虫，体长达7mm，触角5节，第1节比鞭节长，环器位于第1节基部1/4处，触角叶发达，劳氏器和触角芒无明显区别。上颚无背齿，具1个端齿和2个扁平的内齿。齿下毛细长。颏中齿通常为2个，或中间具凹刻，

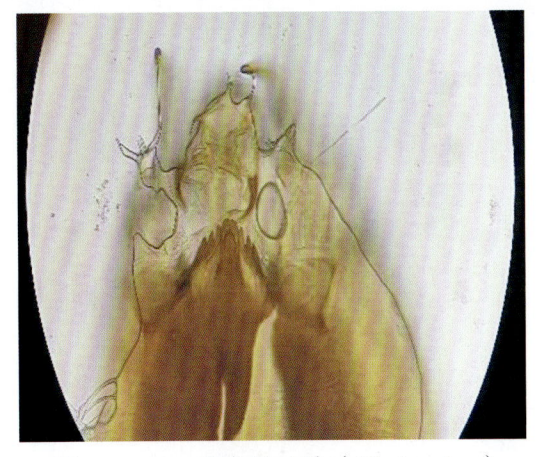

图 7-0-51　枝角摇蚊属（Cladopelma）

有时宽圆形。下颚须中等长，第1节长为宽的2倍。后原足爪简单，无侧腹管和腹管。

本属幼虫生活在沙质和软泥底的湖泊或河流中。分布于典农河（银川市段）。

52. 刺铗长足摇蚊（Tanypus punctipennis）

节肢动物门，昆虫纲，双翅目，摇蚊科，长足摇蚊属。

大型幼虫，体长大约10mm。头呈椭圆形。触角约为头长的1/2，上颚长的3倍。上颚锥形，内侧有细小齿纹。端齿的前缘内凹明显。

分布于湖边缓流处。分布于典农河（银川市段）。

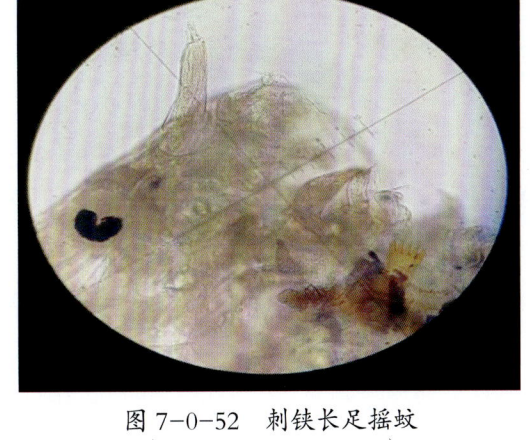

图 7-0-52　刺铗长足摇蚊
（Tanypus punctipennis）

53. 三带环足摇蚊（Cricotopus trifasciatus）

节肢动物门，昆虫纲，双翅目，直突摇蚊亚科。

触角4、5节个节依次缩小，或第3节、第4节等长。上颚端齿比3个内齿的宽度短。颏具1个中齿和6对侧齿，很少是5对或7对。腹颏板窄，无鬃。内唇栉由3个分开的圆锥形鳞组成。前上颚具2个端齿。触角5节，

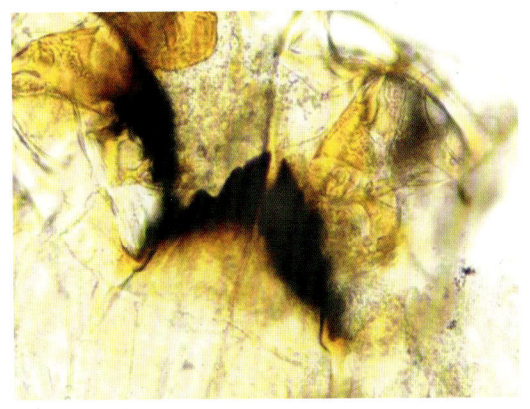

图 7-0-53　三带环足摇蚊
（Cricotopus trifasciatus）

为头长的1/5。第1节基部具1个环器。幼虫体长6mm。

生活在各种类型的淡水中，以及咸水湖和近海地区。分布于典农河（银川市段）。

54. 库蠓（*Culicoides sp.*）

节肢动物门，昆虫纲，双翅目，蠓科。

幼虫体长6mm，丝状，灰白色，中胸、后胸及腹部各节具红褐色斑纹。头黄色，眼点大小各2个。触角退化。胸部、腹部各节圆筒形。胸部各节前部具6根轮生刚毛，腹部各节背面、腹面各具2根刚毛。尾端具4根短刚毛。

生活在中污染水体中。分布于典农河（银川市段）。

图 7-0-54 库蠓（*Culicoides sp.*）

55. 碧伟蜓（*Anax parthenope*）

节肢动物门，昆虫纲，蜻蜓目，蜓科，伟蜓属。

雄性体长73mm，腹部长（连肛附器）53mm，后翅长52mm。头部：下唇黄色；上唇黄色，前缘黑纹宽，基方具3个小黑点。脸和额绿黄色，额脊红褐色，额脊上方具淡蓝色横纹，上额后缘与头顶黑色，头顶中央色淡，后头黄色。前胸褐色，侧面黄色。合胸绿黄色，肩缝线和后侧缝线细的黑褐色。足黑色，股节红褐色。翅透明，从翅端到三角室淡烟黑色；前翅三角室长于后翅三角室；结前横脉和结后横脉指数为8-17/9-11。腹部褐黑色，具蓝色斑纹：第1节绿色，基部具一黑色细纹，侧面有一褐色小斑点；第2节天蓝色，亚基部具深褐色环纹横过背面，腹横脊在亚背侧具黑色细纹；第3~10节背面褐黑色，侧面具蓝绿色纵斑纹；第10节斑纹呈新

图 7-0-55 碧伟蜓（*Anax parthenope*）

月形。肛附器褐色；上肛附器基部狭，中部内侧很宽，端部外角具一齿突；下肛附器很宽而短，小于上肛附器长的1/5，每个侧外角具十多个小齿突。雌性色彩与雄性相似，但翅宽，从翅痣外边到三角室具黄色斑。

生活在水质清澈、水草丰茂的水域中。分布于鹤泉湖湿地公园。

56. 中伪蜻属（*Macromiadia*）

节肢动物门，昆虫纲，蜻蜓目，伪蜓科。

稚虫体似蜘蛛，足甚长，多超出腹部末端；复眼常呈瘤状隆起，下唇面罩式，甚阔，前颏背鬃和下唇须叶鬃较多；下唇须叶内缘呈齿状，通常齿的末端圆弧形；触角刚毛状，7节；腹部椭圆形，具发达的背沟，侧刺有时发达。

喜欢生活在流水环境，捕食小型水生生物和小型鱼类。清洁水体中多见。分布于典农河（银川市段）、阅海湿地公园以及鹤泉湖湿地公园。

图 7-0-56　中伪蜻属（*Macromiadia*）

57. 大伪蜻属（*Macromia*）

节肢动物门，昆虫纲，蜻蜓目，伪蜓科。

体似蜘蛛，足甚长，多超出腹部末端；复眼常呈瘤状隆起，下唇面罩式，甚阔，前颏背鬃和下唇须叶鬃较多；下唇须叶内缘呈齿状，通常齿的末端圆弧形；触角刚毛状，7节；腹部椭圆形，具发达的背沟，侧刺有时发达。

喜欢生活在流水环境，捕食小型水生生物和小型鱼类。清洁水体中多见。分布于典农河（银川市段）、阅海湿地公园以及鹤泉湖湿地公园。

图 7-0-57　大伪蜻属（*Macromia*）

58. 闪蓝丽大伪蜻（*Epophthalmia elegans*）

节肢动物门，昆虫纲，蜻蜓目，伪蜓科。

稚虫黄褐色，扁平，虫体散在深褐色小斑。体长35~40mm，头宽8mm。头短宽，复眼突出。后头角显著突出下唇中片无刚毛，前端具1对圆形突起。下唇侧片特化，前缘具6个巨大的齿。活动钩小，无侧刚毛。腹部椭圆形，第6节最宽。腹部第3~9节的背脊发达。

生活在水草密集的地方，河流及水库的沿岸带较常见。成蜻是捕食蚊，蝇类的有益昆虫。清洁水体中常见。分布于鹤泉湖湿地公园。

图 7-0-58　闪蓝丽大伪蜻
（*Epophthalmia elegans*）

59. 扇螅属（*Platycnemis*）

节肢动物门，昆虫纲，蜻蜓目，束翅亚目，扇螅科。

小型至中等大小的豆娘，体色以黑色为主，杂有红色、黄色、蓝色斑，甚少有金属光泽，停息时四翅合并在背上。雄性中足及后足胫节甚为扩大，呈树叶薄片状，故中名译名为扇螅。主要特征为翅具2条原始结前横脉，足具浓密而且很长刚毛，盘室前边比后边短1/5，外角钝；雄性5肛附器通常比下肛附器短。

幼虫生活在静水水域，有的生活在流动水域，成虫多在水旁低矮植物间活动，常见雌雄联成配对而雌虫在水域产卵。分布于鹤泉湖湿地公园。

图 7-0-59 扇螅属（*Platycnemis*）

60. 小螅属（*Agriocnemis*）

节肢动物门，昆虫纲，蜻蜓目，螅科。

小型蜻蜓之一。成虫腹长16~18mm，后翅长9~10mm，雄虫合胸前方黑色具有黄白色条纹，侧面黄白色、腹白色，第1腹节背面具1小黑斑。

成虫发生期4—9月，喜欢池沼等静水环境。分布于阅海湿地公园以及鹤泉湖湿地公园。

图 7-0-60 小螅属（*Agriocnemis*）

61. 细螅科（*Coenagrion*）

节肢动物门，昆虫纲，蜻蜓目。

它们翅膀窄，通常是无色的，脉络清晰。身体的颜色为绿色、蓝色、黄色、橙色或紫色。

仔细观察环埤道路两侧的月桃、野姜花、台风草等植物，其叶面上有机会发现它

图 7-0-61 细螅科（*Coenagrion*）

们。分布于典农河（银川市段）。

62. 长须石蛾属（*Ecnomus*）

节肢动物门，昆虫纲，毛翅目，长须石蛾科。

通常呈晦暗的浅褐色，见于淡水环境，常停留于水体边缘的植物体上。特征为具翅上被毛，如屋脊状折叠于腹部之上；触角长。身体分为头、胸和腹3部分。头部有口、触角和眼。口器适于舐吸液体食物，通常大颚不发达，有舌。触角长至极长（长度常大于展翅），分节。眼相对较小。胸具步行足，翅2对。但飞行力弱且不稳定。大部分石蛾夜间飞行，又如蛾类一样为光亮所吸引。日间飞行的种类常成群飞行。大部分以植物汁液和花蜜为食，但少数种为掠食型。

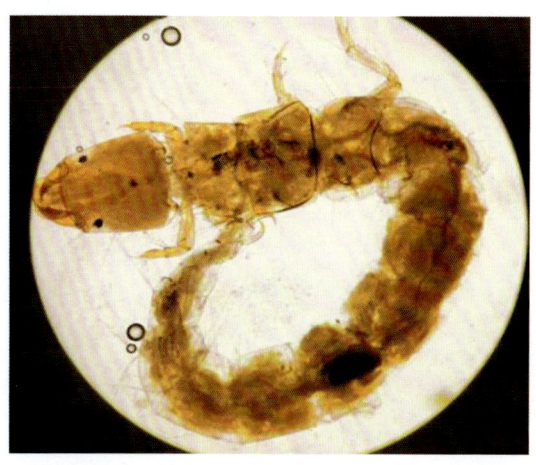

图 7-0-62　长须石蛾属（*Ecnomus*）

幼虫生活在湖泊和溪流中，偏爱较冷而无污染的水域，其生态适应性相对较弱，是显示水流污染程度的较好的指示昆虫。出现于阅海湿地公园。

63. 中华小长臂虾（*Palaemonetes sinensis*）

节肢动物门，甲壳纲，十足目，长臂虾科，长臂虾属。

身体较透明，虾体上有7条棕色条纹，以第3腹节色最浓，俗称花腰。属小型虾类，体长一般为25~50mm，体重0.25~1.40g。眼睛比一般沼虾属物种大且眼柄与身体的角度也较大，但不如秀丽白虾。此虾有一对鲜明的白色触须，向上竖起并时不时地抽动。

主要分布在宝湖湿地公园，同时在典农河（银川市段）、阅海湿地公园以及鹤泉湖湿地公园均有分布。

64. 小划蝽属（*Micronecta*）

节肢动物门，昆虫纲，半翅目，划蝽科。

图 7-0-63　中华小长臂虾
（*Palaemonetes sinensis*）

小型种，黄褐色，复眼黑色。前胸背面不具黑色横纹。头短。喙短。小盾片三角形。前足短，跗节1节，特化加粗为匙形，无爪。

生活在水草较多的水体中，摄食基质中的腐屑、藻类、原生动物和丝状藻等。栖息地水质中污染偏轻。分布于典农河（银川市段）。

65. 钩虾属（*Gammarus*）

节肢动物门，软甲纲，端足目，钩虾科。

钩虾体多左右侧扁，长度5~40mm。头部与第1胸节或前两胸节愈合，无头胸甲。胸部7节、末端2节或3节常愈合。尾节完全开裂。某些种类腹部退化，仅留痕迹。复眼无柄，有的种角膜简单为小透镜状。第1触角单肢或双肢，第2触角单肢，柄多为5节，常粗大。大颚切齿和臼齿变化较大，甚至退化，小颚一般为两板。胸肢7对，单肢形，第1对胸肢特化为颚足。

钩虾多数营底栖生活，主要生活在海底基质的表面或内部，其中穴居于泥沙中的种类特别多。分布于典农河（银川市段）。

66. 筒水螟属（*Parapoynx*）

节肢动物门，昆虫纲，鳞翅目，螟蛾科。

翅展16~18mm。体白色。下唇须第2节淡黄色，第3节白色。下颚须基部黄褐色，末端白色鳞片扩展。触角淡黄色。前翅前缘较暗，中室中央有1黑色小点，中室端脉上有2个黑点，亚外缘线黄褐色。后翅中室端脉上有1个黑斑，中横线、外横线波纹状。两翅近外缘有1条黄褐色扇形线纹，外缘有1黑点，缘毛白色。

幼虫能背负以稻叶做成的筒巢，匍匐在稻田水底泥土上或浮在水面，食害根茎及叶片。分布于典农河（银川市段）。

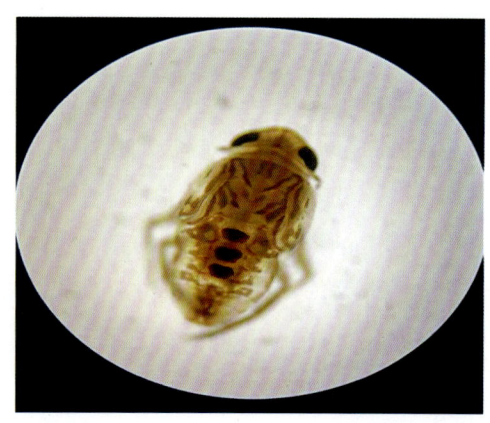

图 7-0-64　小划蝽属（*Micronecta*）

图 7-0-65　钩虾属（*Gammarus*）

图 7-0-66　筒水螟属（*Parapoynx*）

67. 牙甲属（*Hydrophilus sp.*）

节肢动物门，昆虫纲，鞘翅目，牙甲科。

大型种，体长42mm。体长椭圆形，背面拱起。身体离水后为黑褐色，泛墨绿色光泽。在水中为墨绿色。头、前胸及鞘翅颜色1枚，触角红褐色，末端数节膨大。小盾片三角形。腹面，后胸刺发达，长达第2腹板。胸部腹面具银绿色细绒毛。腹板黑色。足黑色，跗节具金黄色游泳毛。

生活在水草丰富河流、湖沼等水体中。常在水草上爬行，以水草、丝状藻和腐叶、腐屑等为食，也吃死的或行动缓慢的动物。还伤害鱼苗和鱼卵。分布于典农河（银川市段）。

图 7-0-67　牙甲属（*Hydrophilus sp.*）

68. 中华螳蝎蝽（*Ranatra chinensis*）

昆虫纲，半翅目，蝎蝽科。

中文学名中华螳蝎蝽，也叫螳蛉蝽，又名水螳螂。半翅目昆虫。和蝎蝽一样以呼吸管伸出水面呼吸，平时栖息在静水域的水草丛间。水螳螂属肉食性昆虫，强而有力的镰刀状前足是它的锐利武器。主要以守株待兔的方式捕捉小鱼、小虾、蝌蚪、孑孓等水中小动物，再以刺吸式口器吸食猎物的体液，北方俗称"酱油油""卖糖的"体长43mm左右；体色为黄褐色，体及各足均细长；镰刀状的捕捉足十分发达、灵活，外形酷似螳螂；腹部末端带有细长的呼吸管。

多在静水水域的水草间觅食。分布于典农河（银川市段）。

图 7-0-68　中华螳蝎蝽（*Ranatra chinensis*）

第八章

鱼类

鱼类，是最古老的脊椎动物。它们栖居于地球上几乎所有的水体中，从淡水湖泊、河流到咸水湖泊、大海和大洋。鱼类分为两个总纲：无颌总纲及有颌总纲，无颌总纲包括圆口纲、甲胄鱼纲；有颌总纲包括盾皮鱼纲、软骨鱼纲、辐鳍鱼纲。大多数鱼类是终年生活在水中，用鳃呼吸，用鳍辅助身体平衡与运动的变温脊椎动物。

1. 鲤（Cyprinus carpio）

鲤形目，鲤科，鲤属。

体延长而侧扁，肥厚而略呈纺锤形，背部略隆起，腹缘呈浅弧形。头中大，头顶宽。吻钝圆，上颌包着下颌。口略小，下位，斜裂，呈圆弧形。咽头齿3列。须2对，吻须较短，颌须较长。鳃耙短而呈三角形。体被圆鳞，侧线完全，略为弧形。背鳍硬棘Ⅲ；臀鳍硬棘Ⅲ，分枝软条5；尾鳍叉形。背鳍与臀鳍第Ⅲ条硬棘后缘有锯齿。体背部暗灰色或黄褐色，侧面略带黄绿色，腹面浅灰色或银白色。背鳍和尾鳍基部微黑色；胸鳍和腹鳍微金黄色。

图 8-0-1　鲤（Cyprinus carpio）

分布于非洲、亚洲、欧洲、北美洲、大洋洲。分布于典农河（银川市段）。

2. 镜鲤（Cyprinus carpiovar. specularis）

鲤形目，鲤科，鲤属。

欧洲鲤鱼的变种，表皮有光泽，好像镜面一样光滑且光泽明显，故称为镜鲤。体形较粗壮，侧扁，头后背部隆起，头较小，眼较大，体表鳞片较大，沿边缘排列，背鳍前端至头部有1行完整的鳞片，背鳍两侧各有1行相对称的连续完整鳞片，各鳍基部均有鳞，个别的个体在侧线上见有少数鳞片。侧线大多较平直、不分枝，个别个体的侧线末端有较短的分枝。体色随栖息环境不同而有所变异，通常背部棕褐色，体侧和腹部浅黄色。

图 8-0-2　镜鲤
（Cyprinus carpiovar. specularis）

多栖息于水域中下层，而以富营养水域底泥砂质静水域为主，有集体群游习性。为杂食性鱼类，以小型无脊椎动物和底栖动物为主。分布于银川阅海湿地公园。

3. 鲫（*Carassius auratus*）

鲤形目，鲤亚科，鲫属。

体长椭圆形，侧扁，背鳍始点处体最高，腹缘窄而无皮棱；眼侧中位，后缘距吻端较近。眼间隔宽凸。前、后鼻孔相邻，位于眼稍前方。口前位，斜形，下颌较上颌略短。唇发达，无须，鳃孔大，侧位，下端达前鳃盖骨角下方。鳃盖膜相连且连鳃。鳃耙外很发达，有许多小突起；内行宽短。螺分2室。肛门位于臀鳍始点略前方。背鳍始于体正中央的稍前方；臀鳍短，始于倒数第6~7背鳍条基下方；最后硬刺似背鳍硬刺；胸鳍侧位低；腹鳍始于背始点略前方；形似胸鳍；除少数小鱼外，均不达肛门。尾鳍深叉状，叉钝圆。

分布于中国除青海、西藏外的各大流域、湖泊。在北美洲、欧洲、非洲、印度、韩国、日本有引种。分布于典农河（银川市段）、宝湖湿地公园、鹤泉湖湿地公园以及阅海湿地公园。

图 8-0-3　鲫（*Carassius auratus*）

4. 鲢（*Hypophthalmichthys molitrix*）

脊索动物门，硬骨鱼纲，鲤形目，鲤科，鲢属。

个体大，体侧扁，稍高，腹部扁薄，从胸鳍基部前下方至肛门间有发达的腹棱；吻短而钝圆，口宽大，口裂稍向上倾斜，后端伸达眼前缘的下方，无须；眼较小，位于头侧中轴的下方，眼间宽，下咽齿阔而平扁，呈钩状；鳞小；背鳍基部短，胸鳍较长，腹鳍较短，尾鳍深分叉，两叶末端尖。

鲢分布于中国海南岛、黑龙江的各江河、湖泊、水库中。常栖息于水体上层。分布于典农河（银川市段）、阅海湿地和鹤泉湖湿地。

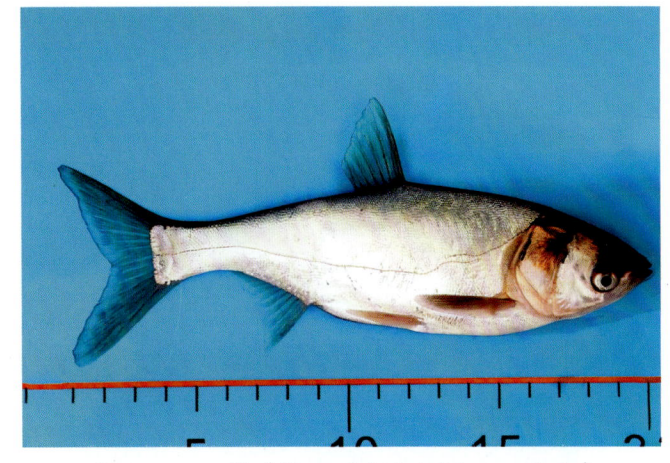

图 8-0-4　鲢（*Hypophthalmichthys molitrix*）

5. 麦穗鱼（*Pseudorasbora parva*）

鲤形目，鮈亚科，麦穗鱼属。

体细长，稍侧扁，尾柄较长，腹部圆。头小而略尖，上下略平扁。吻略尖而突出。眼大，眼间隔宽平。口小，上位，口裂近乎垂直，下颌较上颌长。咽头齿1列，齿式5-5，唇薄，无须。鳃耙退化，排列稀疏。体被中大型的圆鳞；侧线完全而较平直。各鳍均无硬棘，背鳍软条3（不分枝软条）+7（分枝软条）；臀鳍3（不分枝软条）+6（分枝软条）；腹鳍1（不分枝软条）+7-9（分枝软条）。体背侧银灰色，腹侧灰白，体侧鳞片后缘具新月形黑斑。雌鱼及幼鱼体色较淡，体侧中央有一条黑色纵带。

图 8-0-5　麦穗鱼（*Pseudorasbora parva*）

麦穗鱼原产于中国（南至广西、云南，北达黑龙江，西达兰州）、日本、韩国、朝鲜、蒙古、俄罗斯。分布于典农河（银川市段）、宝湖湿地公园、鹤泉湖湿地公园以及阅海湿地公园。

6. 棒花鱼（*Gobio rivuloides*）

图 8-0-6　棒花鱼（*Gobio rivuloides*）

鲤形目，鮈亚科，鮈属。

体长，略呈圆筒形，背部不甚隆起，腹部平坦，尾柄侧扁，较短且高。头近锥形。吻稍短，吻前部略平扁，其长稍小于眼后头长。口下位，弧形。唇稍薄，结构简单，无乳突，上下唇在口角处相连。唇后沟中断。须1对，位口角，较长，末端达到或稍过眼后缘的下方。眼较小，侧上位。眼间宽，平坦或微外凸。体被圆鳞，中等大，胸部自胸鳍基部之前裸露无鳞，且裸露区可自腹中线向后延伸到胸、腹鳍间的中央或至后1/3处。侧线完全，几平直。底层小型鱼类，栖息于泥沙底质的缓流浅水处，以摇蚊幼虫和藻类为食，6月繁殖。

分布于海河、黄河、滦河、大凌河等水系。分布于典农河（银川市段）。

7. 棒花鱼（*Abbottina rivularis*）

鲤形目，鮈亚科，棒花鱼属。

体稍长，粗壮，前部近圆筒状，后部略侧扁，背部隆起，腹部平直。头大，头长大于体高。吻长，向前突出，吻端稍圆。唇厚，发达。眼较小，侧上位。眼间宽，平坦或微隆起。体被圆鳞，胸部前方裸露无鳞。侧线完全，平直。背鳍发达，外缘明显外突，呈弧形。胸鳍后缘呈圆形，末端远不达腹鳍起点。腹鳍后缘稍圆，起点位于背鳍起点之后。肛门较近腹鳍基，约位于腹鳍基与臀鳍起点间的前 1/3 处。臀鳍较短，起点距尾鳍基部较至腹鳍基为近。尾鳍分叉较浅，上叶略长于下叶，末端圆。腹膜银白色。背、尾鳍上有多数黑点组成的条纹，通常背鳍外缘呈黑色，胸鳍上亦有少数小黑点，基部金黄。

棒花鱼为底层小型鱼类，栖息于江河岔湾和湖泊泡沼中，喜生活在静水砂石底处。分布于典农河（银川市段）、鹤泉湖湿地公园。

图 8-0-7 棒花鱼（*Abbottina rivularis*）

8. 䱗（*Hemiculter leucisculus*）

鲤形目，鮈亚科，䱗属。

长达 16cm，体延长，侧扁。腹面自胸鳍基部至肛门具腹棱。头尖，口前位，口裂上斜。侧线在胸鳍基后上方急剧向下弯折。背鳍具光滑硬刺。臀鳍具分枝鳍条。

分布于典农河（银川市段）、宝湖湿地公园、鹤泉湖湿地公园以及阅海湿地公园。

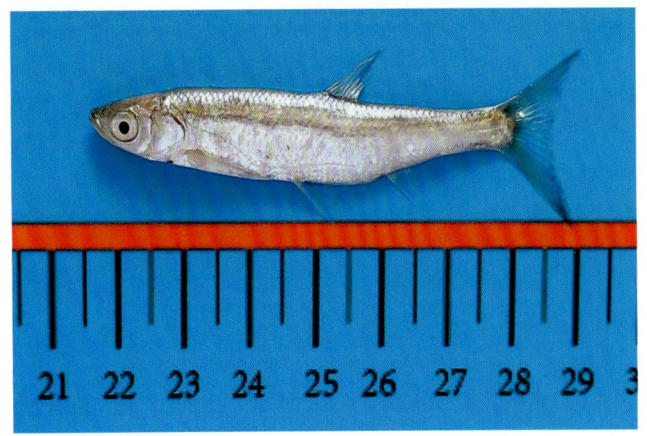

图 8-0-8 䱗（*Hemiculter leucisculus*）

9. 红鳍鲌（*Culter erythropterus*）

鲤形目，鲌亚科，鲌属。

体长，侧扁。腹棱完全。口上位，口裂几与身体垂直，下颌向上翘。眼中等大，眼后缘至吻端的距离小于眼后头长。侧线完全，侧线鳞59~62枚。背鳍末根不分枝，鳍条为硬刺；胸鳍尖，末端伸达腹鳍起点；尾鳍深分叉。体侧面及腹部银白色，背鳍、尾鳍浅灰色。

红鳍鲌喜栖息于水草繁茂的湖泊中，在河流中通常生活在缓流里。红鳍鲌为凶猛性肉食性鱼类，幼鱼以枝角类、桡足类和水生昆虫为食，成鱼以鱼、虾、螺、昆虫、幼虫和枝角类等为食。分布于典农河（银川市段）和鹤泉湖湿地公园。

图 8-0-9　红鳍鲌（*Culter erythropterus*）

10. 大鳍鱊（*Acheilognathus macropterus*）

鲤形目，鱊亚科，鱊属。

大鳍鱊是一种比较常见的鱊类原生观赏鱼。体侧扁，近长菱形。口端位，上下颌几等长，口角无须。背鳍和臀鳍2不分枝，鳍条均骨化为硬刺。背鳍具分枝鳍条11~14，其起点位于吻端至尾鳍基的中点。臀鳍具分枝鳍条9~10，其起点位于背鳍基底中部下方。胸鳍不达腹鳍，具不分枝鳍条1，分枝鳍条12。腹鳍可伸达臀鳍起点，具不分枝鳍条1，分枝鳍条7。侧线鳞33~35。在鳃孔后方第1、2侧线鳞上斑点不明显，第4、5侧线鳞上有一明显黑点，尾柄中部有一条黑色纵纹，向前伸至背鳍第3~5分枝鳍条之下。下咽齿1行，5-5排列。鳃耙稀疏。

图 8-0-10　大鳍鱊（*Acheilognathus macropterus*）

生活于缓流或静水水草丛生的水体中。多在江河流水，底质多砾石的环境中生活，也出现于沟渠、溪流上游。分布于典农河（银川市段）。

11. 鳙（*Aristichthys nobilis*）

图 8-0-11　鳙（*Aristichthys nobilis*）

鲤形目，鲢亚科，鳙属。

体延长而侧扁，腹部肉棱起自腹鳍基部至肛门前。头大而圆胖。吻宽钝。眼位于头侧中轴之下方。口端位，口裂向上倾斜，下颌稍突出。鳃耙狭长而细密，但不相连，400枚以上。体被细小圆鳞；侧线完全，侧线鳞91~108。各鳍均无硬棘，背鳍软条3（不分枝软条）+7（分枝软条）；臀鳍3（不分枝软条）+12-13（分枝软条），腹鳍1（不分枝软条）+8（分枝软条）。咽头齿仅一列，齿式4-4，平扁，齿面宽大而有细粒状突起。体背侧灰黑而稍具金黄光泽，腹侧银白色；体侧具许多不规则的黑色小点。各鳍呈灰白色，上有许多黑色微细小点。

生活于江河干流、平缓的河湾、湖泊和水库的中上层，幼鱼及未成熟个体一般在沿江湖泊和附属水体中生长，为温水性鱼类。分布于典农河（银川市段）、宝湖湿地公园以及阅海湿地公园。

12. 草鱼（*Ctenopharyngodon idellus*）

鲤形目，雅罗鱼亚科，草鱼属。

体长形，吻略钝。背鳍无硬刺，鳃耙短小。体呈茶黄色，腹部灰白色，体侧鳞片边缘灰黑色，胸鳍、腹鳍灰黄色，其他鳍浅色。栖息于平原地区的江河湖泊，一般喜居于水的中下层和近岸多水草区域。性活泼，游泳迅速，常成群觅食，为典型的草食性鱼类。

分布广，在中国分布于黑龙江至云南元江（西藏、新疆地区除外）。已传到欧洲、美洲、非洲等各洲。分布于典农河（银川市段）。

图 8-0-12　草鱼（*Ctenopharyngodon idellus*）

13. 中华鳑鲏（*Rhodeus sinensis*）

图 8-0-13 中华鳑鲏（*Rhodeus sinensis*）

鲤形目，鳑鲏亚科，鳑鲏属。

体侧面观呈长卵圆形，很侧扁，背鳍始点处体最高，背缘在后头部有一浅凹。吻钝，较眼径短。眼侧中位。眼间隔宽略大于眼长。鼻孔位于眼稍前方。口小，前位，圆弧状。无须。鳃孔大，侧位，下端约达眼后缘下方。鳞稍大；模鳞呈卵圆形，前端较横直，鳞心距后端为距前端的3倍，向后有辐状纹。侧线已大部消失，仅前端有3~6个鳞有侧线管。背鳍始于体前后端正中央的略前方或略后方（体长28mm以下时）。臀鳍始于第4~5分支背鳍条基的下方，似背鳍而鳍基略较短。胸鳍始于背鳍始点略前方，约伸达臀鳍始点。尾鳍深叉状。鲜鱼背侧黄灰黑色，背中线无黑色纵纹；体侧及下部银白色；尾部沿侧中线有一黑色纵纹，纹前端很细；各鳍淡黄色，背鳍与尾鳍较灰暗；雌鱼背鳍前缘有一黑斑，生殖期输卵管突出，体外可见，雄鱼尤其明显。

栖息于淡水湖泊、水库和河流等浅水区的底层，喜欢在水流缓慢、水草茂盛的水体中群游。分布于银川鹤泉湖湿地公园。

14. 高体鳑鲏（*Rhodeus ocellatus*）

鲤形目，鳑鲏亚科，鳑鲏属。

体颇高而极侧扁，背鳍前为体最高处。头短小。眼颇大。吻短而略尖。口小，端位，斜裂。上颌骨末端向后延伸末达眼前线下方。尾柄窄小。各鳍均无硬棘，背鳍软条2（不分枝软条）+ 10-11（分枝软条）；臀鳍2（不分枝软条）+ 10-13（分枝软条）；腹鳍1（不分枝软条）+ 5-6（分枝软条）。体被大型圆鳞，侧线不完全，中止于胸鳍末端前方；纵列鳞33-35。幼鱼背鳍前方具一

图 8-0-14 高体鳑鲏（*Rhodeus ocellatus*）

黑斑，随成长而渐消失；雌鱼体色较淡，沿尾柄中央有条向前呈楔形的水蓝色纵纹；雄鱼背部浅蓝，瞳孔周围红色，尾柄中央则有数条红色纵带，鳃盖后方另有一红色斑。

高体鳑鲏为低海拔缓流或静止的湖沼水域栖息的小型鱼类，较常出现于透明度低、优养化程度略高的静止水域，常成群活动。分布于典农河（银川市段）、宝湖湿地公园。

15. 青鳉（*Oryzias latipes*）

鳉形目，青鳉科，青鳉属。

体长形，侧扁，背部平直，腹部圆凸而窄。头宽而平扁。口小，上位，横裂，下颌较长。眼大，侧上位，眼间隔宽而平。头顶及鳃盖被有鳞片。背鳍位于身体后部。臀鳍长，起点距尾鳍基和眼约相等。胸鳍位置高，呈圆刀形。腹鳍不发达。尾鳍截形，中间微凹。肛门靠近臀鳍。体被圆鳞。无侧线。体背青灰色，腹部及各鳍灰白色。体侧上部有一条黑色条纹，从鳃盖后缘延伸至尾柄中部。

图 8-0-15　青鳉（*Oryzias latipes*）

青鳉为淡水小型中上层鱼类。生活于沟渠、稻田、池塘及江、河、湖泊、水库沿岸水草丛中。喜群游于静水及缓流水区。分布于典农河（银川市段）和阅海湿地公园。

16. 子陵吻鰕虎鱼（*Ctenogobius giurinus*）

图 8-0-16　子陵吻鰕虎鱼（*Ctenogobius giurinus*）

鰕虎鱼亚目，鰕虎鱼科，栉鰕虎鱼属。

体延长，前段近圆筒形，后段侧扁。头大，略平扁。口端位。上、下颌前部具多行小齿，无犬齿。舌发达，游离，前端近圆形。鼻孔每侧2个，分离。前鼻孔具短管，近吻端，后鼻孔为圆形小孔。背鳍2个，分离，相距较近，第1个背鳍全为鳍棘，左、右腹鳍在腹部中央愈合成长圆形吸盘；尾鳍圆形。体背淡黄色。头部有不规则的虫状纹，颊部有4~6条斜向前下方的暗色条纹。体侧有不规则暗色斑块6~7块。胸鳍基部上方有1块黑斑；背鳍和尾鳍有由黑色斑点组成的条纹。

生活在溪流湖泊中，会根据环境慢慢转变体色。有溯水习性，将卵产在沙穴中。1龄达性成熟，4—5月产卵。分布于典农河（银川市段）、阅海湿地公园以及鹤泉湖湿地公园。

17. 小黄黝（*Hypseleotris swinhonis*）

鰕虎鱼亚目，塘鳢科，黄黝属。

俗名黄肚鱼、黄麻嫩、肉棍儿。体短小，成年体长在40mm以下。数量较多，但是由于个体小，不具经济价值。口斜裂，下颌稍长于上颌，两颌均具细齿。眼径大于眼间距。体被栉鳞。背鳍2个，彼此分离。胸鳍大，腹鳍胸位，左右分离。尾鳍圆形。体色多为沙黄色，杂有纵向分布的黑色纵纹。

图 8-0-17　小黄黝（*Hypseleotris swinhonis*）

栖息于水体底层，为江河、湖泊常见的小型鱼类，一般生活于静止的沟渠的淤泥当中。分布于典农河（银川市段）、阅海湿地公园以及鹤泉湖湿地公园。

18. 鲇（*Silurus asotus*）

鲇形目，鲇科，鲇属。

体前部粗圆，尾部侧扁，头部宽平。吻短而宽圆。2对鼻孔，前鼻孔有1根短管，近吻端。口裂大，上位，下颌稍突出。两颌均有一行绒毛状齿。幼鱼时有须3对，成鱼时下颌须退化仅有1对，上颌须比头稍长，下颌须为上颌须长的1/3~1/5。体裸露无鳞，皮肤光滑。侧线平直，沿体侧中部而伸达尾基。黏液孔发达，成行排列于侧线上方。背鳍短小，仅具5软条；臀鳍长，后方与尾鳍相连；胸鳍具有1锯齿状之硬棘。体呈暗灰色或灰黄色，体背侧灰黑色，腹部白色，体侧有不规则的白斑或不明显的斑纹。

图 8-0-18　鲇（*Silurus asotus*）

鲇属温水性鱼类，主要栖息在江河的中下游和水库、湖泊、泡沼中。生活在水生植物丛生的静水域或缓水流处。分布于典农河（银川市段）。

19. 泥鳅（*Misgurnus anguillicaudatus*）

脊索动物门，硬骨鱼纲，鲤形目，鳅科，泥鳅属。

泥鳅身体细长，呈圆筒状，尾柄侧扁而薄。头小、口小、眼小。口下位，呈马蹄形。嘴角有须，须5对（吻须1对，上颌须2对，下颌须2对）。眼小，侧上位，被皮膜覆盖，无眼下刺。鳃孔小，鳃裂止于胸鳍基部。鳞甚细小，深陷皮内。侧线完全。侧

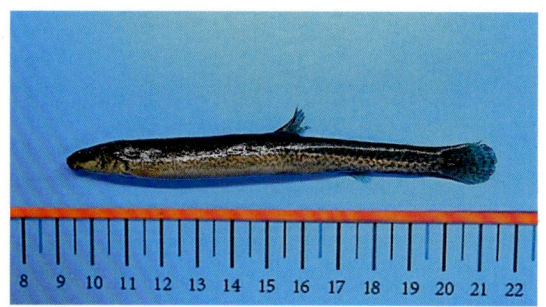

图 8-0-19　泥鳅（*Misgurnus anguillicaudatus*）

线鳞多于150。鳔很小，包于硬的骨质囊内。背鳍短，起点与腹鳍起点相对，具不分枝鳍条2，分枝鳍条7。胸鳍距腹鳍较远，具不分枝鳍条1，分枝鳍条10。腹鳍不达臀鳍，具不分枝鳍条1，分枝鳍条5~6。臀鳍具不分枝鳍条2，分枝鳍条5。尾鳍圆形。体背部及两侧灰黑色，体上部灰褐色，下部白色，全体有小的黑斑点。背鳍及尾鳍上也有斑点。尾柄基部有一明显的黑斑。其他各鳍灰白色。

生活于有底淤泥的静水或缓和流水域中的底层，如湖泊、池塘、稻田、沟渠、水库和水田底部等。分布在典农河（银川市段）。

图 8-0-20　黄颡鱼（*Pseudobagrus fulvidraco*）

20. 黄颡鱼（*Pseudobagrus fulvidraco*）

鲇形目，鲿科，黄颡鱼属。

体延长，稍粗壮，吻端向背鳍上斜，后部侧扁。头略大而纵扁，头背大部裸露。吻部背视钝圆。口大。眼中等大。鼻须位于后鼻孔前缘，伸达或超过眼后缘。鳃孔大，向前伸至眼中部垂直下方腹面。背鳍较小，具骨质硬刺，前缘光滑。脂鳍短，基部位于背鳍基后端至尾鳍基中央偏前。臀鳍基底长，起点位于脂鳍起点垂直下方之前。胸鳍侧下位，骨质硬刺前缘锯齿细小而多。腹鳍短，末端伸达臀鳍。肛门距臀鳍起点与距腹鳍基后端约相等。尾鳍深分叉，末端圆。活体背部黑褐色，至腹部渐浅黄色。沿侧线上下各有一狭窄的黄色纵带，约在腹鳍与臀鳍上方各有一黄色横带，交错形成断续的暗色纵斑块。尾鳍两叶中部各有一暗色纵条纹。

黄颡鱼多栖息于缓流多水草的湖周浅水区和入湖河流处，营底栖生活，尤其喜欢生活在静水或缓流的浅滩处，且腐殖质多和淤泥多的地方。分布于老挝、越南、中国、朝鲜、俄罗斯西伯利亚东南部。分布于银川鹤泉湖湿地公园。

21. 乌鳢（Channa argus）

攀鲈亚目，鳢科，鳢属。

身体前部呈圆筒形，后部侧扁。体色呈灰黑色，体背和头顶色较暗黑，腹部淡白，体侧各有不规则黑色斑块，头侧有黑色斑纹；奇鳍有黑白相间的斑点，偶鳍为灰黄色，间有不规则斑点。头长，吻短圆钝，口大，牙细小。眼小，鼻孔两对。体背部及体侧暗黑色，腹部色较淡。体侧有许多青黑色不规则花斑，头侧自眼后有3条纵行

图 8-0-21 乌鳢（Channa argus）

黑色条纹。上侧一条起自吻端，经眼后延至鳃孔上角。下二条均起自眼下，沿头侧止于胸鳍基部。背鳍、臀鳍、尾鳍上有黑白相间的花纹。胸鳍、腹鳍淡黄色；胸鳍基部有一黑色斑点。

乌鳢是营底栖性鱼类，通常栖息于水草丛生、底泥细软的静水或微流水中，遍布于湖泊、江河、水库、池塘等水域内。分布于典农河（银川市段）和阅海湿地公园。

22. 圆尾斗鱼（Macropodus chinensis）

图 8-0-22 圆尾斗鱼（Macropodus chinensis）

攀鲈亚目，斗鱼科，斗鱼属。

体侧暗褐色，有的暗灰色，有不明显黑色横带数条。鳃盖骨后缘具一蓝色眼状斑块，小于眼径。在眼后下方与鳃盖间有2条暗色斜带。体侧各鳞片后部有黑色边缘。背鳍、臀鳍及腹鳍暗灰色，胸鳍浅灰色。雄鱼常比雌鱼体色鲜艳，背鳍和臀鳍后部鳍条更为延长。

分布在中国（珠江北至黑龙江），日本（中部和南部，但可能为引入种），韩国与俄罗斯（黑龙江，但可能为引入种），一般生活于江河支干流。分布于典农河（银川市段）和鹤泉湖湿地公园。

23. 大口黑鲈（*Micropterus salmoides*）

图 8-0-23　大口黑鲈（*Micropterus salmoides*）

鲈形目，棘臀鱼科，黑鲈属。

一般成熟体长在 25~35cm 之间，最大可达 50cm。大口黑鲈身体呈纺锤形，侧扁，背肉稍厚，横切面为椭圆形。口裂大，斜裂，颌能伸缩齿为绒毛细齿，比较锐利。身体背部为青灰色，腹部灰白色。从吻端至尾鳍基部有排列成带状的黑斑。鳃盖上有 3 条呈放射状的黑斑。体被细小栉鳞。背鳍硬棘部和软条部间有缺刻，不完全连续；侧线不达尾鳍基部。第 1 鳃弓外鳃耙发达，骨质化，形状似禾镰，除耙背面外，其余 3 面均布满倒锯齿状骨质化突起，第 5 鳃弓骨退化成短棒状，无鳃丝和鳃耙。体被细小栉鳞。背部为青绿榄色，腹部黄白色。尾鳍浅凹形。

主要栖息在水温较暖的湖泊与池塘浅水处，或水流缓慢的溪流。分布于银川宝湖湿地公园。

24. 白吻梭鲈（*Sander lucioperca*）

鲈形目，鲈科，梭鲈属。

背鳍硬棘 13~20 枚；背鳍软条 18~24 枚；臀棘 2~3 枚；臀鳍软条 10~14 枚；脊椎骨 45~47 个。体侧和腹部淡白色，背青灰色，成鱼有 12~13 条褐色横斑，背鳍淡黄色，有黑色纵斑，尾鳍常有小暗斑，其余各鳍淡黄白色，体长约 50cm，最大体长 130cm，最大体重 20kg。

图 8-0-24　白吻梭鲈（*Sander lucioperca*）

栖息在水较浑浊、养分较高的大型河川、湖泊、河口半咸水水域，群游，在中上层水域活动。繁殖期在 4—5 月，会进行洄游。分布于典农河（银川市段）、阅海湿地公园以及宝湖湿地公园。

25. 池沼公鱼（Hypomesus olidus）

脊索动物门，硬骨鱼纲，鲑形目，胡瓜鱼科，公鱼属。

体细长稍侧扁，头小而尖，头长大于体高。口大，前位，上、下颌及舌上均具有绒毛状齿。上颌骨后延不达眼中央的下缘，眼大。鳞大，侧线不明显。背鳍较高，其高大于体高；脂鳍末端游离呈屈指状；胸鳍小；尾柄很细，其高度仅等于眼径，尾鳍分叉很深。背部为草绿色，稍带黄色；体侧银白色；鳞片边缘有暗色小斑；各鳍为灰黑色。

分布于典农河（银川市段）、阅海湿地。

图 8-0-25　池沼公鱼（*Hypomesus olidus*）

参考文献

[1]　陈德牛，张国庆．中国动物志　软体动物门　腹足纲 [M]．北京：科学出版社，2002．

[2]　陈锋，陈毅峰．拉萨河鱼类调查及保护 [J]．水生生物学报，2010，34（2）：278-285．

[3]　胡红军，魏心印．中国淡水藻类：系统、分类及生态 [M]．北京：科学出版社，2006．

[4]　陕西省动物研究所，中国科学院水生生物研究所，兰州大学生物系．秦岭鱼类志 [M]．北京：科学出版社，1987．

[5]　水利部黄河水利委员会．渭河流域重点治理规划 [R]．北京：水利部黄河水利委员会，2002．

[6]　王祯瑞．中国动物志　软体动物门　双壳纲 [M]．北京：科学出版社，2002．

[7]　伍献文．中国鲤科鱼类志：上册 [M]．上海：上海科学技术出版社，1964．

[8]　杨潼．中国动物志　环节动物门　蛭纲 [M]．北京：科学出版社，2002．

[9]　赵文．水生生物学 [M]．北京：中国农业出版社，2006．

[10]　朱蕙忠，陈嘉佑．中国西藏硅藻门 [M]．北京：科学出版社，2000．

[11]　毕列爵，胡征宇．中国淡水藻志　第八卷　绿藻门　绿球藻目（上）[M]．北京：科学出版社，2004．

[12]　陈宜瑜．中国动物志：硬骨鱼纲鲤形目（中卷）[M]．北京：科学出版社版社，2018．

[13]　成庆泰，周才武．山东鱼类志 [M]．济南：山东科学技术出版社，1997．

[14]　丁瑞华．四川鱼类志（上、下册）[M]．成都：四川科学技术出版社，1994．

[15]　韩茂森，束蕴芳．中国淡水生物图谱 [M]．北京：海洋出版社，1995．

[16]　加鸿钧，魏印心．中国淡水藻类　系统、分类及生态 [M]．北京：科学出版社，2006．

[17]　蒋燮治，堵南山．中国动物志　节肢动物门　甲壳纲　淡水枝角类 [M]．北京：科学出版社，1979．

[18]　乐佩琪，等．中国动物志　硬骨鱼纲　鲤形目（下卷）[M]．北京：科学出版社，2000．

[19]　林光宇．中国动物志　软体动物门　腹足纲　后鳃亚纲　头楯目 [M]．北京：科学出版社，1997．

[20]　林光宇．中国动物志　软体动物门　腹足纲　肺螺亚纲 [M]．北京：科学出版社，1997．

[21]　刘国祥，胡征宇．中国淡水藻志　第十五卷　绿藻门　绿球藻目（下）[M]．北京：科

学出版社，2012.

[22] 沈嘉瑞，等.中国动物志　节肢动物门　甲壳纲　淡水桡足类 [M].北京：科学出版社，1979.

[23] 施之新.中国淡水藻志　第六卷　裸藻门 [M].北京：科学出版社，1999.

[24] 王鸿媛.北京鱼类志 [M].北京：北京出版社，1984.

[25] 王家楫.中国淡水轮虫志 [M].北京：科学出版社，1961.

[26] 王俊才，王新华.中国北方摇蚊幼虫 [M].北京：中国言实出版社，2011.

[27] 翁建中，徐恒省.中国常见淡水浮游藻类图谱 [M].上海：上海科学技术出版社，2010.

[28] 徐宗学，殷旭旺.渭河流域常见水生生物图谱 [M].北京：中国水利水电出版社，2016.

[29] 杨潼.中国动物志　环节动物门　蛭纲 [M].北京：北京科学出版社，2002.

[30] 周风霞，陈剑虹.淡水微型生物与底栖动物 [M].北京：化学工业出版社，2011.